Statistische Urteilsbildung

Statistische Urteilsbildung

Erläutert an Beispielen aus Medizin und Biologie

Von

H. Gebelein und **H.-J. Heite**

Dozent Dr. phil. habil.
Landshut (Bayern)

Dr. med.
Wissenschaftl. Assistent an der
Univ.-Hautklinik Münster

Mit einem Geleitwort von

Professor Dr. med. C. Moncorps

Direktor der Hautklinik
der westfäl. Landesuniversität Münster

Mit 50 Textabbildungen
und 20 Beispielen

Springer-Verlag
Berlin / Göttingen / Heidelberg
1951

ISBN 978-3-642-52739-5 ISBN 978-3-642-52738-8 (eBook)
DOI 10.1007/978-3-642-52738-8

Geleitwort.

Die Notwendigkeit statistischer Arbeitsweisen für die Erkennung von Fehlermöglichkeiten einfacher „Eindrucksurteile“ ist heute in der Medizin allgemein anerkannt. Es nimmt daher nicht wunder, wenn die mathematische Statistik als Hilfswissenschaft auch das äußere Bild medizinischer Zeitschriften beeinflußt und in zunehmendem Maße mathematische Formeln in medizinische Abhandlungen Eingang finden.

Die Meinung der Leser allerdings ist angesichts einer solchen Entwicklung geteilt. Wenn einerseits Scheu und Ablehnung gegenüber mathematischer Ausdrucks- und Arbeitsweise bestehen, so mag dies berechtigt sein, soweit es sich um deren kritiklose, überflüssige oder methodisch unbekümmerte Anwendung handelt. Andererseits aber ist eine Ablehnung dort fehl am Platze, wo die Mathematik tragendes Bauelement der Beweisführung einer wissenschaftlichen Darlegung ist oder sein sollte. Die sinnvolle Nutzanwendung mathematisch-statistischer Arbeitsmethoden begegnete bislang zwei Schwierigkeiten: Einerseits ist die mathematisch-statistische Literatur nicht frei von begrifflichen Unklarheiten und Widersprüchen, die sogar gelegentlich ins medizinische Schrifttum Eingang gefunden haben und die Anwendung statistischer Methoden erschweren. Andererseits fällt es dem Mediziner, der sich lediglich mit mathematischen Schulkenntnissen das Gebiet erarbeiten muß, nicht leicht, zu jenen gedanklichen Abstraktionen vorzudringen, die nun einmal die Voraussetzung für das Verständnis der in der mathematischen Statistik notwendigen Symbole sind. Um diese Diskrepanz zu mildern, muß der Leser einerseits für die mathematische Ausdrucksweise aufnahmebereit gemacht werden. Andererseits muß der mathematische Stoff sorgfältig ausgewählt und für die Fassungskraft des Mediziners zubereitet sein.

Leicht verständliche Begriffsbildung, *eindeutige Zeichensymbolik*, *Klarheit des angestrebten Zieles* und nicht zuletzt *Einfachheit des Rechenvorganges*, das ist das, was bislang fehlt und was als Voraussetzung für die Einfügung der mathematisch-statistischen Methodik mit der ihr gebührenden Breite in die medizinische Forschung zu fordern wäre.

Es ist das Verdienst meines Assistenten H. J. HEITE, daß er die obigen Voraussetzungen in der neuartige Wege beschreitenden Bearbeitung der mathematischen Statistik durch H. GEBELEIN als weitgehend erfüllt erkannte, und daß es ihm als praktische Schlußfolgerung gelang, diesen Autor für eine Zusammenarbeit zu gewinnen.

Es war mir, der seine mathematische Unzulänglichkeit oft genug als drückend empfand, eine ebenso große Freude wie eindrucksvolle Belehrung, das Werden dieser durch Diskussionen im Assistentenkreis und aus Fragestellungen der eigenen Klinik mitangeregten Gemeinschaftsarbeit zwischen Mediziner und Mathematiker mitzuerleben; mitzuerleben, wie der Mathematiker nicht der einseitig Gebende und sich der Sonderaufgabe Anpassende war, sondern wie der Mediziner neben seiner nachdrücklich geltend gemachten Forderung nach einer für ihn verständlichen Sprache Probleme aufwies, die aufs erste nicht immer mit mathematisch routinemäßigen Methoden lösbar waren.

Nicht zuletzt sei erwähnt, daß ich mich während des Werdens dieses Buches selbst von den Vorzügen der von GEBELEIN besonders herausgestellten kombinatorischen Schlußweisen von einer *endlichen* auf eine andere *endliche* Beobachtungsreihe überzeugen konnte. Wenn es auch mir als Kliniker nicht ansteht, die spezifisch mathematische Leistung dieser von GEBELEIN eingeführten Betrachtungsweise zu würdigen, so möchte ich doch glauben, daß diese „Finitisierung" mit ihrer Vermeidung des Unendlichkeitsbegriffes und des Grenzüberganges zum unendlich Großen gerade dem Mediziner besonders liegt und ihm einleuchtet, weil er eben stets mit endlichen und gar nicht einmal sehr großen Zahlenwerten zu tun hat. Den Vorteil dieser „Finitisierung" klar erkannt und die entsprechenden Schlußfolgerungen gezogen zu haben, ist unbestreitbares Verdienst von H.-J. HEITE.

Der Leser, der glaubt, daß ihm mit diesem Buch eine bequeme Patentlösung für die Beantwortung der ersten wie der letzten Fragen gegeben wird, und nur das Lesen des Buches genüge, um nunmehr routinemäßig statistische Urteile fällen zu können, der mag das Buch ruhig zur Seite legen. Man muß sich schon die Mühe machen, den Darlegungen zu folgen, die dem Mediziner etwas ungewohnte Zeichensymbolik zu erarbeiten, vor allem aber, sich damit vertraut zu machen, nicht nur in Mittelwerten, sondern in Streuungen zu denken. Dann aber wird der Leser bemerken, daß er einen Standpunkt gewinnt, auf welchem die wesentlichen statistischen Fragen, die nach dem Zufall und nach Korrelationszusammenhängen sinnvoll und einleuchtend werden. Dann wird er davor bewahrt werden, daß seine Darlegungen zu jener Art von „Statistik" gezählt werden, mit der man zwar alles, aber nichts unanfechtbar beweisen könne.

Univ.-Hautklinik Münster/Westf.,
November 1949.

C. Moncorps.

Vorwort.

Das vorliegende Büchlein ist aus einer Gemeinschaftsarbeit zwischen Arzt und Mathematiker entstanden. Zusammengeführt wurden beide Verfasser durch das ältere Werk des mathematischen Autors „Zahl und Wirklichkeit", mit dem der ärztliche Autor in den Monaten der Kriegsgefangenschaft sich vertraut machte, die ungewollte Muße nutzend.

Wie in anderen naturwissenschaftlichen Fachrichtungen tritt auch in Medizin und Biologie mehr und mehr die quantitative Betrachtungsweise in den Vordergrund. Zur bestmöglichen Auswertung und Beschreibung quantitativer Beziehungen und zur Vertiefung des in ihnen liegenden Erkenntniswertes, sind gewisse mathematische und statistische Kenntnisse und Fertigkeiten unerläßlich. Während Physiker, Chemiker und Ingenieure sich das für ihr Fachgebiet notwendige mathematische Rüstzeug während des Studiums aneignen müssen, ist der wissenschaftlich arbeitende Mediziner und Biologe gewöhnlich auf Schulkenntnisse und autodidaktische Weiterbildung angewiesen.

Etliche frühere Versuche, diese Lücke auszufüllen und dem Mediziner die notwendige Anleitung zur Bearbeitung seines Zahlenmaterials an die Hand zu geben, sind nach unserer Auffassung unbefriedigend. Vielfach ist nämlich die Meinung verbreitet, man müsse hierzu vor allem leicht gemachte Differential- und Integralrechnung bieten. Abgesehen von der Problematik eines solchen Unterfangens, liegen zum Glück die Probleme meist so, daß der Mediziner mit viel elementareren mathematischen Fertigkeiten auskommt. Wir streben daher an und beschränken uns darauf, den Mediziner und Biologen mit mathematisch *leichtem Gepäck* auszustatten, indem wir eine bewußte Auslese einfacher Auswertungsverfahren mit großer Tragweite bringen. Wir möchten an Hand von Beispielen zeigen, wie man häufig vorkommende Zahlenergebnisse in einfacher Weise mit einem Minimum an Mathematik auswerten und beurteilen kann. Die praktische Rechnung wird dabei mit den Mitteln der elementaren Algebra bestritten und bis zum zahlenmäßigen Endergebnis und dem daraus folgenden abschließenden Urteil durchgeführt.

Daher möchten wir das Kernstück des vorliegenden Buches in der Sammlung von statistischen Beispielen aus den verschiedensten Gebieten der experimentellen und klinischen Medizin sehen, die zum großen Teil aus dem Arbeitsbereich des einen Verfassers oder der hiesigen Klinik stammen. An den sorgfältig ausgewählten und aufeinander abgestimmten Beispielen werden mannigfaltige statistische Verfahren erläutert und wird die Bearbeitung vorgeführt. Insbesondere haben wir dabei versucht, den Leser mit der mathematischen Formelsprache soweit vertraut zu machen, daß er mit den geläufigen Formelausdrücken arbeiten kann. Wir vertreten den Standpunkt, daß die mathematische Formel nicht ein notwendiges Übel, sondern ein die Übersicht und Klarheit förderndes *Handwerkzeug* ist, das die mathematische Auswertung nur erleichtert. Wir halten es für abwegig, nach Möglichkeiten zu suchen, statistische Urteile ohne Formeln, ja sogar ohne die Arbeit erleichternde Hilfsmittel (Rechenschieber, Logarithmentafel) durchführen zu wollen.

Die mathematisch-statistischen Tatsachen werden ohne ausführlichen Beweis referiert. Eine vollständige Übersicht über die statistischen Methoden wurde nicht erstrebt; die Auswahl des Dargebotenen wurde auch durch die persönlichen Erfahrungen und die Vorliebe der Verfasser mitbestimmt. Das Referat über die mathematisch-statistischen Zusammenhänge ist so gehalten, daß der mathematisch-naturwissenschaftlich gebildete Leser, der hoffentlich auch das Werk zur Hand nehmen wird, die Beweisführungen im allgemeinen leicht hinzudenken kann. An den wenigen Ausnahmestellen, wo dies nicht zutrifft, ist auf die Literatur verwiesen oder es mußte auf künftige Veröffentlichungen der Originalergebnisse vertröstet werden, da in einigen Fällen diese aus zeitbedingten Gründen noch nicht erscheinen konnten. Selbstverständlich sind die Autoren zu Auskünften jederzeit gerne bereit.

Danken möchten wir an dieser Stelle in erster Linie Herrn Prof. MONCORPS, Direktor der Universitäts-Hautklinik in Münster, für die tatkräftige Förderung des Werkes, wurde doch der größte Teil des Manuskriptes in seiner Klinik unter vielfachen Diskussionen im Ärztekreise abgefaßt. Einen besonderen Dank haben wir den Professoren van der WAERDEN und HANS RICHTER auszusprechen für ihre Kritik und Ratschläge bei der Formulierung des Abschnittes XV über die Mutungsgrenzen. Wir danken auch allen, die bei der Zusammenstellung der Beispiele uns so bereitwillig geholfen und Material zur Verfügung gestellt haben und vor allem dem Springer-Verlag, daß er das Buch unter den derzeitigen schwierigen Bedingungen mit Berücksichtigung aller unserer Wünsche in so schöner Ausstattung durchgeführt hat.

Zum Schluß bitten wir alle Leser, insbesondere die Mediziner und Mathematiker, um freimütige Kritik. Die Verfasser würden eine tiefe Befriedigung empfinden, wenn sich die vorliegende Anleitung als nützlich erweisen würde, so daß bei späteren Auflagen sich Gelegenheit zur Berücksichtigung aller Leserwünsche ergäbe.

Hans Gebelein. Hans-Joachim Heite.

Münster (Westf.), Universitäts-Hautklinik
September 1950

Literaturhinweise.

Zunächst seien einige neuere Werke genannt, die für den Anfänger sich eignen und hinsichtlich der mathematischen Schwierigkeit mit dem vorliegenden Werk vergleichbar sind, hinsichtlich der Stoffauswahl und Blickrichtung aber davon abweichen:

H. HOSEMANN, Die Grundlagen der statistischen Methoden für Mediziner und Biologen, Stuttgart (Thieme) 1949.

E. MORICE, Méthodes statistiques en Médicine et en Biologie, Paris (Masson) 1947.

ERNA WEBER, Grundriß der biologischen Statistik, Jena (Gustav Fischer) 1948.

Aus der Fülle des mathematisch-statistischen Schrifttums, das insbesondere im Ausland sehr umfassend und mannigfaltig ist, nennen wir zur Weiterbildung nur einige wenige Werke, die zwar mathematisch etwas schwieriger sind, im wesentlichen aber noch ohne höhere Mathematik auskommen. Dort findet der Leser auch Hinweise auf weitere Literatur.

O. N. ANDERSON, Einführung in die mathematische Statistik, Wien: Springer 1935.

L. v. BARANOW, Grundbegriffe moderner statistischer Methodik, 1. und 2. Teil, Stuttgart: Hirzel 1950.

R. A. FISHER, Statistical Methods for Research Workers, Edinburgh: Oliver and Boyd, 1. Aufl. 1925, 9. Aufl. 1944.

H. GEBELEIN, Zahl und Wirklichkeit, 2. Aufl. Heidelberg: Quelle & Meyer 1949.

A. LINDER, Statistische Methoden für Naturwissenschaftler, Mediziner und Ingenieure, Basel: Birkhäuser 1945.

R. MEERWARTH, Kleiner Leitfaden der Statistik, Leipzig 1939.

F. RINGLEB, Mathematische Methoden der Biologie, Leipzig und Berlin 1937.

Obwohl es an den Leser ziemliche Ansprüche stellt, möchten wir nicht versäumen, das zur Zeit umfassendste Standardwerk der mathematischen Statistik zu nennen:

M. G. KENDALL, The Advaucal Theory of Statistics, Bd. I, 4. Aufl. und Bd. II, 2. Aufl. London: Charles Griffin, 1948.

Zur laufenden Unterrichtung über Fortschritte und neue statistisch-methodische Forschungen sei hingewiesen auf das

Mitteilungsblatt für Mathematische Statistik, herausgegeben von Anderson, Münzner und Kellerer im Auftrag der Deutschen Statistischen Gesellschaft, 1. Jahrg. München 1949.

Inhaltsverzeichnis.

Verzeichnis der Beispiele.

Häufig gebrauchte Bezeichnungen und Abkürzungen.

D = Modus, d. i. Maximalwert einer Häufigkeitsverteilung
E = Erwartungswert, z. B. $E(n_0)$ = Erwartungswert von n_0
h = relative Häufigkeit
H = relative Häufigkeitssumme
i, j (halbtief als Index) = ganzzahlige Ordnungsnummer einer Folge von Größen
k, l Anzahl von Klassen oder Teilmassen, in die eine Gesamtmasse aufgeteilt ist
lg = dekadischer Logarithmus
ln = natürlicher Logarithmus
m (bei beschreibender Statistik) = Gesamtmasse der statistischen Elemente
(bei den statistischen Schlüssen) = Ausgangsmasse, von der die Schlußweisen ausgehen
M = Medianwert, Zentralwert
M_n = Moment n-ten Grades einer Verteilung
n (bei den statistischen Schlüssen) = Umfang der Objektmasse, auf die geschlossen wird
p (bei den statistischen Schlüssen) = relative Häufigkeit in der Subjektmasse
(bei Korrelationstabellen) = relative Häufigkeit von Spaltensummen
q (bei den statistischen Schlüssen) = relative Häufigkeit in der Objektmasse; (bei Korrelationstabellen) = relative Häufigkeit von Zeilensummen
Q (bei statistischen Schlüssen) = Urteilszahl, d. i. Quotient zwischen Erwartungswert minus empirischem Wert und Streuung
r = Korrelationskoeffizient
R (bei nicht linearen Beziehungslinien) = Maximalkorrelation; (bei Dreifach-Korrelation) = totale Korrelation
Str = Streuung; z. B. $Str(n_0)$ = Streuung von n_0
u, v (bei Korrelationstabellen) = Zeilensummen, = Spaltensummen
x, y (bei Häufigkeitsverteilungen) = Merkmalsgrößen
α, β = arithmetisches Mittel oder Mittelwerte
σ, τ = mittlere quadradische Abweichung oder Streuung
ϱ = statistische Maßzahl für die Schiefe einer Häufigkeitsverteilung
ε (bei den Momenten einer Verteilung) = statistische Maßzahl für den Exzeß einer Verteilung
(bei den Vertrauensgrenzen) = kleiner Rest der Verteilung, der außerhalb eines bestimmten Vielfachen der Streuung liegt
Δ = Differenz, z. B. Δx = Differenz zweier x-Werte
$\triangle$ = Rechengröße bei Dreifachkorrelation

λ (bei Normalverteilung zweiter Art) = kennzeichnender Parameter und Rechengröße dieser Verteilungen
$\varkappa$ = Vielfaches der Streuung, mit dem bei Berechnung der Mutungsgrenzen gearbeitet werden soll
χ^2 = Verteilungsfunktion von Streuungsgrößen nach PEARSON
ζ (bei statistischen Schlüssen): Streuungsfaktoren
ξ = auf Mittelwert und Streuung bezogener, d. h. „normierter" Merkmalswert x; also $\xi = \frac{x - \alpha}{\sigma}$
η = auf Mittelwert und Streuung bezogener, d. h. „normierter" Merkmalswert y; also: $\eta = \frac{y - \beta}{\tau}$
∞ unübersehbar groß
$\approx$ näherungsweise gleich
$\leqq$ kleiner, höchstens ebenso groß als
$\geqq$ größer, mindestens ebenso groß als
Σ Summenzeichen

Das griechische Alphabet.

Α α Alpha	Β β Beta	Γ γ Gamma	Δ δ Delta
Ε ε Epsilon	Ζ ζ Zeta	Η η Eta	Θ ϑ Theta
Ι ι Jota	Κ ϰ Kappa	Λ λ Lambda	Μ μ My
Ν ν Ny	Ξ ξ Xi	Ο ο Omikron	Π π Pi
Ρ ρ Rho	Σ σ Sigma	Τ τ Tau	Υ υ Ypsilon
Φ φ Phi	Χ χ Chi	Ψ ψ Psi	Ω ω Omega

Einleitung.

Aus der Fülle der uns umgebenden Naturereignisse ist der wissenschaftlichen Erkenntnis nur jener Teil zugänglich, der sich uns in Form von regelmäßig wiederkehrenden, gegebenenfalls reproduzierbaren Erscheinungsbildern einprägt. Indem uns das Regelmäßige an den Naturerscheinungen vertraut wird, lernen wir von den Besonderheiten des Einzelfalles abzusehen und gewinnen die Einsicht, die in den Naturgesetzen ihren Niederschlag findet. Allen unseren Naturgesetzen liegt also eine Abstraktion zugrunde, eine gedankliche Vereinfachung der unübersehbar mannigfaltigen Erscheinungen. Die nicht regelmäßig zu beobachtenden Dinge werden dabei als im betrachteten Zusammenhang unwesentliche Störungen aus dem Gesichtsfeld gerückt. Daher sind alle unsere Naturgesetze als Näherungen anzusehen, die der tatsächlichen Wirklichkeit nur bedingt entsprechen.

In den modernen Naturwissenschaften spielt eine ganz hervorragende Rolle die Erfassung zahlenmäßiger Zusammenhänge. In Wechselwirkung hiermit entwickelte und entfaltete sich jene besondere Art der Abstraktion, die den Namen Mathematik trägt. In dieser Wissenschaft macht man sich vom Gegenständlichen völlig frei und behandelt rein abstrakte Beziehungen, unter denen die zahlenmäßigen Relationen die bekanntesten sind. Eine wichtige Klasse mathematischer Beziehungen sind die funktionellen Zusammenhänge, die in einfachsten Fällen folgendes besagen: Von zwei zahlenmäßig bestimmten Größen x und y ist die eine der anderen in der Weise zugeordnet, daß man bei Festlegung der einen Größe x die Größe y exakt und eindeutig hinzubestimmen kann. Man sagt in diesem Falle, y sei eine „Funktion von x“, mathematisch geschrieben $y = f(x)$. Beispiele hierfür sind Rechenvorschriften wie

$$y = ax + b, \quad y = x^n, \quad y = e^x \text{ usw.}$$

Mit solchen Funktionen ist man in der Lage, mancherlei quantitative Verknüpfungen zu beschreiben, die uns in der Erscheinungswelt begegnen.

Funktionelle Zusammenhänge spielten eine Zeitlang die beherrschende Rolle in vielen naturwissenschaftlichen Disziplinen. Insbesondere in der klassischen Physik stand die funktionelle Betrachtungsweise völlig im Vordergrund. Man bezeichnet Ereignisfolgen der Erscheinungswelt, zu deren Beschreibung die mathematischen Funktionen das adäquate Hilfsmittel darstellen, als deterministisch. Im Gegensatz hierzu sind uns aber auch Ereignisfolgen anderer Art geläufig, bei denen wir Regelmäßigkeit und Reproduzierbarkeit vermissen. Bei ihnen werden die aufeinanderfolgenden Ereignisse nicht durch irgendwelche Regeln, die sich in funktionellen Zusammenhängen ausdrücken lassen, bestimmt. Um sie zu kennzeichnen, hat man den Begriff des „Zufalls" geprägt. Da ein bequemes Hilfsmittel zur Erzeugung solcher Folgen die „Zufallsmaschine" des Spielwürfels ist, spricht man auch von „aleatorischen" Beziehungen.

Es liegt nahe, die Erscheinungen unserer Umwelt in deterministische und aleatorische einzuteilen. Dabei spielt es für uns keine Rolle, ob aleatorische Ereignisse uns deshalb als solche erscheinen, weil wir die ihnen möglicherweise zugrunde liegenden deterministischen Beziehungen infolge ihrer Mannigfaltigkeit nicht zu übersehen vermögen, oder ob sie grundsätzlich indeterministisch sind. Viel wichtiger ist, daß aleatorische Ereignisse deterministische Züge erkennen lassen, wenn man den Blick von den Einzelerscheinungen wegrückt und auf Gesamtheiten richtet. So wird selbst bei einem Spielwürfel, bei dem die Augenzahlen der Einzelwürfe gerade der Inbegriff aleatorischer Ereignisse sind, eine eindrucksvolle Gesetzmäßigkeit deutlich, wenn man die Summe der Augenzahlen von vielen Würfen betrachtet. Es stellt sich nämlich bei einem richtigen Würfel heraus, daß mit zunehmender Wurfzahl die Augensumme immer besser mit dem 3,5fachem der Wurfzahl übereinstimmt. Dies aber ist ein mathematisches Gesetz wie die oben genannten funktionellen Beziehungen. Die soeben genannte Zahl 3,5 ist die durchschnittliche Augenzahl bei sehr vielen Würfen, also eine Abstraktion, was hier schon daran deutlich wird, daß kein Einzelwurf diese Augenzahl aufweisen kann.

Die Durchschnittsbildung bei großen Gesamtheiten ist also das Mittel, welches die Brücke von den aleatorischen Erscheinungen zu den deterministisch-funktionellen Beziehungen schlägt. Dieser Vorgang ist inzwischen zu einem tragenden Prinzip des naturwissenschaftlichen Weltbildes geworden, seitdem die moderne Physik in den Bereich der Elementarbausteine der Materie vorgestoßen ist und sich herausgestellt hat, daß die dort geltenden aleatorischen Beziehungen nicht im Widerspruch zu den deterministischen Gesetzen der klassischen Mechanik stehen, sondern durch Mittelbildung zu ihnen führen.

Der Gegensatz zwischen deterministischen und aleatorischen Beziehungen ist demnach kein grundsätzlicher. Die Entscheidung darüber, ob man sich in einem bestimmten wissenschaftlichen Arbeitsgebiet mehr mit aleatorisch oder mit deterministisch geprägten Erscheinungen auseinanderzusetzen hat, hängt von dessen Standort ab. Medizin, Biologie und verwandte Fächer haben mit aleatorischen Beziehungen sehr viel zu tun, weil für sie die Individuen als Einzelelemente der belebten Natur eine ähnliche Rolle spielen wie die Elementarbausteine der Materie in der Mikrophysik. Ein nur quantitativer, aber sehr kennzeichnender Unterschied zwischen beiden Disziplinen besteht aber darin, daß die Physik erst in jüngster Zeit mit komplizierten Methoden in den Raum vordringen konnte, wo Indeterminiertheiten vorherrschen; während für die biologischen Fächer der entsprechende Bereich greifbar nahe liegt, wir ihm als Individuen sogar selbst angehören. Daher können wir auch nur selten vom aleatorischen Erscheinungsbereich so weit abrücken, daß die aleatorischen Züge verschwinden oder vernachlässigt werden dürfen, wie es in der klassischen Physik gegenüber der Mikrophysik die Regel ist.

Das Fach, das die aleatorischen Beziehungen zum Forschungsgegenstand hat, ist die Wahrscheinlichkeitsrechnung. Daß dieser mathematische Zweig von der Beschäftigung mit allerlei Glücksspielen seinen Ausgang nahm, ist bezeichnend und nicht verwunderlich. Inzwischen ist aber dieses Fach über jenes spezielle, etwas weltfremde Anwendungsgebiet, das in älteren Lehrbüchern einen erheblichen Raum einnimmt, weit hinausgewachsen. Entscheidend wurde die weitgehende Verschmelzung der Wahrscheinlichkeitsrechnung mit dem Nachbarfach der Statistik, das zwar weniger tiefgründig, aber dafür um so weltoffener sich der Sammlung und Übersichtsgewinnung bei den mannigfaltigsten Erscheinungsreihen aleatorischer Prägung widmet. Für dieses Fach wiederum ist es bezeichnend, daß es kaum einen Zweig der empirischen Wissenschaften gibt, mit dem nicht die Statistik sogar eine Namensverbindung eingeht, z. B. Sozialstatistik, Medizinalstatistik, physikalische Statistik usw. Daß die statistischen Arbeitsweisen im Bereich der belebten Natur angesichts der dort vorherrschenden Indeterminiertheiten ein unerschöpfliches Anwendungsgebiet vorfinden, liegt auf der Hand.

Den auf biologisch-medizinischem Gebiet tätigen Wissenschaftlern sind aber die für sie einschlägigen statistischen Methoden bisher nicht ausreichend zugänglich. Das vorliegende Werk handelt von der statistischen Urteilsbildung über Erscheinungsreihen und Tatbestände, die für diese Fächer typisch sind. In den ersten Abschnitten werden wir uns mit der ordnenden Zusammenfassung kleinerer und größeren Anzahlen statistischer Elemente beschäftigen und verschiedene Maßzahlen kennenlernen, von denen die wichtigsten auf die Bildung von Durchschnitten hinauslaufen. Nach und nach lernen wir auch kennzeichnende gestaltliche Formen kennen, die durch ihre häufige Wiederkehr in mannigfaltigen Zusammenhängen sich als statistische Gesetzmäßigkeiten ausprägen. Neben diesen mehr beschreibenden Methoden tritt in den späteren Abschnitten die Frage nach der Stichhaltigkeit der gewonnenen

Ergebnisse in den Vordergrund. Eine wichtige Frage ist dabei, ob die Anzahl der empirisch erfaßten Einzelelemente groß genug ist, daß bereits mit Reproduzierbarkeit der am Material gefundenen Züge an einer ähnlichen statistischen Gesamtheit zu rechnen ist. Dieser und mancher anderen Frage, die man immer wieder in die Form kleiden kann: „Ist das ein Zufall?“, sind die letzten Abschnitte des Buches gewidmet, welche sich mit den statistischen Schlüssen und Prüfmethoden befassen. Dabei wird mit Absicht der Leser mit einer größeren Zahl verschiedener Prüfverfahren bekannt gemacht, und es wird durch ihre Anwendung an immer wieder denselben Beispielen gezeigt, daß in der Wahl der Mittel bei der statistischen Arbeit eine gewisse Freizügigkeit besteht. Erst die Freiheit in der Wahl der Mittel ist es nämlich, die zu jener Vertrautheit mit dem statistischen Handwerkszeug führt, die zur Erlangung von Sicherheit bei der statistischen Urteilsbildung erforderlich ist.

I. Bearbeitung einer Beobachtungsreihe für ein ganzzahliges Merkmal.

Am Beispiel der Entfieberung von Pneumoniekranken werden die gebräuchlichen statistischen Fachausdrücke und Darstellungsweisen erläutert. Die Begriffe Mittelwert, Streuung und Schiefe werden eingeführt, und es wird die Berechnung dieser statistischen Maßzahlen gezeigt, namentlich auch mittels eines empfehlenswerten Rechenschemas.

Am Anfang jeder statistischen Arbeit steht die Ordnung einer Vielheit ähnlicher Befunde zum Zwecke der Übersichtsgewinnung. Diese Vorarbeit findet häufig ihren Niederschlag in einer Tabelle. Es hat daher seinen guten Grund, wenn das vorliegende Buch sogleich mit der Betrachtung einer solchen Tabelle beginnt. Im einfachsten Falle enthält letztere zwei Zeilen wie bei folgendem

Beispiel 1: Entfieberung bei 54 Pneumoniekranken (Zahlenangaben nach DE CANNIERE)[1]. 54 an Lungenentzündung erkrankte Patienten entfieberten an folgenden Tagen:

Tabelle 1. *Entfieberung von Pneumoniekranken.*

Krankheitstage bis zur Entfieberung .	2	3	4	5	6	7	8	9	10	11	12	$(= x_i)$
Zahl der Fälle . .	—	1	2	6	9	13	12	6	2	3	—	$(= m_i)$

Die Angaben dieser Tabelle sind ohne besondere Messung durch direkte Zählung gewonnen worden. Es handelt sich um $(k = 9)$ Einzelaussagen der Art:

6 Patienten entfieberten nach 5 Tagen,
9 „ „ „ 6 „ usw.

Die einzelnen Aussagen unterscheiden sich von Fall zu Fall also lediglich durch die mit Subjekt und Prädikat verbundenen Zahlen. Durch den Gebrauch der Tabelle wird die stilistische Langweiligkeit dieser Beschreibung vermieden.

Tabelle 1 ist ein einfaches Beispiel einer *Häufigkeitsverteilung*, wie sie einem bei der statistischen Arbeit dauernd begegnet. Da die folgende Rechnung nicht nur für dieses spezielle Beispiel etwas besagen,

---

[1] Münch. Med. Wsch. 1941, S. 1015.

sondern für alle ähnlich gelagerten Fälle richtungweisend sein soll, formulieren wir den Befund in allgemeiner Weise und machen dabei von den üblichen mathematischen Abkürzungen Gebrauch.

Die Aussagen handeln von $m = 54$ einzelnen Krankheitsfällen, den *statistischen Elementen* dieses Beispiels. Sie bilden zusammen die *statistische Masse*, über die etwas mitgeteilt wird. Diese wiederum ist unterteilt in $k = 9$ *Klassen* oder *Teilmassen*, und jede einzelne Klasse ist gekennzeichnet durch ihre *Merkmalszahl*, im vorliegenden Fall durch die ganzzahlige Nummer des letzten Fiebertages. Die wesentliche Aussage besteht nun in der *Besetzungszahl* für die betreffende Klasse oder, was auf dasselbe hinausläuft, in der Angabe der *Häufigkeit*, mit welcher statistische Elemente in der in Rede stehenden Klasse angetroffen werden.

In einer solchen Tabelle kommen sehr viele einzelne Zahlenangaben vor, aber nur wenige *Gattungen* von Zahlengrößen. Es ist daher zweckmäßig, nicht wie in der Schulmathematik die einzelnen Größen mit unterschiedlichen Buchstaben a, b, c ... zu bezeichnen, sondern jeweils die Größen einer Art mit einem und demselben Buchstaben. Im folgenden wird gewöhnlich für die Merkmale (hier Tage) der Buchstabe x und für die festgestellten Anzahlen der Buchstabe m verwendet. Unterschieden werden die einzelnen Größen x und m durch Indices i. Das sind ganze Zahlen, die als Nummern an die betreffende Abkürzung halbtief angehängt werden und die Zugehörigkeit zu einer bestimmten Klasse festlegen, die selbst diese Nummer trägt. Obwohl dieser Gebrauch von Indices von der Schule her nicht sehr geläufig ist, muß man sich bei statistischen Arbeiten daran gewöhnen, weil damit ein Höchstmaß von Ordnung und Übersichtlichkeit erreicht wird. Man beachte insbesondere, daß die Indices nichts mit der Größe der bezeichneten Dinge zu tun haben, sondern nur Ordnungsnummern darstellen. Im Falle des Beispiels 1 ist mit $k = 9$ Indices zu arbeiten, da ebenso viele Klassen vorliegen. Mit x_1 wird das Merkmal der ersten Klasse bezeichnet und mit m_1 die Anzahl der statistischen Elemente in ihr; ebenso werden für die weiteren Klassen die Zahlenpaare x_2, m_2 usw. bis x_k, m_k mitgeteilt. Es bedeutet z. B. x_{k-1} das Merkmal der vorletzten Klasse usw.

Will man sich mit einer Feststellung nicht auf eine bestimmte Klasse bzw. einen bestimmten Index festlegen, so bezeichnet man den Index allgemein mit i oder auch mit j. Es bedeuten also x_i, m_i die Daten der i-ten Klasse, wobei i alle ganzen Zahlen von 1 bis k durchläuft. Ist nicht von einem einzelnen Merkmalswert x_i die Rede, sondern von deren ganzem Satz, so drückt man dies aus durch die Aufzählung x_1, x_2, x_3, ... x_k, oder kürzer: x_i für $i = 1, 2, \ldots k$.

Häufig kommt es vor, daß alle oder einige aufeinanderfolgende (konsekutive) Größen x_i zusammengezählt werden müssen. Dies läßt sich kürzer als durch die ausführlich hingeschriebene Summe durch das Zeichen $\sum$ ausdrücken, wobei im allgemeinen der erste und der letzte Index unten bzw. oben am $\sum$-Zeichen vermerkt werden. Zum Beispiel

$$x_4 + x_5 + x_6 + \cdots + x_{10} = \sum_4^{10} x_i,$$

oder noch deutlicher $= \sum_{i=4}^{10} x_i$,

(lies: Summe x_i für i von 4 bis 10);

und ebenso

$$m_1 + m_2 + m_3 + \cdots + m_{k-1} = \sum_{i=1}^{k-1} m_i$$

(lies: Summe m_i für i von 1 bis $k - 1$).

Nach diesen allgemeinen Bemerkungen wenden wir uns nun dem Beispiel 1 wieder zu. Bevor wir an die rechnerische Bearbeitung gehen, soll der Befund graphisch dargestellt werden. Dies kann auf zwei Arten geschehen (Siehe Abb. 1 und 2.).

1. Häufigkeitsverteilung: Auf der Abszissenachse (waagerecht) sind die Merkmalswerte x_i aufgetragen und senkrecht dazu als Ordinaten die Häufigkeitszahlen m_i (siehe Tabelle 1 oder Tabelle 2, Spalte 1 und 2). Die durch die gestrichelte Linie in Abb. 1 angedeutete Figur beginnt und endet auf der Abszissenachse. Sie läßt erkennen, daß bestimmte Merkmalswerte zwischen dem Mindestwert und dem Höchstwert besonders häufig vorkommen.

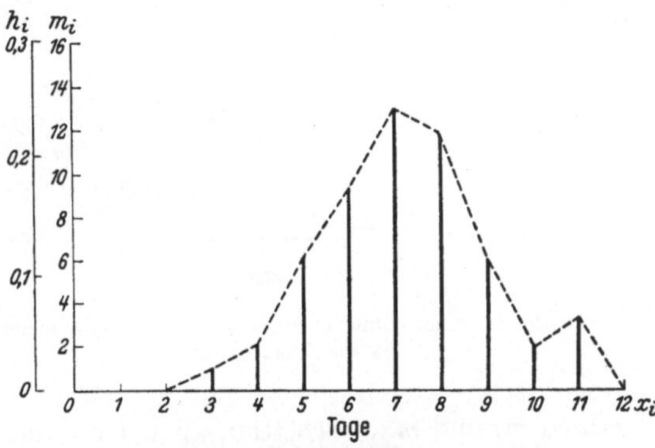

Abb. 1. Häufigkeitsverteilung zu Beispiel 1 (Entfieberung von Pneumoniekranken).

2. Summenlinie: Als Abszissen sind wieder die Merkmalswerte x_i aufgetragen, als Ordinaten diesmal aber die Summen der m_i bis herauf zu x_i. Die Ordinate soll nämlich ausdrücken, wie viele Patienten bis zum Tage x_i einschließlich entfieberten. Die zu einem bestimmten x_i gehörige Ordinate ist also die Summe aller m_j mit Indices $j \leqq i$ (lies: j kleiner oder gleich i), d. h. $\sum_{j=1}^{i} m_j$. (Hier muß der laufende Index der m-Werte mit j bezeichnet werden zur Unterscheidung gegenüber dem

Index i, der zur in Rede stehenden Stelle auf der Abszissenachse gehört; die Summe erstreckt sich über alle Werte m_j mit Indices $1, 2, \ldots i$.) Eine solche Summenlinie (Abb. 2) stellt allgemein einen auf der Abszissenachse beginnenden Linienzug dar, der ständig ansteigt und in diejenige Parallele zur Abszissenachse übergeht, deren Ordinate gleich $m = \sum_{i=1}^{k} m_i = 54$ ist. Im vorliegenden Fall wurde die Summenlinie als Treppenkurve gezeichnet, wie dies für den Fall einer diskontinuierlichen Verteilung, d. h. einer solchen mit sprunghaft sich ändernden Merkmalswerten sinngemäß ist. Die Stufen an den Stellen x_i der Treppenkurve Abb. 2 stimmen überein mit den Säulen an den entsprechenden Stellen der Abb. 1. Anschaulich bedeutet die Summenlinie im vorliegenden Fall, daß der schraffierte Bereich rechts unterhalb die Zunahme der entfieberten Kranken, der nichtschraffierte Bereich links oberhalb der Summenlinie die Abnahme der fiebernden Kranken anzeigt.

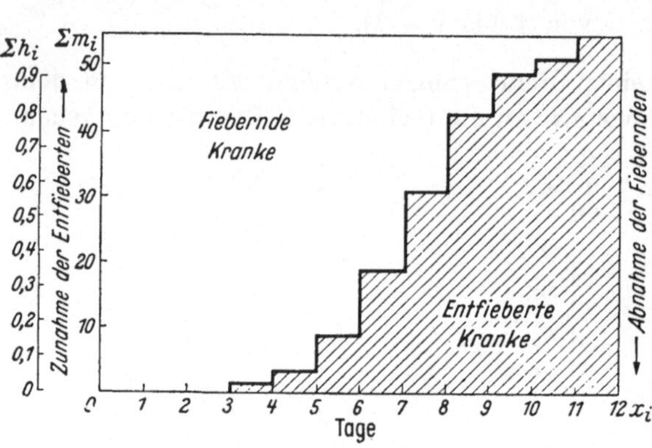

Abb. 2. Summenlinie zu Beispiel 1 (Entfleberung von 54 Pneumoniekranken).

Man kann, statt mit den absoluten Anzahlen m_i und m zu arbeiten, auch Gebrauch machen von sogenannten *relativen Häufigkeiten*, die dadurch entstehen, daß man die m_i als Bruchteile der Gesamtmenge m der statistischen Elemente angibt. Man erhält auf diese Weise

$$h_i = \frac{m_i}{m} \quad \text{und} \quad H_i = \frac{1}{m} \sum_{j=1}^{i} m_j \tag{1}$$

für die beiden Darstellungsweisen durch Häufigkeitsverteilung und durch Summenlinie. Diese Werte sind in Tabelle 2 Spalte 3 und 5 aufgeführt, außerdem sind sie aus Abb. 1 und 2 zu ersehen mit Hilfe der zweiten Ordinatenskala. Der Übergang von der absoluten zur relativen Darstellung der Anzahlen bedeutet lediglich eine Änderung des Ordinatenmaßstabs, und demgemäß eine neue Bezifferung der Ordinatenskala, indem die Zahl m der statistischen Elemente als neue Einheit gewählt wird.

Um den Inhalt einer Häufigkeitstabelle von der Art der Tabelle 1 in knapper Form wiederzugeben und den dargelegten Befund unabhängig vom mehr oder weniger großen Umfang der Aufzählung zu kennzeichnen, ist es erforderlich, das Wesentliche mit wenigen Zahlen zu erfassen. Dies ist der Zweck der sogenannten *statistischen Maßzahlen*, von denen uns im Laufe der Darstellung eine ganze Anzahl begegnen werden. Die wichtigsten von ihnen sind der *Mittelwert* α und die *Streuung* σ. Im vorliegenden Falle bedeutet der Mittelwert das Verhältnis zwischen den gesamten Fiebertagen aller 54 Patienten und dieser Patientenzahl. Es gab bei den 54 Patienten $\sum x_i m_i = 389$ Fiebertage; also war die Dauer des Fiebers im Mittel $\alpha = 7{,}2$ Tage. Die allgemeine Formel für α lautet

$$\alpha = \frac{1}{m} \sum_{i=1}^{k} x_i\, m_i. \tag{2}$$

Vermittelt dieser Durchschnittswert $\alpha = 7,2$ Tage einen allgemeinen Begriff von der Fieberdauer der Lungenentzündung bei den betrachteten Patienten, so bringt nun die Streuung als wichtige Ergänzung eine Aussage darüber, wie eng sich die beobachteten Werte um diesen Mittelwert scharen. Es ist nämlich σ die mittlere quadratische Abweichung vom Mittelwert α. Die Rechenvorschrift für diese Größe lautet

$$\sigma^2 = \frac{1}{m} \sum_{i=1}^{k} m_i\,(x_i - \alpha)^2. \tag{3}$$

Da jedoch im allgemeinen α kein ganzzahliger Wert ist, wäre die Rechnung nach dieser Formel unbequem und mühsam. Man kann sich aber die Arbeit vereinfachen, indem man für die Ausrechnung nach (3) an Stelle von α eine benachbarte ganze Zahl x_0 benützt und dafür nachträglich am Ergebnis eine Korrektur anbringt gemäß der Formel

$$\sigma^2 = \frac{1}{m} \sum_{i=1}^{k} m_i\,(x_i - x_0)^2 - \underbrace{(\alpha - x_0)^2}_{\text{Korrektur}}. \tag{3a}$$

Die Durchführung dieser Rechnung ist in Tabelle 2 (s. S. 10) wiedergegeben, wo in den letzten Spalten mit $x_0 = 7$ die erforderlichen Größen zusammengestellt sind.

Als Ergebnis halten wir fest: Die betrachteten Kranken entfieberten im Durchschnitt nach $\alpha = 7{,}2$ Tagen; die mittlere quadratische Abweichung von diesem Durchschnittswert betrug $\sigma = 1{,}76$ Tage.

Es sei bereits an dieser Stelle auf eine für viele mathematische Untersuchungen bedeutsame Erweiterung des Gedankens aufmerksam gemacht, der nach Gl. (3) zur Berechnung des Streuungsquadrats führt. So wie bei dem Streuungsquadrat die zweite Potenz $(x - \alpha)^2$ eine wesentliche Rolle spielt, so kann man zur weiteren Kennzeichnung

Tabelle 2. *Berechnung von α und σ für Beispiel 1 nach Gl. (2) und (3a).*

x_i	m_i	$h_i = \frac{m_i}{m}$	$\overset{i}{\Sigma} m_j$	$H_i = \overset{i}{\Sigma} h_j$	$m_i x_i$	$(x_i - 7)^2$	$m_i (x_i - 7)^2$
3	1	0,0185	1	0,0185	3	16	16
4	2	0,0370	3	0,0555	8	9	18
5	6	0,1111	9	0,1666	30	4	24
6	9	0,1666	18	0,3532	54	1	9
7	13	0,2408	31	0,5740	91	—	—
8	12	0,2223	43	0,7963	96	1	12
9	6	0,1111	49	0,9074	54	4	24
10	2	0,0370	51	0,9444	20	9	18
11	3	0,0556	54	1,0000	33	16	48
$\Sigma =$	54	1,0000			389		169

$$\alpha = \frac{389}{54} = 7{,}2; \qquad \sigma^2 = \frac{169}{54} - 0{,}2^2 = 3{,}13 - 0{,}04 = 3{,}09; \qquad \sigma = 1{,}76.$$

einer Häufigkeitsverteilung entsprechende Ausdrücke wie (3) auch mit höheren Potenzen bilden. Die auf diese Weise entstehenden Größen

$$M_n = \frac{1}{m} \sum_{i=1}^{k} m_i (x_i - \alpha)^n, \quad n = 2,\ 3,\ 4,\ \ldots \tag{4}$$

werden als die auf den Mittelwert α bezogenen *Momente* n-ten Grades einer Verteilung bezeichnet. Insbesondere ist für $n = 1$ wegen Gl. (2)

$$M_1 = \frac{1}{m} \sum_{i=1}^{k} m_i (x_i - \alpha) = \frac{1}{m} \sum_{i=1}^{k} m_i x_i - \frac{\alpha}{m} \sum_{i=1}^{k} m_i = \alpha - \frac{\alpha}{m} \cdot m = 0,$$

ganz gleich, wie groß auch immer die m_i sein mögen. Das auf den Mittelwert bezogene Moment zweiten Grades M_2 ist nach Gl. (2) identisch mit σ^2. Daher eignen sich erst M_3 und die folgenden Momente zur Definition weiterer statistischer Maßzahlen. Im folgenden werden wir sehr oft Gebrauch machen von M_3 und in einigen wenigen Fällen auch von M_4, während die noch höheren Momente außer Betracht bleiben werden.

Die aus dem Moment M_3 hervorgehende statistische Maßzahl ist die sogenannte *Schiefe* ϱ der Häufigkeitsverteilung. Man erhält ϱ, wenn man M_3 zur Normierung, d. h. um vom Abszissenmaßstab unabhängig zu werden, durch σ^3 dividiert:

$$\text{Schiefe } \varrho = \frac{\sum_{i=1}^{k} m_i (x_i - \alpha)^3}{m \cdot \sigma^3}. \tag{5}$$

Es ist im Falle einer symmetrischen Verteilung M_3 und damit auch ϱ gleich Null. Nicht verschwindende Schiefe ϱ ist ein Anzeichen und ein Maß für die Unsymmetrie einer Verteilung. Bisher traten im statistischen Schrifttum unsymmetrische Verteilungen allzusehr hinter den symmetrischen zurück, und daher wurde auch der Schiefe keine große Beachtung geschenkt. Bei manchen Anwendungsgebieten der Statistik mag dies angehen, jedoch nicht in Biologie und Medizin, denn die an Befunden der organischen Welt wahrnehmbaren Häufigkeitsverteilungen sind fast ausnahmslos mehr oder weniger stark unsymmetrisch, was in Abschnitt IV und VI noch ausführlich zur Sprache kommen wird.

Wollte man die Berechnung von ϱ mit Formel (5) durchführen, so würde wie oben bei der Berechnung der Streuung die Nichtganzzahligkeit von α die Arbeit erschweren. Man kann aber auch hier diese Schwierigkeit vermeiden, indem man an Stelle von α für die Rechnung eine benachbarte ganze Zahl x_0 benützt und den auf diese Weise begangenen Fehler nachträglich durch eine Korrektur bereinigt. Die hierfür maßgebliche Formel lautet

$$\varrho = \frac{M_3}{\sigma^3} - \underbrace{\frac{\alpha - x_0}{\sigma} \cdot \left(3 + \left(\frac{\alpha - x_0}{\sigma}\right)^2\right)}_{\text{Korrektur}}, \tag{5a}$$

wobei hier zum Unterschied zu (4) unter M_3 das auf x_0 statt auf α bezogenen dritte Moment zu verstehen ist. Auf die praktische Rechnung hiermit kommen wir nachher in Tabelle 5 zurück.

Wir beschließen diese erste Orientierung über die Schiefe mit einem Beispiel (Abb. 3). Für ein rechtwinkliges Dreieck ist $\varrho = \pm 0{,}566$; allgemein fällt die Schiefe positiv aus, wenn die Häufigkeitsverteilung links steiler ist als rechts und negativ im entgegengesetzten Fall. In die Dreiecke von Abb. 3 sind außerdem die Abszissen α und $\alpha \pm \sigma$ eingezeichnet.

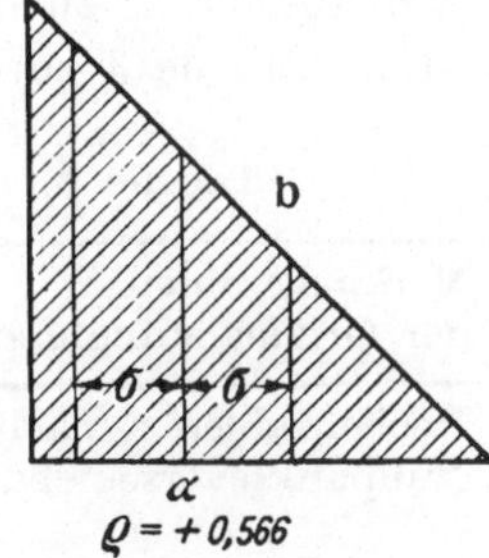

Abb. 3. Veranschaulichung der Schiefe am Beispiel des rechtwinkligen Dreiecks.

In entsprechender Weise wie die Schiefe kann man mittels der höheren Momente auch noch weitere statistische Maßzahlen gewinnen. Jedoch sind diese Größen praktisch von immer geringerer Bedeutung, je höheren Grades sie sind, und dies mit gutem Grunde, denn man kann ihren Wert nur an immer größeren statistischen Massen mit einiger Sicherheit feststellen. Es soll daher hier nicht weiter darauf eingegangen werden. Eine kurze Bemerkung sei mit Rücksicht auf gelegentliche spätere Anwendungen über das vierte Moment M_4 angeführt: Zunächst wird, um wiederum Unabhängigkeit vom Abszissenmaßstab zu erzielen, M_4 durch σ^4 dividiert. Es läßt sich nachweisen, daß, wie auch die Verteilung beschaffen sein mag, der so entstehende Quotient stets $\geqq 1 + \varrho^2$ ist. Insbesondere beträgt er aber genau drei im Falle einer GAUSzschen Normalverteilung (siehe Abschnitt V). Man bezeichnet daher die Abweichung dieses Quotienten vom „Normalwert" 3 als den *Exzeß* ε der Verteilung.

Mittels der statistischen Maßzahlen σ, ϱ und ε kann man nun auch umgekehrt die ersten Momente nach (4) in bequemer Weise wiedergeben. Die betreffenden Formeln lauten

$$M_2 = \sigma^2; \qquad M_3 = \sigma^3 \cdot \varrho; \qquad M_4 = \sigma^4 \cdot (3 + \varepsilon). \tag{4a}$$

Wir stellen uns darauf ein, statistische Massen aus der organischen Welt nach Möglichkeit durch *Mittelwert*, *Streuung* und *Schiefe* zu kennzeichnen, und beschließen daher diesen ersten Abschnitt mit einer praktischen Anleitung für die Berechnung dieser drei Größen.

Zunächst zeigen wir für die Vorbereitung dieser Rechnung einen Kunstgriff, der im folgenden immer wieder Anwendung finden wird. Es ist nämlich praktisch, *nur* mit ganzzahligen Merkmalswerten von ganz kleinem Betrag, 0, $\pm$ 1, $\pm$ 2, ... bis etwa $\pm$ 6 rechnen zu müssen, deren Vielfache man ohne weiteres hinschreiben und deren Quadrate und Kuben man im Kopf behalten kann. Durch Einführung einer neuen Merkmalsskala (z-Skala) läßt sich dies stets erreichen. Im Falle des Beispiels 1 ist hierzu nur eine Nullpunktsverschiebung erforderlich, am besten derart, daß der Nullpunkt der z-Skala an die Stelle $x = 7$ (vgl. Tabelle 2) zu liegen kommt. Diese Neubezifferung der Merkmale ist in Tabelle 3 zu ersehen.

Tabelle 3. *Neubezifferung der Merkmale für Beispiel 1.*

Merkmalszahlen x_i der Originalaufnahme	3	4	5	6	7	8	9	10	11
Rechenzahlen z_i nach Nullpunktsverschiebung	-4	-3	-2	-1	0	$+1$	$+2$	$+3$	$+4$

Für den Zusammenhang zwischen x-Skala und z-Skala gilt hier folgende Beziehung:

$$x_i = z_i + 7.$$

Für die Rechnung selbst ist ein Rechenschema empfehlenswert, das in ähnlicher Darstellung sich in mehreren Werken der mathematischen Statistik vorfindet[1]. Anordnung und Wirkungsweise dieses Schemas sind in

[1] Zum Beispiel CZUBER-BURKHARDT, Die statistischen Forschungsmethoden, Wien 1938.

Tabelle 4. *Rechenschema zur Ermittlung von Mittelwert, Streuung und Schiefe.*

x_i	z_i	m_i	$S_0 = a_{unten} + a_0 + a_{oben}$	$S_1 = b_{unten} - b_{oben}$	$S_2 = c_{unten} + c_{oben}$	$S_3 = d_{unten} - d_{oben}$
	-5	—	—	—	—	—
x_1	-4	m_1	m_1	m_1	m_1	m_1
x_2	-3	m_2	$m_1 + m_2$	$2m_1 + m_2$	$3m_1 + m_2$	$4m_1 + m_2$
x_3	-2	m_3	$m_1 + m_2 + m_3$	$3m_1 + 2m_2 + m_3$	$6m_1 + 3m_2 + m_3 = c_{oben}$	$10m_1 + 4m_2 + m_3 = d_{oben}$
x_4	-1	m_4	$m_1 + m_2 + m_3 + m_4 = a_{oben}$	$4m_1 + 3m_2 + 2m_3 + m_4 = b_{oben}$	—	—
x_5	0	m_5	$m_5 = a_0$	—	—	—
x_6	1	m_6	$m_8 + m_7 + m_6 = a_{unten}$	$3m_8 + 2m_7 + m_6 = b_{unten}$	$6m_8 + 3m_7 + m_6 = c_{unten}$	—
x_7	2	m_7	$m_8 + m_7$	$2m_8 + m_7$	$3m_8 + m_7$	$4m_8 + m_7 = d_{unten}$
x_8	3	m_8	m_8	m_8	m_8	m_8
	4	—	—	—	—	—
			$S_0 = \Sigma m_i = m$	$S_1 = \Sigma m_i z_i = m \cdot M_1$	$S_2 = \Sigma m_i \frac{z_i(z_i+1)}{2} = \frac{m}{2} M_2 + \frac{m}{2} M_1$	$S_3 = \Sigma m_i \frac{z_i(z_i^2-1)}{6} = \frac{m}{6} M_3 - \frac{m}{6} M_1$

Daraus:

$$M_1 = \frac{S_1}{m}$$

$$M_2 = \frac{2S_2 - S_1}{m}$$

$$M_3 = \frac{6S_3 + S_1}{m}$$

und für die z_i = Skala:

Mittelwert $\bar{\alpha} = M_1$

Streuung $\bar{\sigma}^2 = M_2 - \bar{\alpha}^2 \qquad \bar{\sigma} = \sqrt{M_2 - \bar{\alpha}^2}$

Schiefe $\bar{\varrho} = \frac{M_3}{\bar{\sigma}^3} - \frac{\bar{\alpha}}{\bar{\sigma}}\left(3 + \left(\frac{\bar{\alpha}}{\bar{\sigma}}\right)^2\right)$

Tabelle 4 (s. S. 13) dargestellt. Zur Begründung dieser Vorschrift sei darauf hingewiesen, daß, wie man sofort übersieht,

$$S_0 = \Sigma m_i = m \quad \text{ist. Weiter ist}$$
$$S_1 = \Sigma m_i \cdot z_i = m \cdot M_1 \quad \text{und entsprechend}$$
$$S_2 = \Sigma m_i \cdot \frac{1}{2} z_i (z_i + 1) = m \cdot \frac{M_2 + M_1}{2}, \text{ sowie}$$
$$S_3 = \Sigma m_i \cdot \frac{1}{6} z_i (z_i^2 - 1) = m \cdot \frac{M_3 - M_1}{6}.$$

Hieraus ergeben sich die Formeln für M_1, M_2 und M_3 nach Tabelle 4, und mittels dieser Größen folgt nach Gleichung (2), (3a) und (5a) für die z-Skala $\bar{\alpha}$, $\bar{\sigma}$ und $\bar{\varrho}$, wie in Tabelle 4 angegeben.

Die Anwendung dieses Rechenschemas auf Beispiel 1 zeigt Tabelle 5.

Tabelle 5. *Berechnung von $\bar{\alpha}$, $\bar{\sigma}$ und $\bar{\varrho}$ für Beispiel 1 nach Formblatt Tabelle 4.*

x_i	z_i	m_i	S_0	S_1	S_2	S_3
3	—4	1	1	1	1	1
4	—3	2	3	4	5	6
5	—2	6	9	13	18	24
6	—1	9	18	31		
7	0	13	13			
8	1	12	23	42	72	
9	2	6	11	19	30	44
10	3	2	5	8	11	14
11	4	3	3	3	3	3
			$S_0 = 54$	$S_1 = 11$	$S_2 = 90$	$S_3 = 20$

$$M_1 = \frac{11}{54} = 0{,}2037 \qquad \bar{\alpha} = \mathbf{0{,}2037}$$

$$M_2 = \frac{180 - 11}{54} = 3{,}1297 \qquad \bar{\sigma}^2 = 3{,}1297 - 0{,}2037^2 = \mathbf{3{,}0884}, \quad \bar{\sigma} = \mathbf{1{,}76}$$

$$M_3 = \frac{120 + 11}{54} = 2{,}4260 \qquad \bar{\varrho} = \frac{2{,}426}{5{,}44} - 0{,}1157 \cdot (3 + 0{,}1157^2) = 0{,}446 - 0{,}349 = \mathbf{0{,}097}$$

Als Ergebnis werden die Werte $\bar{\alpha}$, $\bar{\sigma}$ und $\bar{\varrho}$ erhalten, die auf die Hilfsskala bezogen sind. Sie sind daher noch auf die x-Skala umzurechnen. Im vorliegenden Fall unterscheiden sich die beiden Skalen aber nur durch die Verschiebung des Nullpunktes um 7 Einheiten. Daher ist für die x-Skala das arithmetische Mittel

$$\alpha = 7 + \bar{\alpha} = 7{,}20 \text{ Tage.}$$

Die Streuung aber ist $\sigma = \bar{\sigma} = 1{,}76$ Tage, denn bei ihr wirkt sich die Verschiebung des Nullpunktes nicht aus, während eine Änderung der Maßstabseinheit berücksichtigt werden müßte (siehe Beispiel 3 S. 24/25).

Die Schiefe ϱ endlich ist wegen der Normierung mittels σ^3 unabhängig vom Abszissenmaßstab und stimmt daher auf jeden Fall für x-Skala und z-Skala überein; also ist $\varrho = \bar{\varrho} = 0{,}10$.

Als Ergebnis für das vorliegende Beispiel sei nochmals festgehalten: Die Pneumoniekranken entfieberten im Durchschnitt nach $\alpha = \mathbf{7{,}20}$ Tagen; die Streuung um diesen Mittelwert betrug $\sigma = \mathbf{1{,}76}$ Tage. Ferner ergab die Rechnung eine geringfügige Schiefe $\varrho = \mathbf{0{,}10}$. Wir werden jedoch später sehen (Seite 157), daß diese Aussage über die Unsymmetrie bei dem wenig umfangreichen Material von 54 Kranken noch kaum Beweiskraft hat. Die Schiefe kann bei diesem Beispiel außer Betracht bleiben.

II. Behandlung einer kurzen Beobachtungsreihe mit stetigem Merkmal.

Als erstes Beispiel einer Beobachtungsreihe mit stetigem Merkmal wird eine Meßreihe betrachtet, deren Umfang so gering ist, daß man von Häufigkeiten der einzelnen Merkmale nicht sprechen kann. Es wird u. a. gezeigt, wie man durch direkte Verrechnung der Beobachtungsdaten Mittelwert und Streuung erhält, und wie durch den Kunstgriff der gleitenden Durchschnitte bereits bei so geringem Material die zugrunde liegende Häufigkeitsverteilung recht gut sichtbar gemacht werden kann.

Während bei Beispiel 1 nur ganzzahlige Merkmale vorkamen, wird nun ein etwas anders geartetes Beispiel betrachtet, bei dem das Merkmal x einen ganzen Bereich von Werten stetig durchlaufen kann. Das Material sind 25 Froschgewichte aus einer Versuchsreihe von BEHRENS[1] über die tödliche Dosis von Strophanthin bei Fröschen, die uns im folgenden noch wiederholt beschäftigen wird.

Beispiel 2: Gewicht von 25 Fröschen einer Versuchsserie. Die Froschgewichte betrugen in Gramm:

Tabelle 6. *Gewicht von 25 Fröschen einer Versuchsreihe.*

35,5	37,5	29,2	25,5	27,8
32,5	26,8	35,0	31,0	25,2
29,5	28,2	34,2	27,5	29,0
23,2	30,8	30,8	31,5	27,0
29,5	30,2	27,5	21,8	30,0

Man kann diese Zahlen sich veranschaulichen, indem man die vorkommenden Gewichte auf einer mit Skala versehenen Geraden perlschnurähnlich aufreiht (Abb. 4).

Abb. 4. Anordnung der 25 Froschgewichte nach Tabelle 6.

---

[1] Arch. f. exp. Path. u. Pharm. *140* 237 (1929).

Bei Betrachtung von Abb. 4 kann man ein anschauliches Bild von der Bedeutung des Mittelwertes α gewinnen. Stellen wir uns die Skalengerade als einen dünnen, fast masselosen Waagebalken vor und die einzelnen Beobachtungspunkte als gleich schwere Metallkugeln, so wird sich der Waagebalken dann im Gleichgewicht befinden und sich weder nach links noch nach rechts senken, wenn wir ihn in seinem Schwerpunkt unterstützen. Das ist aber genau der Punkt der Zahlengeraden, der durch den Mittelwert α angegeben wird. Auf Grund dieses mechanischen Analogons wird im statistischen Schrifttum auch häufig vom „Schwerpunkt" gesprochen, wenn der Mittelwert gemeint ist.

Auch die Streuung σ hat ein, wenn auch nicht so bekanntes mechanisches Analogon. Wenn man den Waagebalken um einen seiner Punkte und um eine zu ihm senkrechte Achse in Drehbewegung versetzen will, muß man eine bestimmte Kraft aufwenden, um die Trägheit der schweren Metallkugeln zu überwinden. Diese Trägheit gegenüber der Einleitung einer Drehung ist um so größer, je weiter vom Drehpunkt entfernt die Kugeln sich befinden. So wird man z. B. zum Drehen um den Punkt $A = 21$ eine weitaus größere Kraft aufwenden müssen als für eine Drehung um den Punkt $B = 27$. Die geringste Kraft jedoch benötigt man für eine Drehung um den Schwerpunkt; die dabei zu überwindende Trägheit ist kennzeichnend für die Massenverteilung des ganzen mechanischen Systems, hier der Kugeln auf dem Waagebalken. Es gilt in der Mechanik der Satz, daß das sogenannte Trägheitsmoment, mit welchem die Trägheit gegenüber Drehbewegungen gemessen wird, für eine Drehung um den Schwerpunkt am geringsten ist.

In genau der gleichen Weise nimmt das mittlere Abweichungsquadrat

$$\frac{1}{m} \Sigma (x - x_0)^2$$

seinen kleinstmöglichen Wert an, wenn es auf den Schwerpunkt α bezogen wird, d. h. wenn $x_0 = \alpha$ ist. Man erkennt dies leicht, wenn man das mittlere Abweichungsquadrat, bezogen auf x_0, ausrechnet und von der Abkürzung σ^2 nach Gleichung (3) Gebrauch macht. Dabei ergibt sich

$$\frac{1}{m} \Sigma (x_i - x_0)^2 = \sigma^2 + (x_0 - \alpha)^2. \tag{3b}$$

Der Summand $(x_0 - \alpha)^2$ ist für jeden von α verschiedenen Wert x_0 positiv. Das mittlere Abweichungsquadrat nimmt also seinen kleinstmöglichen Wert σ^2 dann an, wenn $x_0 = \alpha$ ist. Dieses Minimum des durchschnittlichen Abweichungsquadrats ist kennzeichnend für die Verteilung der statistischen Elemente auf der Merkmalsskala und wird in der Statistik als Streuungsquadrat σ^2 bezeichnet. Man beachte auch den Spezialfall der Gleichung (3b) für $x_0 = 0$. Die wichtige Beziehung

$$\frac{1}{m} \Sigma x_i^2 = \alpha^2 + \sigma^2 \quad \text{oder} \quad \sigma^2 = \frac{1}{m} \Sigma x_i^2 - \alpha^2 \tag{3c}$$

wird häufig als „Verschiebungssatz" bezeichnet und drückt aus, daß der manchmal gebrauchte Mittelwert der Merkmalsquadrate x_i^2 erhalten wird, indem man zum Quadrat des Mittelwerts α der x_i das Streuungsquadrat σ^2 addiert [vgl. S. 127 Gleichung (50)].

Der Unterschied zu Beispiel 1 (Entfieberung von Pneumonie-Kranken) besteht bei Beispiel 2 darin,

1. daß die Merkmale nicht in gleichmäßigen Abständen stehen, d. h. sich nicht aufeinanderfolgenden ganzen Zahlen zuordnen lassen. Dies rührt davon her, daß die Merkmalswerte hier nicht wie die Fiebertage durch Zählen gewonnen worden sind, sondern durch Messung (Wägung) einer kontinuierlichen Größe;

2. daß im Gegensatz zu früher hier die genannten Merkmale im allgemeinen nur einmal vorkommen und man daher keine Häufigkeiten m_i aufstellen kann, sondern die Beobachtungsdaten einzeln verrechnen muß.

Für Mittelwert und Streuung gelten die Formeln (2) und (3), wobei $m_i = 1$ zu setzen ist, so daß $k = m$ wird.

$$\alpha = \frac{1}{k}\sum_{i=1}^{k} x_i; \qquad \sigma^2 = \frac{1}{k}\sum_{i=1}^{k} (x_i - \alpha)^2 = \frac{1}{k}\sum_{i=1}^{k} (x_i - x_0)^2 - (\alpha - x_0)^2.$$

Die Auswertung ist in Tabelle 7 wiedergegeben ($x_0 = 30$ g).

Tabelle 7. *Zur Berechnung von Mittelwert und Streuung für Beispiel 2.*

x_i	$x_i - x_0$	$(x_i - x_0)^2$	x_i	$x_i - x_0$	$(x_i - x_0)^2$
35,5	5,5	30,25	34,2	4,2	17,64
32,5	2,5	6,25	30,8	0,8	0,64
29,5	— 0,5	0,25	27,5	— 2,5	6,25
23,2	— 6,8	46,24	25,5	— 4,5	20,25
29,5	— 0,5	0,25	31,0	1,0	1,00
37,5	7,5	56,25	27,5	— 2,5	6,25
26,8	— 3,2	10,24	31,5	1,5	2,25
28,2	— 1,8	3,24	21,8	— 8,2	67,24
30,8	0,8	0,64	27,8	— 2,2	4,84
30,2	0,2	0,04	25,2	— 4,8	23,04
29,2	— 0,8	0,64	29,0	— 1,0	1,00
35,0	5,0	25,00	27,0	— 3,0	9,00
			30,0	0,0	0,00
367,9		179,29			
			368,8		159,40
		Übertrag:	367,9		179,29
			736,7		338,69

Das Ergebnis lautet

$$\alpha = \frac{736,7}{25} = \mathbf{29,47}\text{ g}, \quad \text{und mit } (x_0 - \alpha)^2 = 0,53^2 = 0,28$$

$$\sigma^2 = \frac{338,69}{25} - 0,28 = 13,55 - 0,28 = 13,27, \quad \sigma = \mathbf{3,65}\text{ g}.$$

Das Froschmaterial war also im Durchschnitt 29,5 g schwer; die mittlere quadratische Abweichung betrug $\sigma = 3,65$ g.

Die hier vorgeführte Rechnung ist genau die gleiche, wie sie vorgenommen wird, wenn etwa ein Versuchsgegenstand, dessen Größe man recht genau wissen will, wiederholt gemessen worden ist. Man errechnet in diesem Falle den Mittelwert a als den sogenannten „wahrscheinlichsten Wert“ und betrachtet dazu die sogenannte „*Fehlerstreuung*“ μ, das ist im wesentlichen σ, um die Genauigkeit der Messung zu beurteilen. (In der Literatur findet man gewöhnlich in diesem Zusammenhang für die Fehlerstreuung eine Formel angegeben, die sich von der obigen Formel für σ^2 dadurch unterscheidet, daß an Stelle von k im Nenner $k - 1$ steht. Was für eine Bewandtnis es mit dieser kleinen Korrektur hat, wird S. 131 bei Betrachtung der Gleichung (52a) zur Sprache kommen). Für die Häufigkeitsverteilung solcher Meßfehler spielt das in Abschnitt V besprochene Gaußsche Fehlergesetz eine entscheidende Rolle.

Im vorliegenden Falle der Froschgewichte aber ist der Sachverhalt aus folgenden Gründen komplizierter. Der in Rede stehende Gegenstand, nämlich die Frösche als Gattung, haben gar kein wohlbestimmtes Gewicht, sondern es variiert das Gewicht der Individuen, und die Streuung rührt vor allem davon her. Wir bezeichnen diese Art der Streuung zum Unterschied zur Fehlerstreuung μ als „*Variationsstreuung*“ v; diese hat nichts mit der Genauigkeit der Wägung zu tun, sondern sie gibt einen Begriff von den Gewichtsunterschieden zwischen den einzelnen Fröschen. Das zu gewinnende Urteil kann nur so aussehen, daß man den Mittelwert der Gewichte kennt und dazu auch noch über deren Streuung Bescheid weiß; im Gegensatz zur Fehlerstreuung ist diese „Variationsstreuung“ nicht ein notwendiges Übel, sondern eine Erkenntnis.

Um den Sachverhalt noch deutlicher werden zu lassen, betrachten wir als Gegenbeispiel den Fall, daß es sich nicht um 25 verschiedene Frösche handeln möge, sondern daß ein und derselbe Frosch 25mal gewogen worden sei. Auch dabei weichen die Meßergebnisse etwas voneinander ab; diese Abweichungen rühren von verschiedenen Gründen her: etwaige Ungenauigkeiten der Wägung, vorübergehende Änderungen des Zustands des Frosches z. B. infolge Hunger oder Durst, verschiedene Mengen anhaftenden Wassers usw., nur *nicht* von der Variation innerhalb der Gattung, denn alle diese Aussagen betreffen ja nur ein einziges Individuum, also eine einzige Variante der Gattung. Die hier in Rede stehende Streuung ist daher Fehlerstreuung.

Beiläufig sei bemerkt, daß Bestandteile dieser Fehlerstreuung unter einem anderen Blickwinkel auch als Variationsstreuung zu werten sein können, z. B. bei Untersuchungen über den Stoffwechsel des Frosches. Was als Variation und was als Fehler anzusehen ist, hängt von der Problemstellung ab, nämlich davon, was im betreffenden Zusammenhang als begrifflich wesentlich und was als Zutat betrachtet wird. Begrifflich wesentlich ist im Beispiel 2, daß die Frösche verschiedene Größe haben.

Zutat dagegen ist, daß auch die Messung am einzelnen Frosch nicht immer wieder gleich ausfällt.

Unter der Voraussetzung, daß Variation und Fehler voneinander unabhängig sind (vgl. S. 73), kann man aussagen, daß die Gesamtstreuung σ, wie sie in Tabelle 7 ausgerechnet wurde, aus der Variationsstreuung ν und der Fehlerstreuung μ sich zusammensetzt nach der Formel

$$\sigma = \sqrt{\nu^2 + \mu^2}. \qquad (6)$$

Nehmen wir etwa an, im vorliegenden Beispiel seien die Wägefehler im beschriebenen weiteren Sinn, die übrigens einer Gaußschen Fehlerkurve entsprechen dürften, mit der Fehlerstreuung $\mu = 0{,}8$ g behaftet, so folgt wegen $\sigma = 3{,}65$ g für die Variationsstreuung

$$\nu = \sqrt{\sigma^2 - \mu^2} = \sqrt{13{,}27 - 0{,}64} = \sqrt{12{,}63} = 3{,}56\,\text{g}.$$

In diesem Falle wäre also die aus der Tabelle errechnete Streuung im wesentlichen Variationsstreuung. Der Unterschied zwischen σ und ν ist so gering, daß man in Anbetracht des geringen Umfangs der Meßreihe keine besondere Folgerung daraus ziehen wird (vgl. auch S. 136).

Aus Formel (6) ergeben sich noch verschiedene Gesichtspunkte, die für die Anlage bzw. Beurteilung einer Versuchsreihe wesentlich sind. Ist die Variationsstreuung relativ groß, so hat es keinen Sinn, die Fehlerstreuung übertrieben klein zu machen, d. h. die Einzelmessung mit großem Aufwand sehr genau durchzuführen. Sobald nur $\mu \ll \nu$ (lies: μ sehr viel kleiner als ν) ist, wird man zufrieden sein dürfen. Wenn umgekehrt es sich nicht vermeiden läßt, daß große Meßfehler auftreten, welche etwa die Variationsstreuung gar überschreiten, so ist die Frage, ob es sich um eine einheitliche Größe handelt oder ob Varianten vorkommen, gar nicht leicht zu entscheiden und ein recht schwieriges statistisches Problem, das sorgfältige Untersuchungen erfordert. Bei der Anlage einer Versuchsreihe wird man diesem besonderen Fall tunlichst aus dem Wege gehen. Man mache also die Messungen so genau, daß man Varianten auseinanderhalten kann. Eine übertriebene Genauigkeit der einzelnen Messung wird hierzu gar nicht unbedingt erforderlich sein, denn man beachte, daß wenn z. B. $\mu = 0{,}2\,\nu$ ist, μ^2 bereits nur $0{,}04\,\nu^2$ beträgt oder 4% von ν^2, und daß dann die Abweichung zwischen σ und ν nur 2% ausmacht.

Endlich sei noch bemerkt, daß Fachausdrücke ähnlich der hier gebrauchten Variationsstreuung wiederholt mit dem Wortstamm „Variation" gebildet worden sind und besonders bei biologischen Untersuchungen Anwendung fanden. Zu nennen sind der PEARSONsche „Variationskoeffizient", in unserer Schreibweise $\frac{100\,\sigma}{\alpha}$, d. h. die Streuung σ ausgedrückt in Prozenten des Mittelwerts α (relative Streuung); der von Lenz eingeführte „Variationsindex“ $\frac{100\,\delta}{\alpha}$, d. h. die Durchschnittsabweichung (siehe S. 42) in Prozenten des Mittelwerts (besser wäre Medianwert!); ferner die öfters genannte „Variationsbreite“, das ist die Spannweite der Merkmale oder die Differenz zwischen dem kleinsten und dem größten der vorkommenden Merkmalswerte. Unter diesen Größen verdient aus mehreren Gründen die relative Streuung (Pearson) den Vorzug. In Beispiel 2 beträgt sie mit $\sigma = 3{,}65$ g bei $\alpha = 29{,}5$ g 12,4%.

Als Überleitung zu den im folgenden Abschnitt zur Sprache kommenden Häufigkeitsverteilungen bei stetigem Merkmal werfen wir nun noch die Frage auf, ob und wie man die in Abb. 4 gewählte Darstellung des Beobachtungsergebnisses an den 25 Fröschen besser veranschaulichen könnte. Dies scheint etwas viel verlangt zu sein, denn wie soll man einer so kurzen Beobachtungsreihe mehr entnehmen können, als daß in der Mitte des Merkmalsbereichs die vorkommenden Fälle dichter liegen als weit rechts und links hiervon, wie Abb. 4 deutlich zeigt. Es kommen Beobachtungsreihen so geringen Umfangs, für die eine einprägsame Darstellung wünschenswert wäre, besonders bei medizinischen Fragestellungen häufig vor.

Wir betrachten nochmals Abb. 4 und stellen folgende Überlegung an: Wählt man eine bestimmte Intervallänge Δx der Merkmalskala, z. B. $\Delta x = 4$, und legt dieses Intervall an verschiedene Stellen der Skala an, so kommen je nach der gewählten Stelle mehr oder weniger viele Beobachtungen in das betrachtete Intervall zu liegen. So finden sich z. B. drei Beobachtungen zwischen 22,2 und 26,2. Werden nun alle möglichen Lagen der Kontrollstrecke der Reihe nach durchgeprüft und wird jeweils die Zahl der erfaßten Beobachtungen als Ordinate über der zur Intervallmitte gehörigen Abszisse aufgetragen, so entsteht eine Linie, die immer dann um eine Einheit steigt bzw. fällt, wenn ein neuer Punkt in die Kontrollstrecke eintritt bzw. wenn ein alter sie verläßt. Das Ergebnis ist daher eine Treppenlinie.

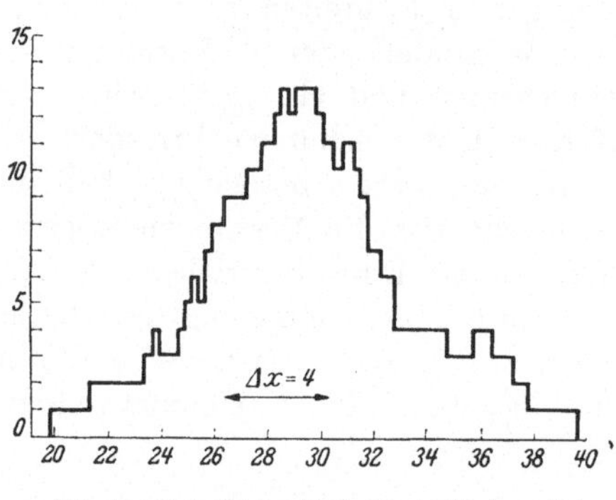

Abb. 5a. Beispiel 2 mittels Kontrollintervall 4 g behandelt.

Abb. 5a und 5b zeigen dieses Ergebnis für 2 Kontrolllängen, nämlich für $\Delta x = 4$ und für $\Delta x = 8$. (Das Zeichen Δx bedeutet die Differenz zweier x-Werte, nämlich hier zwischen Anfang und Ende der Kontrollstrecke.) In beiden Fällen ähnelt das entstehende

Gebilde einer glockenförmigen Häufigkeitsverteilung, wie sie uns immer wieder begegnen wird, indem die Mitte stärker und die Enden schwächer ausgebildet sind. Ein Unterschied zu der in Abb. 1 dargestellten Häufigkeitsverteilung besteht aber darin, daß hier die Gestalt der erhaltenen Linie von der Länge der Kontrollstrecke abhängt, in dem Sinne, daß durch Vergrößerung von Δx der Häufigkeitsberg am Gipfel abgeflacht und am Fuße verbreitert wird.

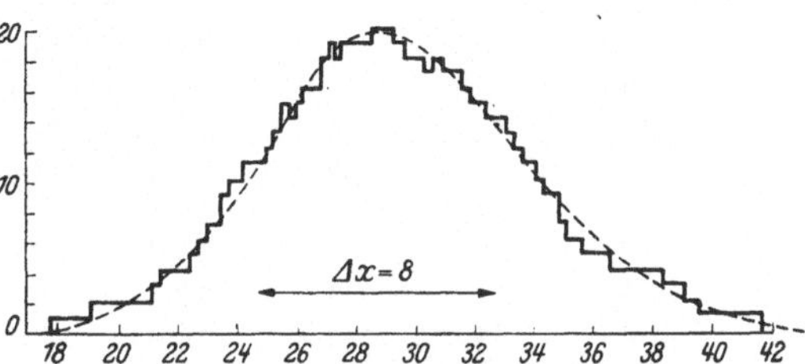

Abb. 5b. Beispiel 2 mittels Kontrollintervall 8 g behandelt. (Die gestrichelte Linie ist die gleiche wie die in Abb. 12.)

Wir werden später sehen (siehe Abschn. III, S. 29), daß diese Verzeichnung eine Besonderheit des hier angewandten Prozesses ist, der uns im folgenden unter dem Stichwort „Bildung gleitender Durchschnitt" noch oft beschäftigen wird. Es werden dort auch Wege gezeigt, um diese Verzeichnung entweder durch Gegenüberstellung zweier Ergebnisse gemäß Abb. 5a und 5b zu vermeiden, oder sie durch Anbringung einer Korrektur zu beheben. An dieser Stelle sei abschließend darauf hingewiesen, daß trotz ihrer Verzeichnung die auf diese Weise gewonnenen Kurven einen eindrucksvollen Inhalt haben: die Ordinate an jeder Stelle x sagt aus, wieviele statistische Elemente in deren Umgebung $x \pm \frac{\Delta x}{2}$ bei der in Rede stehenden Aufnahme angetroffen worden sind. Es gelingt also durch den Kunstgriff der gleitenden Durchschnitte schon bei geringem Material recht befriedigend, die zugrunde liegende Häufigkeitsverteilung sichtbar werden zu lassen.

III. Aufbereitung umfangreicheren statistischen Materials mit stetigem Merkmal.

An einer umfangreicheren Beobachtungsreihe mit stetigem Merkmal wird zunächst das altbekannte Verfahren der Aufgliederung nach sich ausschließenden Klassen gezeigt. Die in dieser Methode liegende Willkür hinsichtlich Größe und Lage der Klassen und deren Folgen für die Häufigkeitsverteilung wird besprochen und an Bildern veranschaulicht. Als Mittel, diese Schwierigkeiten zu überwinden und zu überraschend guten Ergebnissen zu gelangen, erweist sich das Verfahren der gleitenden Durchschnitte.

Wir wenden uns nunmehr der Bearbeitung einer Beobachtungsreihe mit stetigem Merkmal zu, die so umfangreich ist, daß die Einzelverrechnung der beobachteten Merkmalswerte, wie sie im vorhergehenden Abschnitt bei Beispiel 2 geschah, zu mühsam wäre. Als Beispiel dienen die Froschgewichte der S. 15 genannten Versuchsreihe von BEHRENS, von denen Beispiel 2 ein Ausschnitt war.

Beispiel 3: Gewicht von 148 Fröschen (Angaben in g).

Tabelle 8. *148 Froschgewichte (eingerahmt die 25 Gewichte von Beispiel 2).*

34,0	40,0	40,0	35,5	33,5	34,0	31,0	41,0
26,0	38,5	23,0	28,5	33,5	34,0	33,5	37,0
32,0	35,5	35,5	35,5	31,0	25,5	39,0	26,5
34,0	37,5	28,9	30,2	32,0	28,5	28,2	33,9
28,1	29,0	29,2	25,7	29,5	27,0	28,0	26,6
32,4	34,0	33,1	30,0	27,9	30,4	23,5	31,3
31,8	27,6	34,7	29,5	26,5	38,0	21,0	37,0
35,0	34,0	33,0	37,0	27,0	33,5	25,5	25,5
35,0	33,8	32,9	38,5	28,7	36,7	31,0	38,5
30,5	29,0	30,0	27,5	28,2	32,0	40,1	28,2
30,5	33,5	30,0	26,5	32,4	30,5	29,5	27,0
32,0	32,0	31,5	32,5	29,0	27,5	34,5	30,0
33,2	27,2	26,2	29,0	24,2	31,2	32,0	33,0
31,7	33,2	26,5	26,5	32,5	27,3	25,5	26,5
31,0	28,0	28,5	32,2	30,2	29,5	32,0	28,0
31,0	29,5	26,5	35,5	32,5	29,5	23,2	29,5
37,5	26,8	28,2	30,8	30,2	29,2	35,0	34,2
30,8	27,5	25,5	31,0	27,5	31,5	21,8	27,8
25,2	29,0	27,0	30,0				

Während die Darstellungsweise nach Art von Abb. 4 nur für kleine Beobachtungsreihen brauchbar ist, muß man hier wegen des größeren Umfangs der statistischen Masse anders vorgehen. Der geläufige Weg besteht darin, daß man zunächst die Beobachtungen entsprechend ihrem Merkmalswert x in einander sich ausschließende Klassen der gleichen Breite Δx aufgliedert. Für die meisten praktischen Zwecke empfiehlt es sich, etwa mit 8 bis 15 Klassen zu rechnen, weil einerseits die Rechenarbeit dadurch in erträglichen Grenzen gehalten wird, anderseits die statistischen Kennzahlen wie Mittelwert, Streuung usw. sich bereits hinreichend genau gewinnen lassen. Wir beschreiben daher zunächst die übliche Auswertungstechnik, indem wir $\Delta x = 2$ als Klassenbreite wählen und mit dem Intervall 20—22 beginnen. Ein bekanntes Verfahren, das Beobachtungsmaterial der Urliste (Tabelle 8) nach diesen Klassen zu ordnen, besteht in der Aufstellung eines Strichbildes (Strichelungsverfahren). Um die Übersicht zu erhöhen, empfiehlt es sich, die Striche zu je fünf zusammenzufassen, wie dies in Tabelle 9 geschehen ist. Beobachtungen innerhalb der Intervalle werden der betreffenden Klasse mittels eines ganzen Striches zugeordnet, solche an den Intervallgrenzen den beiden aneinanderstoßenden Klassen mit je einem halben Strich. Halbe Striche werden bei Wiederholung ergänzt. Für die weitere Rechnung werden die in der Strichliste festgestellten Anzahlen m_i auf die Klassenmitten x_i bezogen.

Tabelle 9. *Strichbild für Beispiel 3 (Klassen zu 2 g).*

Gewichte x (g)	Mittleres Gewicht x_i	Strichbild der Beobachtungen	Anzahl m_i
20—22	21	ǀǀ	2
22—24	23	ǀǀǀ	3
24—26	25	𝍸 ǀǀǀ'	8,5
26—28	27	𝍸 𝍸 𝍸 𝍸 𝍸	25
28—30	29	𝍸 𝍸 𝍸 𝍸 𝍸 ǀǀǀ	28
30—32	31	𝍸 𝍸 𝍸 𝍸 𝍸 ǀǀ	27
32—34	33	𝍸 𝍸 𝍸 𝍸 𝍸 '	25,5
34—36	35	𝍸 𝍸 ǀǀǀǀ	14
36—38	37	𝍸 ǀ'	6,5
38—40	39	𝍸 '	5,5
40—42	41	ǀǀǀ	3
			zus. 148

Dieses häufig empfohlene Strichelungsverfahren leistet wegen seiner Einfachheit vor allem gute Dienste, wenn bei der Durchsicht von Akten oder bei der Durchsage von Meldungen eine Häufigkeitsverteilung mit gewonnen werden soll. Es auf umfangreiche Urlisten von der Art der Tabelle 8 anzuwenden, die ausschließlich Zahlen enthalten, ist nach unseren Erfahrungen weniger erfreulich, denn es erfordert zur fehlerfreien Durchführung ununterbrochene Aufmerksamkeit. Durch Störungen oder Ermüdung geschieht es aber leicht, daß Fehler sich einschleichen, oder, was besonders ärgerlich ist, daß man plötzlich nicht mehr weiß, wo die Arbeit unterbrochen wurde. Besonders unangenehm ist aber, daß bei der Schlußkontrolle sich heraustellende Fehler nachträglich kaum mehr zu finden sind, so daß man gewöhnlich die ganze Arbeit wiederholen muß.

Wir werden nachher ein anderes Aufbereitungsverfahren beschreiben, das neben sonstigen Vorzügen auch den aufweist, daß es diese arbeitstechnischen Schwierigkeiten des Strichelungsverfahrens vermeidet. Zuvor wird aber das Ergebnis von Tabelle 9 dazu benützt, für Beispiel 3 Mittelwert, Streuung und Schiefe zu berechnen, und zwar noch einmal auf die S. 14 beschriebene Weise, indem zunächst ganzzahlige Klassenziffern z_i eingeführt werden und dann von dem Rechenschema Tabelle 4 Gebrauch gemacht wird.

Für die Festlegung zweckmäßiger Klassenziffern gewinnt man zuerst einen Überblick über den vorkommenden Merkmalsbereich und über die ungefähre Lage der gewöhnlich besonders stark vertretenen mittleren Werte. Hier bei Beispiel 3 ist der kleinste Wert 21,0 g, der größte

40,1 g, die Spannweite also etwa 20 g; besonders häufig kommen die Gewichte um 30 g herum vor. Es werden nun den auftretenden Klassen positive und negative ganze Zahlen einigermaßen symmetrisch zugeordnet, z. B. gemäß Tabelle 10.

Tabelle 10. *Bezifferung der Klassen zu Beispiel 3.*

Gewichtsklasse	z_i	Gewichtsklasse	z_i
20—22	—5	32—34	1
22—24	—4	34—36	2
24—26	—3	36—38	3
26—28	—2	38—40	4
28—30	—1	40—42	5
30—32	0		

Die Ausrechnung von Mittelwert, Streuung und Schiefe, zunächst auf die z-Skala bezogen, enthält Tabelle 11. (Die nach der z-Skala berechneten statistischen Maßzahlen sind durch Querstrich gekennzeichnet.)

Tabelle 11. *Zur Berechnung der statistischen Maßzahlen für Beispiel 3.*

Klasse	z_i	m_i	S_0	S_1	S_2	S_3
20—22	—5	2	2	2	2	2
22—24	—4	3	5	7	9	11
24—26	—3	8,5	13,5	20,5	29,5	40,5
26—28	—2	25	38,5	59	88,5	**129**
28—30	—1	28	**66,5**	**125,5**		
30—32	0	27	**27**			
32—34	1	25,5	**54,5**	**110**	**206,5**	
34—36	2	14	29	55,5	96,5	**155**
36—38	3	6,5	15	26,5	41	58,5
38—40	4	5,5	8,5	11,5	14,5	17,5
40—42	5	3	3	3	3	3
			148	—15,5	295	26

$$M_1 = \frac{-15{,}5}{148} = -0{,}1047 \qquad \bar{a} = \mathbf{-0{,}1047}$$

$$M_2 = \frac{590 + 15{,}5}{148} = 4{,}0912 \qquad \bar{\sigma}^2 = 4{,}0912 - 0{,}1047^2 = \mathbf{4{,}0803}, \ \bar{\sigma} = \mathbf{2{,}02}$$

$$M_3 = \frac{156 - 15{,}5}{148} = 0{,}9493 \qquad \bar{\varrho} = \frac{0{,}9493}{8{,}24} + 0{,}0517 \cdot (3 + 0{,}0517^2)$$

$$= 0{,}1150 + 0{,}1552 = \mathbf{+0{,}270}.$$

Für die Umrechnung auf die x-Skala der Froschgewichte ist zu beachten, daß zu dem Wert $z = 0$ das Gewicht 31,0 g gehört, daß ferner das Fortschreiten auf der z-Skala um eine Einheit (z. B. von 1 bis 2) auf der x-Skala ein Fortschreiten um 2 g bedeutet. Es beträgt daher, wenn

$$\bar{a} = -0{,}105 \quad \text{und} \quad \bar{\sigma} = 2{,}02 \quad \text{ist,}$$

$$a = 31{,}0\,\text{g} - 0{,}105 \cdot 2\,\text{g} = \mathbf{30{,}79}\,\text{g} \text{ und } \sigma = 2{,}02 \cdot 2\,\text{g} = \mathbf{4{,}04}\,\text{g},$$

aber unverändert ist $\varrho = \bar{\varrho} = +\mathbf{0{,}270}$ (dimensionslose Zahl).

Abb. 6 zeigt die graphische Darstellung der durch das Strichbild Tabelle 9 gewonnenen Verteilung. Die einzelnen Klassen sind hierbei, wie dies häufig geschieht, durch Rechtecke wiedergegeben, was der vereinfachenden Annahme entspricht, daß die Elemente innerhalb jeder Klasse gleichmäßig verteilt seien.

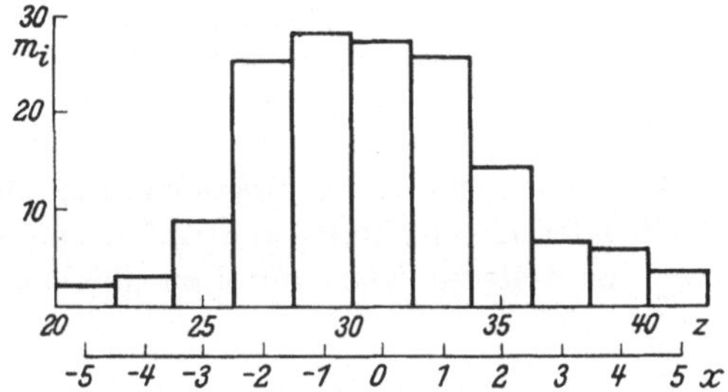

Abb. 6. Häufigkeitsverteilung der Froschgewichte Beispiel 3.

Bei der durchgeführten Rechnung werden allerdings zum Unterschied zu Abb. 6 die Elemente jeder Klasse so behandelt, als würden sie genau in der Klassenmitte liegen, wie dies für die diskreten (d.h. nicht kontinuierlich fortschreitenden) Merkmalswerte von Beispiel 1 zu getroffen hat. Um die tatsächliche Verteilung der Merkmale innerhalb der Klassen zu berücksichtigen sind Korrekturen erforderlich, deren Größe davon abhängt, wie man sich die Verteilung innerhalb der Klasse vorstellt. Zur Orientierung sei mitgeteilt, daß in den beiden kennzeichnenden Fällen nach Abb. 7a/b diese Korrekturen $+\frac{1}{12}(\Delta x)^2$ bzw. $-\frac{1}{12}(\Delta x)^2$ betragen, je nachdem die Gesamtverteilung als bestehend aus aneinandergereihten Rechtecken (Abb. 7a) oder aus sich aneinanderschließenden Trapezen (Abb. 7b) gedacht wird. Man beachte aber, daß Abb. 7a zwar für die graphische Darstellung bequem ist, aber eigentlich eine Verlegenheitsmaßnahme darstellt, die der Wirklichkeit kaum entspricht. Die Annahme Abb. 7b dagegen kommt gelegentlich der Wirklichkeit näher; die Schwierigkeit besteht aber hierfür darin, daß bei vorgeschriebenen Flächeninhalten für die einzelnen Klassen man es meist nicht erreichen kann, daß die oberen Begrenzungslinien der Trapeze ohne Sprünge sich aneinander anschließen.

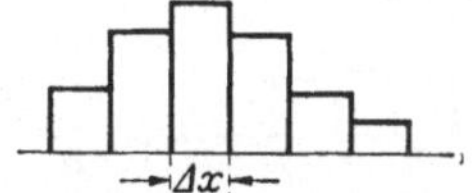

Abb. 7a. Aus Rechtecken zusammengesetzte Verteilung.

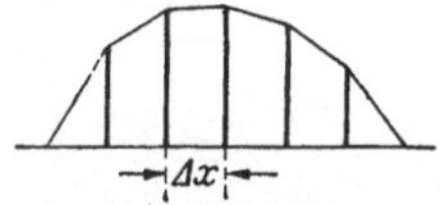

Abb. 7b. Aus Trapezen zusammengesetzte Verteilung.

Die mit dem Fall Abb. 7b verbundene sogenannte SHEPPARD*sche Korrektur* beträgt in unserem Beispiel für die x-Skala

$$-\frac{1}{12}(\Delta x)^2 = -\frac{2^2}{12} = -\frac{1}{3}$$

und damit $\sigma_{korr}^2 = 4{,}04^2 - 0{,}33 = 16{,}32 - 0{,}33 = 16{,}0$; $\sigma_{korr} = 4{,}00$ g.

Die Schiefe ϱ wird bei dieser Korrektur primär nicht verändert, sondern nur sekundär, indem zur Berechnung von ϱ das dritte Moment durch die dritte Potenz von σ_{korr} zu dividieren wäre. Der Einfluß ist geringfügig. Im Beispiel ergibt sich auf diese Weise $\varrho_{korr} = 0{,}269$, was gegenüber dem obigen Wert 0,270 ohne Belang ist.

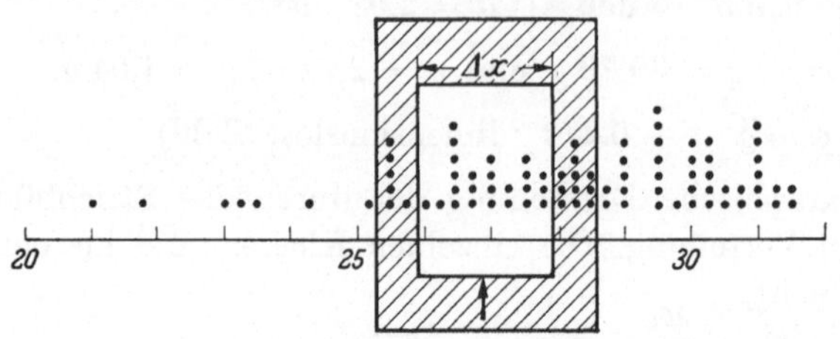

Abb. 8. Darstellung der 148 Froschgewichte (Ausschnitt).

Die bisher betrachtete Aufgliederung des statistischen Materials von Tabelle 8 nach Klassen zu 2 g, beginnend mit 20,0 g, ist nur eine unter unbegrenzt vielen Möglichkeiten. Man kann einerseits bei gleichbleibender Klassenbreite den Anfangspunkt verändern, anderseits aber auch zu anderen Klassenbreiten übergehen. Wir wollen nun an Hand

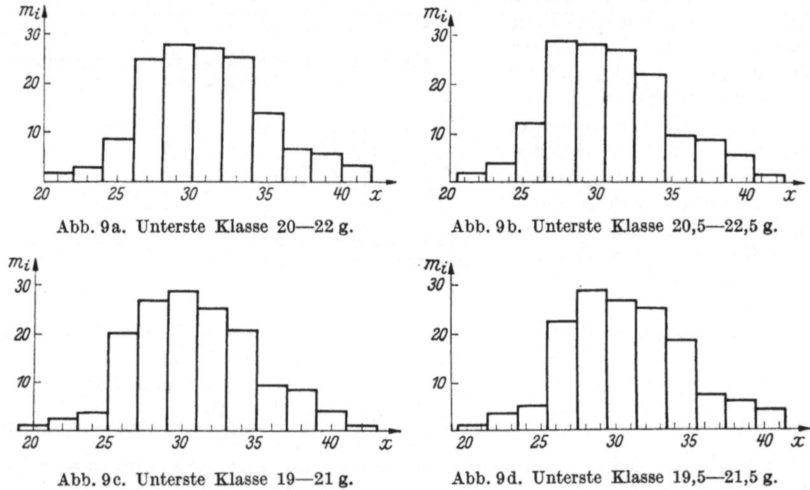

Abb. 9a. Unterste Klasse 20—22 g.

Abb. 9b. Unterste Klasse 20,5—22,5 g.

Abb. 9c. Unterste Klasse 19—21 g.

Abb. 9d. Unterste Klasse 19,5—21,5 g.

Abb. 9a—d. Beispiel 3 bei verschiedenen Lagen der Klassen von der Breite 2 g.

einer Reihe von Abbildungen veranschaulichen, wie durch andere Aufbereitung ein- und dasselbe statistische Material sein Gesicht ändern kann.

Zunächst eine kurze Bemerkung über die Gewinnung der folgenden Darstellungen: Das oben beschriebene Strichelungsverfahren erwies sich für diesen Zweck als zu unelastisch. Daher wurde die Urliste Tabelle 8 zunächst durch eine zeichnerische Darstellung ähnlich derjenigen von Abb. 4 ersetzt. Diese Darstellung der 148 Froschgewichte zeigt Abb. 8 im Ausschnitt.

Der Vorteil einer solchen Zeichnung besteht darin, daß man ihr, sobald sie einmal in genügend großem Maßstab hergestellt worden ist, die Besetzungszahlen beliebiger Klassenaufgliederung entnehmen kann und hierzu keinerlei Eintragung oder Aufzeichnung mehr nötig ist. Um den Inhalt von Klassen der Breite Δx festzustellen, blendet man mittels eines Fensters dieser Breite das betreffende Stück der Zeichnung heraus und zählt die darinliegenden Punkte ab. Durch Verschieben des Fensters erhält man dann alle möglichen Klassen dieser Breite, während man für verschiedene Breiten natürlich verschiedene Fenster bereitzuhalten hat. Punkte, die auf einen seitlichen Fensterrand fallen, sind mit halbem Gewicht zu zählen.

Wir beginnen nun die Diskussion der verschiedenen Klassenaufgliederungen an Beispiel 3, indem wir von Abb. 6 ausgehen und die Frage aufwerfen, wie dieses Bild sich ändert, wenn unter Beibehaltung der Klassenbreite $\Delta x = 2$ die Klassengrenzen verschoben werden. Dies zeigen die Abb. 9a—d, von denen die erste mit Abb. 6 identisch ist. Es bestehen deutliche Unterschiede in der Form der Häufigkeitsverteilungen, die zwar ins Auge springen, aber nicht überschätzt werden dürfen. Man erkennt dies daran, daß die statistischen Maßzahlen von diesen Unterschieden kaum berührt werden. So schwankt α nur zwischen den Werten 30,78 und 30,82 und σ (ohne SHEPPARDsche Korrektur) zwischen den Werten 4,00 und 4,07. Um diese geringfügigen Unterschiede überhaupt zu erkennen, mußte die Rechnung mit so übertriebener Genauigkeit durchgeführt werden, wie sie für den Sachverhalt selbst keineswegs angebracht wäre. Dem Befund angemessen ist die abgerundete Angabe, daß die in Rede stehenden Frösche das Durchschnittsgewicht 31 g haben und daß die Variationsstreuung um diesen Mittelwert 4,0 g beträgt.

Auffallender ist die Wirkung, wenn man zu anderen Klassenbreiten übergeht, wie dies die Abb. 10a—d zeigen. Einerseits wird mit zunehmender Klassenbreite das Bild klobiger, andererseits tritt bei sehr feiner Klassenaufteilung durch die Schwankungen zwischen den Inhalten benachbarter Klassen eine gewisse Verzettelung ein. Die Darstellung verliert also in diesen beiden extremen Fällen auf unterschiedliche Weise ihr Gesicht. Hinzu kommt, daß bei großer Klassenbreite die Mitte der Häufigkeitsverteilung gedrückt erscheint, während die Außenteile etwas gedehnt dargestellt werden. Die brauchbarsten Bilder liefern mittlere Klassenaufteilungen (Klassenzahl 10—15 zu empfehlen!).

Über die statistischen Maßzahlen, die zu den Darstellungen 10a—d gehören, ist zu sagen, daß selbstverständlich diese Größen um so genauer erhalten werden, mit je feinerer Aufgliederung gearbeitet wird. Die wiederum mit übertriebener Genauigkeit durchgeführte Rechnung liefert für den Mittelwert nach 10a den Betrag $\alpha = 30{,}792$. Die Werte $\alpha = 30{,}80$ für 10b und $\alpha = 30{,}78$ für 10c (das mit Abb. 6 übereinstimmt) weichen von diesem exakten Wert noch nicht nennenswert ab, und auch für 10d mit dem Wert $\alpha = 30{,}88$ fällt der Unterschied noch nicht allzusehr ins Gewicht. Erheblicher sind die Unterschiede bei der Streuung. Als ziemlich genauer Wert kann $\sigma = 3{,}99$ nach 10b gelten. Nach Anbringung der SHEPPARDschen Korrektur stimmt auch der Wert $\sigma_{korr} = 4{,}00$ nach 10c hiermit befriedigend überein. Bei 10d allerdings ergibt sich ohne Korrektur $\sigma = 4{,}09$ und mit Korrektur $\sigma_{korr} = 3{,}82$, so daß beide Ergebnisse nicht sehr befriedigen, was bei dieser groben Klassenaufteilung auch nicht verwunderlich ist.

Überblickt man die Bilder 9 und 10, so wird man feststellen dürfen, daß keine dieser Darstellungen recht befriedigend ist. Wenn man ver-

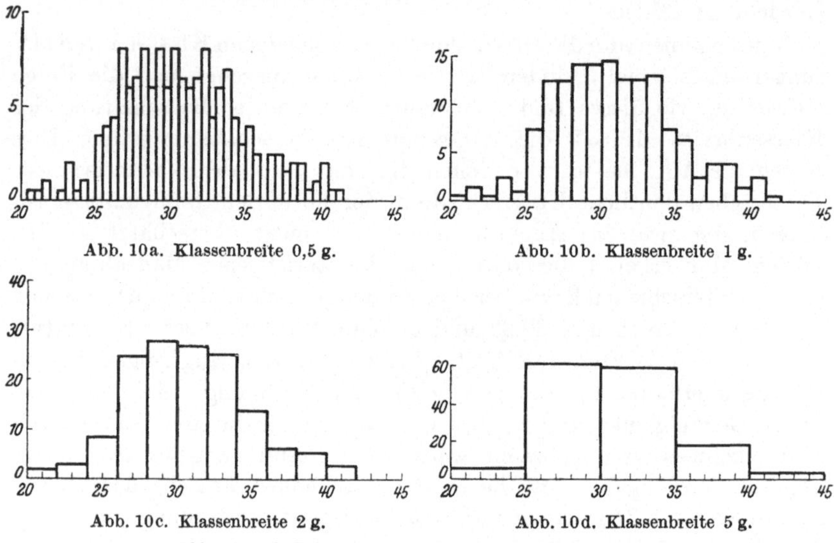

Abb. 10a. Klassenbreite 0,5 g.

Abb. 10b. Klassenbreite 1 g.

Abb. 10c. Klassenbreite 2 g.

Abb. 10d. Klassenbreite 5 g.

Abb. 10a—d. Beispiel 3 bei verschiedenen Klassenbreiten.

sucht, den Eindruck aller dieser Bilder zusammenzufassen, so hat man die Vorstellung einer stetigen, ein wenig schiefen Glockenkurve. Es kommt darauf an, diese Zusammenfassung auch darstellungstechnisch zu bewältigen und auf diese Weise die stetige Häufigkeitsverteilung sichtbar werden zu lassen. Eine solche Zusammenfassung gelingt nun tatsächlich dadurch, daß man z. B. für die Klassenbreite $\Delta x = 2$ die vier Bilder 9a—d sich übereinandergelegt denkt und die Höhe eines jeden Rechteckes in der Mitte der Rechtecksoberseite markiert. Das Ergebnis sind die angekreuzten Punkte von Abb. 11a. Diese neue Darstellung hat die Eigentümlichkeit, daß die Ordinate an irgendeiner Stelle x angibt, wie viele statistische Elemente in deren Umgebung $x \pm \frac{\Delta x}{2}$ angetroffen worden sind. In dieser Hinsicht ist die gewonnene Darstellung das genaue Analogon zu Abb. 5a/b.

Rechnerisch geht die Punktfolge von Abb. 11a aus der überfeinerten Aufgliederung Abb. 10a dadurch hervor, daß die Inhalte von je vier aufeinanderfolgenden Klassen summiert und der Mitte, d. h. der Grenze zwischen der jeweiligen zweiten und dritten Klassen zugeordnet werden. Zur praktischen Gewinnung dieser Punkte ist aber die Kenntnis der Klassen zu $\Delta x = 0{,}5$ von Abb. 10a nicht erforderlich. Man entnimmt vielmehr die gewünschten Ordinaten der Abb. 8, indem man das Fenster jeweils um eine halbe Einheit weiterschiebt und die herausgeblendeten Punkte abzählt.

Auf diese Weise sind die Spielarten der Häufigkeitsverteilung zu bestimmter Klassenbreite, die durch Versetzung der Klassengrenzen

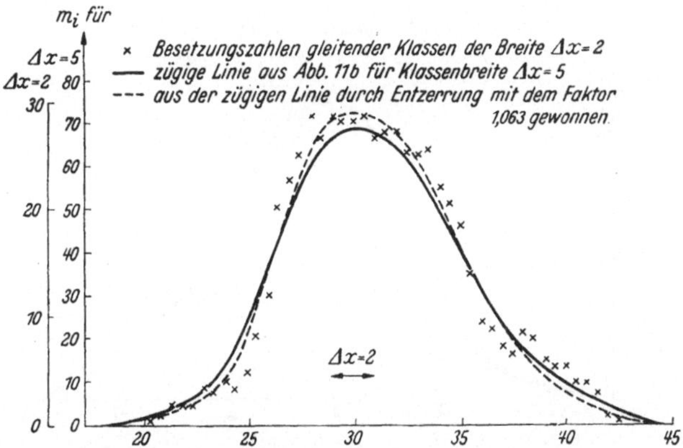

Abb. 11a. Gleitende Klassen ($\Delta x = 2$) und korrigierte Häufigkeitsverteilung für die 148 Froschgewichte von Beispiel 3.

entstehen (Abb. 9a—d) unter einen Hut gebracht. Es besteht nur noch die Freiheit der Wahl der Klassenbreite. Führt man denselben Vorgang mit $\Delta x = 5$ durch, was auf die gleitende Zusammenfassung von je 10 Klassen der Abb. 10a hinausläuft, so entsteht die Punktfolge von Abb. 11b. Vergleich mit Abb. 11a zeigt, daß durch Verlängerung der Kontrollstrecke Δx erstens die Schwankungen innerhalb der Punktreihe geringer werden, daß aber zweitens an den Stellen, wo die Häufigkeitskurve gekrümmt ist, eine kleine Versetzung nach der konkaven (hohlen) Seite hin eintritt. Man erkennt dies daran, daß die zügige Kurve nach (11b), die zum Vergleich in Abb. (11a) eingezeichnet worden ist, in der Mitte gegenüber den Punkten von (11a) etwas gedrückt und an den Einbuchtungen rechts und links ein wenig gehoben ist.

Über diese Verzeichnung bei der Bildung gleitender Durchschnitte gibt folgender mathematischer Satz Auskunft[1]: Werden aus Ab-

[1] Gebelein: noch unveröffentlicht.

schnitten der Länge Δx die Ordinaten einer Kurve $y = f(x)$ jeweils gemittelt und der Intervallmitte zugeordnet, so ändert sich dadurch die Ordinate an der Stelle x um den Betrag

$$\delta y = \frac{(\Delta x)^2}{24} f''(x). \tag{7}$$

(Es bedeutet $f''(x)$ den zweiten Differentialquotient der Funktion $f(x)$ an der Stelle x.) Diese Formel gilt streng, wenn $f(x)$ im Kontrollbereich der Breite Δx durch einen Ausdruck dritten Grades in x exakt dargestellt werden kann, sonst näherungsweise, und zwar um so genauer, je kleiner Δx ist.

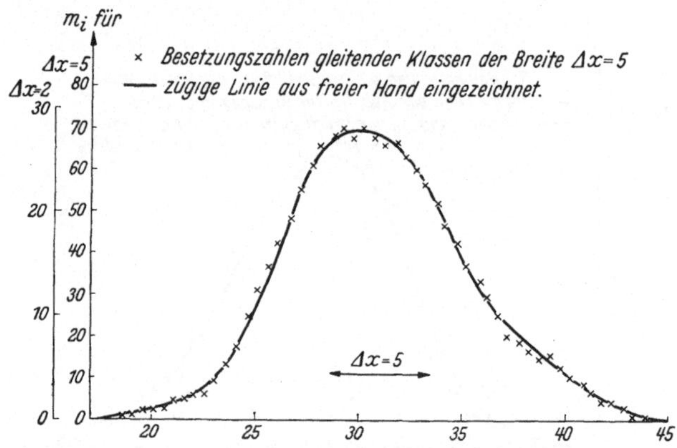

Abb. 11b. Gleitende Klassen ($\Delta x = 5$) für die Verteilung von 148 Froschgewichten.

Man kann über den Einfluß der Klassenbreite auf unser Verfahren zur Darstellung einer statistischen Masse aussagen, daß bei kleinem Δx für die gleitenden Durchschnitte die Schwankungen groß sind, die Verzeichnung aber noch nicht ins Gewicht fällt, während umgekehrt für großes Δx die Schwankungen verschwinden, die Verzeichnung aber nicht mehr außer acht gelassen werden kann. Es liegt nun nahe, nachdem man dies weiß und die Art der Verzeichnung kennt, aus beiden Extremfällen Vorteile zu ziehen, indem man das Ergebnis zweier Bearbeitungen mit ziemlich verschiedenem Δx übereinander zeichnet, die zum größeren Δx gehörigen Punkte durch einen glatten Kurvenzug verbindet, und endlich diese Kurve nach dem Augenmaß korrigiert, indem man sie an den konvexen Stellen soweit verschiebt, bis sie durch die zum kleineren Δx gehörigen Punkte hindurchgeht.

Bemerkenswert sind auch die aus Gleichung (7) folgenden Ergebnisse über Mittelwert, Streuung und Schiefe einer durch gleitende Durchschnittsbildung verzeichneten Häufigkeitsverteilung. Wie auch immer die Gestalt der glockenförmigen Häufigkeitskurve im einzelnen sein mag, es bleibt bei dieser Verzeichnung der Mittelwert, d. h. der Schwerpunkt unverändert. Das Streuungsquadrat dagegen wird vergrößert, und zwar um den Betrag $\frac{1}{12}(\Delta x)^2$ der SHEPPARDschen Korrektur. Das dritte Moment wiederum wird nicht geändert, und daher ist der Einfluß der Verzeichnung auf die Schiefe nur sekundär und vernachlässigbar gering. Das letztere Ergebnis besagt, daß in erster Näherung die Form der Häufigkeitsverteilung erhalten bleibt. Die Abänderung besteht also nur in einer Dehnung in Abszissenrichtung unter Beibehaltung der Schwerpunktsabszisse α, und in einer entsprechenden Verringerung der Ordinaten, wobei der Flächeninhalt erhalten bleibt. Der Faktor, mit dem dabei die von α aus gerechneten Abszissen multipliziert und durch den die Ordinaten dividiert werden, beträgt:

$$\text{Verzerrungsfaktor} = \sqrt{1 + \frac{1}{12}\cdot\left(\frac{\Delta x}{\sigma}\right)^2} \approx 1 + \frac{1}{24}\cdot\left(\frac{\Delta x}{\sigma}\right)^2.$$

Für den Fall der Abb. 11b ist mit $\Delta x = 5$ und $\sigma = 4{,}0$ dieser Faktor $\sqrt{1 + \frac{1}{12}\cdot\left(\frac{5}{4}\right)^2} = \sqrt{1{,}130} = 1{,}063$. Die in Abb. 11a eingezeichnete korrigierte Kurve wurde aus der Kurve nach Abb. 11b durch Entzerrung mit diesem Faktor gewonnen. Für das frühere Beispiel Abb. 5a/b, S. 20, ist ebenso mit $\Delta x = 8$ und $\sigma = 3{,}65$ der Verzerrungsfaktor $\sqrt{1 + \frac{1}{12}\left(\frac{8}{3{,}65}\right)^2}$ $= \sqrt{1{,}40} = 1{,}18$. In Abb. 12 ist die Treppenkurve von Abb. 5a nochmals wiedergegeben und dazu die zügige Kurve von Abb. 5b gestrichelt eingezeichnet. Diese Kurve wurde unter Festhalten der Stelle α in Abszissenrichtung um den Faktor 1,18 verkürzt und darauf in Ordinatenrichtung um den gleichen Faktor überhöht. Auf diese Weise ist die ausgezogene Kurve der Abb. 12 entstanden. Sie stimmt mit der Treppenlinie befriedigend überein.

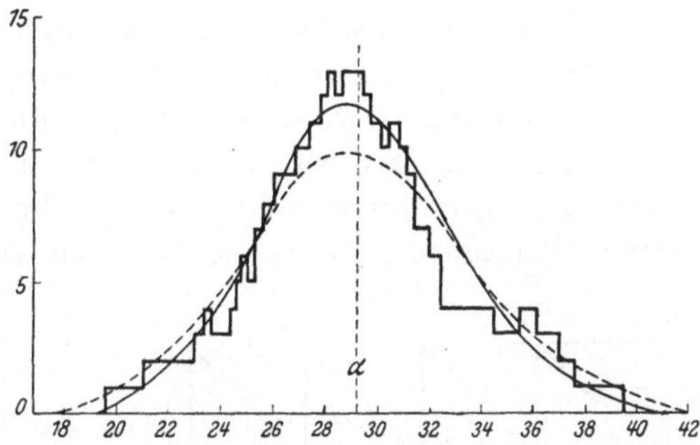

Abb. 12. Verteilung der Froschgewichte auf Grund der kleinen Aufnahme von Beispiel 2.

Diese durch Bildung gleitender Durchschnitte gewonnenen Darstellungen sind so schön, daß man leicht geneigt ist, ihrer Stichhaltigkeit zu mißtrauen. Wegen einer durchgreifenden kritischen Würdigung dieser Methode muß allerdings auf die mathematischen Spezialarbeiten verwiesen werden. Es sei nur vermerkt, daß dieses Verfahren hier wie bei den anderen Anwendungen, die wir noch bringen werden, in ausgezeichneter Weise die unwesentlichen Schwankungen zurückdrängt und dadurch die wesentlichen Züge des Befundes hervortreten läßt. Allerdings darf man bei den vielen Feststellungen, die im Laufe dieser Arbeit vorkommen, sich nicht der Täuschung hingeben, daß ebenso viele unabhängige Beobachtungen vorlägen. Die Zahl der empirischen Daten läßt sich durch keinerlei Bearbeitung vermehren; sie werden nur gewissermaßen von sehr vielen Seiten betrachtet, um ihren Inhalt besser auszuschöpfen.

IV. Normalverteilungen.

Es werden zweierlei Normalverteilungen eingeführt, von denen diejenigen erster Art dem GAUSZschen Fehlergesetz entsprechen, während diejenigen zweiter Art die einfachsten schiefen Glockenkurven sind, welche es gestatten, jeden Grad von Unsymmetrie zu berücksichtigen. Miteinander verwandt und einander ebenbürtig sind die Funktionen beiderlei Art dadurch, daß, ebenso wie additive Verkettung aller möglicher Störungen zum GAUSZschen Fehlergesetz führt, die entsprechende multiplikative Verkettung der Störfaktoren die Verteilungen zweiter Art zur Folge hat[1].

Der grundlegende Tatbestand, der zur Aufstellung von Häufigkeitsverteilungen führt, ist der, daß zwischen den Elementen einer statistischen Masse Unterschiede bestehen. Solche Verschiedenheiten werden wahrgenommen durch Vergleich, und zwar gibt es zwei verschiedene Arten des Vergleichens zweier Größen, je nachdem man das Augenmerk auf den Unterschied (Differenz) oder auf das Verhältnis (Quotient) der beiden Größen richtet. Bei ersterem Gesichtspunkt steht im Hintergrund die Vorstellung, daß der Unterschied durch Hinzufügen von Summanden hervorgerufen worden sei, beim zweiten Gesichtspunkt durch Veränderung mittels Faktoren. Es handelt sich also in einem Fall um ein *additives*, im anderen Fall um ein *multiplikatives* Gestaltungsprinzip.

Um den quantitativen Unterschied dieser beiden Prinzipien zu verdeutlichen, erinnern wir an das Bildungsgesetz einer arithmetischen bzw. einer geometrischen Reihe. Bei der ersteren ist die *Differenz* je zweier Folgeglieder konstant. Abb. 13a zeigt eine leicht verständliche Konstruktion einer solchen arithmetischen Folge durch Aneinanderreihen kongruenter Dreiecke zwischen zwei parallelen Geraden. Bei der geometrischen Reihe dagegen ist der *Quotient* zweier Folgeglieder konstant. Als Beispiel und für nachherige Anwendung zeigt Abb. 13b die Konstruktion einer solchen Folge durch Aneinanderfügen ähnlicher Dreiecke zwischen zwei sich schneidenden Geraden. Man beachte die wesentliche Rolle des Schnittpunktes F der beiden Geraden; er stellt für die Skalenstriche einen Häufungspunkt dar. Diese beiden Folgen sind auch dadurch ausgezeichnet, daß im arithmetischen Fall jedes Glied das arithmetische Mittel seiner beiden Nachbarn ist, im geometrischen Fall aber deren geometrisches Mittel. Dabei ist für zwei Werte a und b das arithmetische Mittel $\frac{1}{2}(a + b)$, das geometrische Mittel $\sqrt{ab}$.

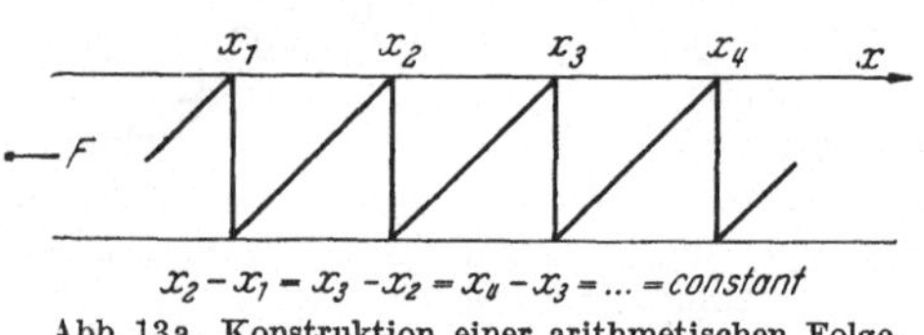

Abb. 13a. Konstruktion einer arithmetischen Folge.

[1] Vgl. GEBELEIN und HEITE: Klin. Wschr. 1950 I. S. 41.

Nach dieser rechnerischen Erläuterung nun ein paar Hinweise, die den begrifflichen Unterschied betreffen. Jedes der beiden Prinzipien ist mit einer Gruppe aus der Umgangssprache geläufiger Worte verknüpft. Bei Ausdrücken wie Anlagerung, Zuschuß, Verlust usw. klingt die Vorstellung an, daß die Unterschiede der betrachteten Größen durch Hinzufügen eines (positiven oder negativen) Summanden hervorgerufen worden seien; Worten wie Wachstum, Quellung, Schrumpfung dagegen liegt die Vorstellung näher, daß die Verschiedenheiten durch Vergrößerung oder Verkleinerung aller einzelnen Teile bewirkt werden, was mathematisch ausgedrückt soviel wie Multiplikation mit einem Faktor (größer oder kleiner als Eins) bedeutet. Im ganzen findet man das additive Prinzip mehr bei den Erscheinungen der unorganischen Welt, das multiplikative Prinzip aber mehr bei den gewachsenen Dingen der organischen Welt. Während man dem additiven Begriff der Über-

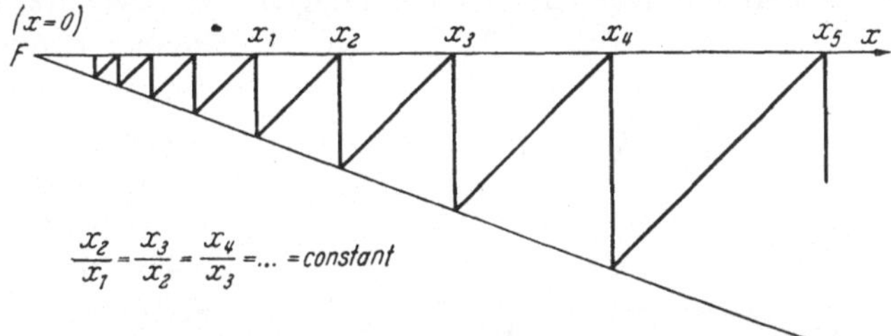

Abb. 13b. Konstruktion einer geometrischen Folge.

lagerung auf Schritt und Tritt z. B. in Physik und Technik begegnet, wozu auch die technischen Vorgänge beim Messen mit allerlei Geräten zählen, zeigt z. B. das organische Wachstum mit seiner Vergrößerung unter Beibehaltung der individuellen Struktur ausgesprochen multiplikative Züge. Ein unorganischer Kristall „wächst" durch Anlagerung neuer Materie von außen; ein Lebewesen wächst durch Vergrößerung aller einzelnen Organe.

Was haben diese beiden Prinzipien nun mit Häufigkeitsverteilungen in statistischen Massen zu tun? Die Vorstellung liegt nahe, daß die Unterschiede der einzelnen Elemente hervorgerufen werden durch das Zusammenwirken mannigfaltiger, mehr oder weniger starker, im wesentlichen voneinander unabhängiger Einflüsse, die in buntem Wechsel bald vergrößernd, bald verkleinernd wirken. Man kann nun beweisen, daß, wenn diese Einflüsse *additiv* zusammenwirken, und wenn angenommen wird, daß das arithmetische Mittel der vorkommenden Ergebnisse häufiger sei als alle anderen Werte, daß dann für die betreffende statistische Masse nur *ein* ganz bestimmtes Verteilungsgesetz möglich ist. Man bezeichnet es als GAUSS*sche Normalverteilung*, oder, weil die beschriebenen Voraussetzungen besonders ausgesprochen beim Problem der Meßfehler gelten, als Fehlerverteilungsgesetz. Der Formelausdruck für diese im folgenden als *Normalverteilungen 1. Art* bezeichneten Häufigkeitsverteilungen lautet

$$h_1(x) = \frac{1}{\sigma\sqrt{2\pi}} \cdot e^{-\frac{1}{2}\left(\frac{x-\alpha}{\sigma}\right)^2} \quad (\pi = 3{,}14159 \text{ und } e = 2{,}71828). \quad (8)$$

Dabei bedeuten x den Merkmalswert,
α das arithmetische Mittel und
σ die Streuung.

Bei Interpretation der Gleichung (8) als Fehlerverteilung ist $x - \alpha$ der Fehlbetrag des Meßwertes, d. h. seine Differenz gegenüber dem sogenannten „wahren Wert α“.

Abb. 14 zeigt drei Normalverteilungen erster Art mit demselben Mittelwert α und unterschiedlicher Streuung σ. Man beachte, daß bei kleiner Streuung die dargestellte Glockenkurve schmal und hoch, bei großer Streuung dagegen flach und breit verläuft, derart, daß stets die Fläche zwischen Kurve und Abszissenachse den gleichen Wert besitzt. Der Wert dieser Fläche ist ein Maß für die Anzahl m aller statistischen Elemente, wenn auf der Ordinatenachse die Anzahl der Elemente m_i in den einzelnen Klassen der Breite Δx vermerkt werden; und er hat die Größe Eins, wenn mit den relativen Häufigkeiten $h_i = \frac{m_i}{m}$ gearbeitet wird. Daher besagt in diesem Falle der Ordinatenwert $h(x)$ an einer bestimmten Stelle x, daß in einem Rechteck mit dieser Höhe und der Basisbreite $\Delta x = 1$ genau der Bruchteil $h(x)$ der statistischen Masse m, also $m \cdot h(x)$ Elemente enthalten wären. Von diesem Gedanken wird im folgenden Abschnitt S. 39 Gebrauch gemacht bei der Einpassung einer Normalverteilung erster Art in eine statistische Aufnahme.

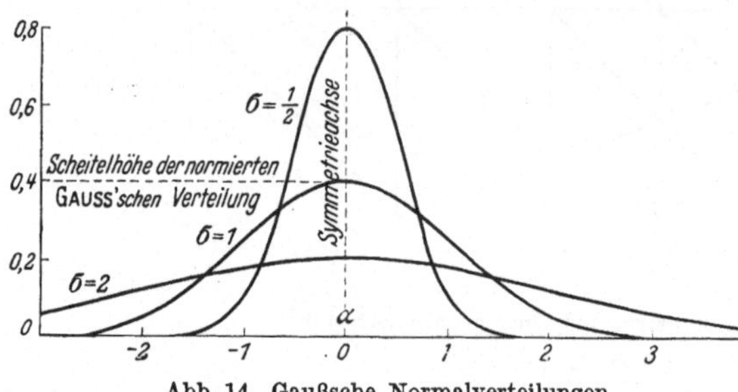

Abb. 14. Gaußsche Normalverteilungen.

Die Verteilungen nach Formel (8) und Abb. 14 lassen sich unter einen Hut bringen, wenn man die Abweichungen $x - \alpha$ vom Mittelwert mit der Größe der Streuung vergleicht und demgemäß die Abkürzung

$$\xi = \frac{x-\alpha}{\sigma} \quad (9)$$

einführt. Mit dieser neuen Veränderlichen geschrieben lautet die nunmehr normierte GAUSZsche Fehlerverteilung

$$h(\xi) = \frac{1}{\sqrt{2\pi}} \cdot e^{-\frac{1}{2}\xi^2}. \tag{10}$$

Diese Funktion wird im folgenden Abschnitt ausführlich besprochen; sie dient als Grundlage für viele Aufgaben der mathematischen Statistik.

GAUSSsche Normalverteilungen bewähren sich vollauf bei vielen Anwendungen in Physik und Technik, dagegen nicht so gut in Biologie und Medizin, denn die dort vorkommenden Häufigkeitsverteilungen sind fast in allen Fällen mehr oder weniger stark unsymmetrisch, worauf bereits FECHNER nachdrücklich aufmerksam gemacht hat. Zwar war es naheliegend, zu vermuten, daß das GAUSSsche Fehlergesetz auch für die Schwankungen biologischer Größen maßgeblich sei, in dem Sinne, daß die individuellen Größen um einen gewissen „Normalwert" wie fehlerbedingt streuen. Aber dieses Prinzip, um dessen Einbürgerung sich namentlich QUETELET bemühte, konnte nicht voll befriedigen, weil die Normalverteilungen erster Art symmetrisch sind und sich daher zur Erfassung von Unsymmetrien grundsätzlich nicht eignen. Es hat sich jedoch gezeigt, daß die schiefen Häufigkeitsverteilungen aus Biologie und Medizin gewöhnlich recht gut symmetrisch werden, wenn man nicht die gemessenen Größen selbst, sondern deren Logarithmen als Abszissen aufträgt, ein Kunstgriff, der durch das WEBER-FECHNERsche Gesetz nahegelegt wird. Wir werfen die Frage auf, was dieser empirisch wohl bewährte, aber nie befriedigend begründete Befund bedeutet, und weshalb gerade die logarithmische und nicht irgendeine andere Funktion Symmetrie der biologischen Häufigkeitsverteilungen nach sich zieht.

Betrachten wir zunächst nochmals kritisch der Reihe nach die oben genannten Voraussetzungen, die zum GAUSSschen Fehlergesetz führen. Daß viele Einflüsse, bald verkleinernd, bald vergrößernd zusammenwirken, dürfte im organischen Geschehen nicht weniger zutreffen als bei Meßfehlern. Gelegentlich findet man im Schrifttum die Vermutung geäußert, die Unsymmetrie rühre daher, daß diese einzelnen Wirkungen nicht voneinander unabhängig seien. Tatsächlich ist es aber so, daß, wenn die einzelnen Einflüsse vorwiegend im einen Sinne wirksam sind, dadurch nur der Mittelwert der resultierenden Verteilung verändert wird. Bestehen darüber hinaus zwischen den Einzeleffekten Korrelationen, so wird dadurch die Streuung größer, als wenn jeder Einfluß vom anderen unabhängig wäre. Die Schiefe läßt sich jedoch auf diese Weise nicht erklären. Es bleibt nur noch die Voraussetzung des additiven Zusammenwirkens aller Einflüsse übrig; diese aber gerade ist den biologischen Verhältnissen kaum angemessen, wie oben dargelegt worden ist. Vielmehr ist wohl zu erwarten, daß an seiner Stelle vom multiplikativen Prinzip Gebrauch gemacht werden muß.

Führt man den Gedankengang, der beim additiven Prinzip zur GAUSSschen Normalverteilung führt, ganz analog für die multiplikative Verknüpfung durch, so ergibt sich wiederum *ein* wohlbestimmtes Verteilungsgesetz. Bei diesem kommt nicht dem arithmetischen, sondern dem geometrischen Mittel als Medianwert bevorzugte Bedeutung zu. Die Verteilung selbst entspricht einer unsymmetrischen Glockenkurve, die zum Unterschied zum Fehlergesetz auf der einen Seite an einer endlichen Stelle F aufhört, einem Punkt, der im folgenden als Fluchtpunkt bezeichnet wird. Ihr explizites Gesetz lautet

$$h_2(z) = \frac{1}{s\sqrt{2\pi}} \left(\frac{1}{1+cz}\right)^{1+\frac{1}{2c^2s^2}\ln(1+cz)} \tag{11}$$

Bei dieser Schreibweise liegt der Medianwert M (siehe S. 42) der Häufigkeitskurven an der Stelle $z = 0$. Es kommen zwei Kenngrößen c und s vor, durch deren geeignete Wahl es möglich ist, nicht nur wie bei den Normalverteilungen erster Art über die Streuung zu verfügen, sondern auch jede gewünschte Schiefe der Kurve aufzuprägen. Wie im übernächsten Abschnitt, in welchem diese *Normalverteilungen zweiter Art* noch ausführlich zur Sprache kommen werden, gezeigt wird, hängt s mit der Streuung und c mit dem für die Schiefe maßgeblichen Fluchtpunkt zusammen. Abb. 15 zeigt als Gegenstück zu Abb. 14 drei Normalverteilungen zweiter Art mit dem gleichen Fluchtpunkt, d. h. übereinstimmendem Werte $c = 0{,}4$ und den drei Werten $s = \frac{1}{2}$, $s = 1$ und $s = 2$. In der hinzugeschriebenen kleinen Übersicht sind die zugehörigen Werte für α, σ und ϱ angegeben und außerdem der Anteil der Gesamtmenge, der in den Bereich $\alpha \pm \sigma$ zu liegen kommt. Man beachte auch, daß der Mittelwert α mit zunehmendem s immer weiter vom Scheitel fortrückt.

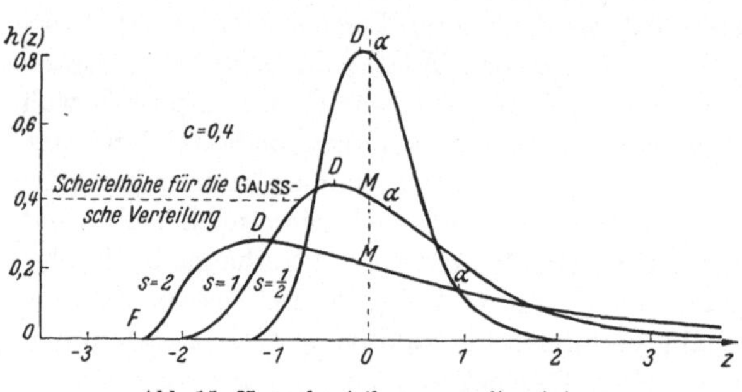

Abb. 15. Normalverteilungen zweiter Art.

s	D	α	σ	im Bereich $\alpha \pm \sigma$	ϱ
0,5	— 0,10	0,05	0,515	68,4%	0,61
1,0	— 0,37	0,20	1,13	70,1%	1,32
2,0	— 1,18	0,93	3,25	97,1%	3,69

Während das Fehlerverteilungsgesetz vom Kurventyp $y = e^{-x^2}$ ist, tritt der Typ der Normalverteilungen zweiter Art am deutlichsten in Erscheinung, wenn man die Grenzstelle F als Ursprung wählt; ihr Kurventyp ist dann $y = x^{-\ln x}$. Es sei nun daran erinnert, daß man die Multiplikation zweier Zahlen dadurch ausführen kann, indem man deren Logarithmen addiert. Die logarithmische Funktion verknüpft also miteinander Multiplikation und Addition und weiterhin auch allerlei Dinge, von denen es eine auf Addition und eine auf Multiplikation beruhende Spielart gibt. Solche Gegenstücke sind z. B. das arithmetische und das geometrische Mittel, und es gilt in der Tat der Satz, daß das geometrische Mittel zweier Zahlen dem arithmetischen Mittel ihrer Logarithmen entspricht. Eine solche logarithmische Verknüpfung besteht auch zwischen den Normalverteilungen erster und zweiter Art. Sie äußert sich darin, daß die Formel $y = x^{-\ln x}$ auch geschrieben werden kann als

$$y = (e^{\ln x})^{-\ln x} = e^{-(\ln x)^2} = e^{-z^2} \quad \text{mit} \quad z = \ln x.$$

Durch Gebrauch einer logarithmischen Abszissenskala geht also die unsymmetrische Verteilung zweiter Art in eine gewöhnliche GAUSSsche Normalverteilung über.

Die oben erwähnte Erfahrungstatsache, daß biologische Verteilungskurven gewöhnlich mehr oder weniger unsymmetrisch sind, durch logarithmische Auftragung aber symmetrisch werden, erklärt sich nun zwanglos damit, daß im biologischen Geschehen nicht das additive, sondern das multiplikative Prinzip im Vordergrund steht. Die Normalverteilungen zweiter Art dürften daher zur Beschreibung biologischer Häufigkeitsverteilungen die Rolle spielen wie die Normalverteilungen erster Art für den Fall unorganisch zusammengewürfelter Fehler.

V. Die normierte Gaußsche Verteilung.

Die bekannten Eigenschaften der GAUSZschen Normalverteilung werden besprochen und es wird gezeigt, wie mit dieser Funktion und ihren Tabellen zu arbeiten ist. An Hand von Beispiel 1 (Pneumoniekranke) wird die Einpassung einer GAUSSschen Normalverteilung in einen nahezu symmetrischen empirischen Befund vorgeführt. Die aus der Normalverteilung und ihrer

Summenlinie abzulesenden Zahlenbeziehungen zwischen den verschiedenen statistischen Maßzahlen werden mitgeteilt und kritisch gewürdigt. Konstruktion und Verwendungsweisen des handelsüblichen Wahrscheinlichkeitspapiers werden besprochen.

Die Gestalt der normierten GAUSSschen Verteilung nach Gleichung (10) zeigt die mittlere Kurve für $\sigma = 1$ von Abb. 14; ihre Funktionswerte sind in Tabelle 12 zusammengestellt.

Tabelle 12. *Werte der normierten Fehlerfunktion* $h(\xi) = \frac{1}{\sqrt{2\pi}} e^{-\frac{1}{2}\xi^2}$.

$\pm\xi$	$h(\xi)$	$\pm\xi$	$h(\xi)$	$\pm\xi$	$h(\xi)$	$\pm\xi$	$h(\xi)$
0,0	0,399	1,0	0,242	2,0	0,054	3,0	0,004
0,2	0,391	1,2	0,194	2,2	0,035	3,2	0,002
0,4	0,368	1,4	0,150	2,4	0,022	3,4	0,001
0,6	0,333	1,6	0,111	2,6	0,014	3,6	0,001
0,8	0,290	1,8	0,079	2,8	0,008	3,8	0,000

Oft ist es erwünscht, diese GAUSSsche Normalkurve rasch zu zeichnen. Man macht hierzu zweckmäßig von der folgenden kleinen Tabelle Gebrauch, deren aufgerundete Werte leicht im Gedächtnis zu behalten sind. Abb. 16 zeigt, wie mittels dieser Überschlagswerte in einfachster Weise eine GAUSSsche Normalverteilung gezeichnet werden kann. Es sei noch vermerkt, daß die Kurve ihre Wendepunkte an den Stellen mit $\xi = \pm 1$ hat, und daß die Wendetangenten die ξ-Skala an den Stellen $\xi = \pm 2$ schneiden. Man kann sich hierdurch das Zeichnen der Kurve noch etwas erleichtern. Wie hiermit zu arbeiten ist, sei am Beispiel folgender Aufgabe vorgeführt:

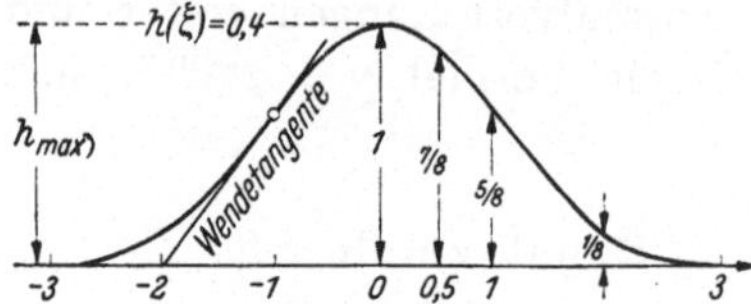

Abb. 16. Zur Zeichnung der Gaußschen Normalverteilung.

Tabelle 12a. *Überschlagswerte der* GAUSS*schen Normalverteilung.*

Abszisse	Ordinate
0	h_{max}
$\pm$ 0,5	$^7/_8\, h_{max}$
$\pm$ 1	$^5/_8\, h_{max}$
$\pm$ 2	$^1/_8\, h_{max}$
$\pm$ 3	$^1/_{80}\, h_{max}$

In eine empirische Verteilung, deren Mittelwert und Streuung errechnet worden sind, soll zum Vergleich die entsprechende GAUSSsche Normalverteilung eingezeichnet werden.

Beispiel 1 (Fortsetzung): Entfieberung von 54 Pneumoniekranken. Für die in Rede stehende Verteilung beträgt nach S. 15

der Mittelwert $\alpha = 7{,}2$ Tage und die Streuung $\sigma = 1{,}76$ Tage. Die Anzahlen der beobachteten Fälle nach Tabelle 1 sind in Abb. 17 durch Kreuze dargestellt. Damit nun einige Punkte der Normalverteilung nach Tabelle 12a eingezeichnet werden können, muß zunächst auf der Abszissenachse die ξ-Skala eingetragen werden, deren Nullpunkt bei $\alpha = 7{,}2$ liegt und deren Einheit $\sigma = 1{,}76$ beträgt. Die Hauptschwierigkeit liegt in der Berechnung der Scheitelordinate, die bei der normierten Verteilung den Wert $h_{max} = 0{,}4$ besitzt. Wie oben erwähnt, bedeutet dieser Ordinatenwert, daß in einem Rechteck von der Breite $\Delta\xi = 1$, d. h. 1,76 und der Höhe h_{max} genau 40% der statistischen Masse untergebracht werden könnten. Da hier $m = 54$ ist, wären dies $0{,}4 \cdot 54 = 21{,}6$ Elemente. Die Bezifferung der Ordinatenskala bezieht sich aber nicht auf Klassen von der Breite $\Delta\xi = \sigma = 1{,}76$ Tage, sondern auf die Klassenbreite $\Delta x = 1$ Tag. Infolgedessen ist der Betrag 21,6 noch durch 1,76 zu dividieren, damit sich die Höhe des Scheitels im Ordinatenmaßstab richtig ergibt.

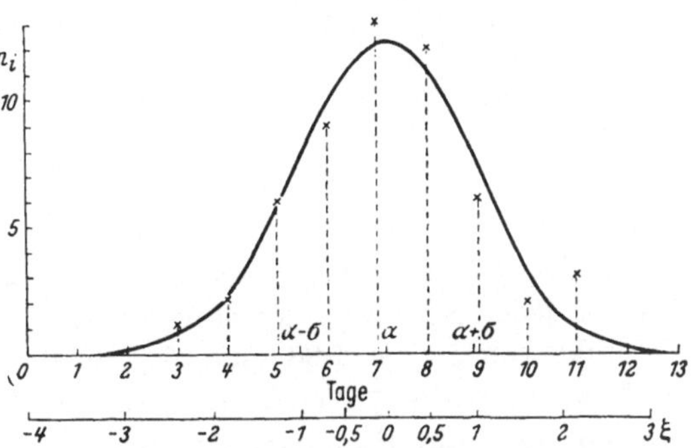

Abb. 17. Häufigkeitsverteilung der Fiebertage der 54 Pneumoniekranken von Beispiel 1 verglichen mit Gaußscher Normalverteilung.

$$h_{max} = m \cdot \frac{0{,}40 \cdot \Delta x}{\sigma} = \frac{21{,}6}{1{,}76} = 12{,}3.$$

Mit den Werten $\frac{7}{8}$, $\frac{5}{8}$ usw. dieser Scheitelordinate und mittels der beiden Wendetangenten wird dann die Glockenkurve aus dem Handgelenk gezeichnet.

Vergleich zwischen den empirischen Punkten und der eingezeichneten Kurve zeigt befriedigende Übereinstimmung, was hauptsächlich auf die geringfügige Schiefe $\varrho = 0{,}1$ der bei diesem Beispiel festgestellten Verteilung zurückzuführen ist.

Für viele Anwendungen erweist es sich als praktisch, nicht mit der Normalverteilung selbst, sondern mit deren Summenlinie zu arbeiten. Abb. 18 zeigt den Verlauf der Summenlinie, und in Tabelle 13 sind geordnet nach den Häufigkeitssummen $H(\xi)$ die Werte für die Summenlinie der normierten GAUSSschen Verteilung zusammengestellt.

Tabelle 13. *Werte $H(\xi)$ für d. Summenlinie d. normierten* Gausss*chen Verteilung.*

$H\%$	$\pm\xi$	$H\%$	$H\%$	$\pm\xi$	$H\%$	$H\%$	$\pm\xi$	$H\%$
0		100	3	1,881	97	20	0,842	80
0,1	3,000	99,9	4	1,751	96	22,5	0,755	77,5
0,2	2,878	99,8	5	1,645	95	25	0,674	75
0,3	2,748	99,7	6	1,555	94	27,5	0,598	72,5
0,4	2,652	99,6	8	1,405	92	30	0,524	70
0,5	2,576	99,5	10	1,282	90	32,5	0,454	67,5
0,6	2,512	99,4	12	1,175	88	35	0,385	65
0,8	2,409	99,2	14	1,080	86	40	0,253	60
1,0	2,326	99,0	16	0,995	84	45	0,126	55
2,0	2,054	98,0	18	0,915	82	50	0,000	50

Es drücken z. B. die drei Zahlen in der Mitte der ersten Zeile aus, daß bei der normierten Gaussschen Verteilung außerhalb von $\xi = \pm 1{,}88$ sich auf jeder Seite 3% der statistischen Gesamtmasse befinden, also 3% links von $\xi = -1{,}88$ und 97% links von $\xi = +1{,}88$.

Wenn man die ξ-Werte nach Tabelle 13 auf die Ordinatenachse aufträgt und die Prozentzahlen $H(\xi)$ an die entstehende ungleichförmige Skala hinschreibt, so erhält man ein Koordinatennetz, in dem das Bild für die Summenlinie eine Gerade wird. Es werden nämlich auf diese Weise die in die waagerechte Richtung einlenkenden Seitenzweige der Summenlinie Abb. 18 gestreckt, bis sie mit der Tangente an der Stelle mit $\xi = 0$ übereinstimmen. Papiere mit dieser ungleichförmigen Ordinatenskala sind handelsüblich unter dem Namen „Wahrscheinlichkeitspapier“[1]. Es gibt zwei Ausführungen, nämlich mit linearer und mit logarithmischer Abszissenskala. Hier bei den Normalverteilungen erster Art ist das Wahrscheinlichkeitspapier mit linearer Abszissenskala am Platze.

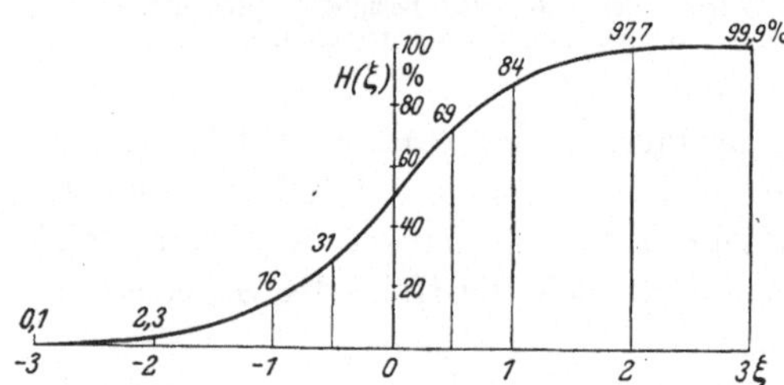

Abb. 18. Summenlinie der normierten Gaußschen Verteilung.

Abb. 19 veranschaulicht diese Darstellungsweise. Allerdings hat die ungleichförmige Ordinatenskala die unangenehme Folge, daß die übertriebene Genauigkeit weit oben und unten nicht in Einklang steht mit der tatsächlich erreichbaren Sicherheit bei einer empirischen Aufnahme, denn die Beobachtungen sind ungleich sicherer für die häufigen Ereignisse im Mittelteil der Häufigkeitsverteilung als für die seltenen Er-

[1] Herstellerfirma Schleicher & Schüll, Düren/Rheinl.

eignisse an deren Enden. Man wird daher in der Praxis nur mit dem Bereich etwa zwischen 10% und 90% gern arbeiten.

Man kann mittels des Wahrscheinlichkeitspapiers leicht nachprüfen, ob eine durch ihre Summenlinie vorgelegte Verteilung eine GAUSSsche Normalverteilung ist, denn eine solche bildet sich im Wahrscheinlichkeitsnetz als Gerade ab. Weiter kann man auf Grund weniger Meßpunkte unter der Annahme, daß es sich um eine solche Normalverteilung handelt, die zugehörige Gerade ins Wahrscheinlichkeitsnetz eintragen und danach die Bestimmungsstücke aus der Zeichnung ablesen. Das letztere ist in Abb. 19 geschehen, wo durch die beiden durch Ringe gekennzeichneten Punkte die dargestellte Gerade gelegt worden ist.

Bekanntlich ist eine Gerade durch zwei Bestimmungsstücke wohlbestimmt, z. B. durch ihre Richtung und durch die Kreuzungsstelle mit der Abszissenachse. Im vorliegenden Fall bedeutet der Schnittpunkt auf der x-Achse jenen Merkmalswert M, unter- und oberhalb dessen gleich viele, nämlich 50% der statistischen Elemente angetroffen werden. Dieser „Wert aus der Mitte“ wird gewöhnlich als *Medianwert* M einer Verteilung bezeichnet; bei einer GAUSSschen Normalverteilung stimmt er wegen der Symmetrie allerdings mit dem arithmetischen Mittel a überein. Beim Beispiel der Abb. 19 ist also $M = a = 2{,}8$. Die Richtung der Geraden im Wahrscheinlichkeitsnetz aber hängt eng mit der Scheitelordinate h_{max} der GAUSSschen Glockenkurve zusammen. Es ist nämlich h_{max} der Anstieg der Geraden längs des Intervalls $\Delta x = 1$, gemessen in jenem Maßstab, der in der Mitte der Ordinatenskala an der Stelle $H = 50\%$ gilt. Würde dieser Maßstab auf der Ordinatenachse durchweg gelten, so wäre die Gerade nicht das Bild einer glockenförmigen, sondern einer rechteckigen Verteilung, die sich gleichförmig über ein Intervall der Länge

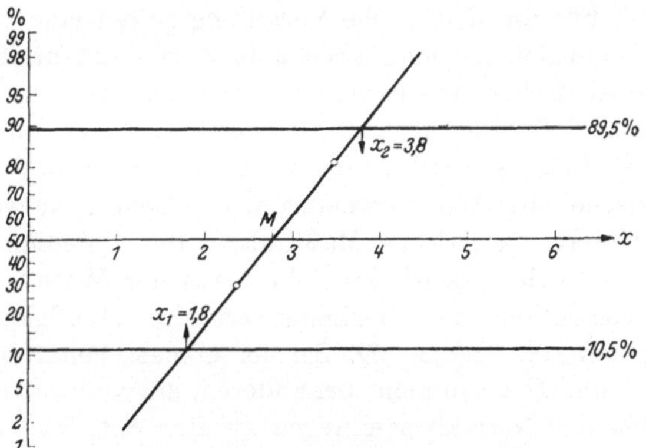

Abb. 19. Darstellung einer Gaußschen Verteilung im Wahrscheinlichkeitsnetz.

$$x_2 - x_1 = \frac{1}{h_{max}}$$

erstrecken würde. Die Grenzen 0 und 100% der Ordinatenskala lägen dann in der Höhe der beiden in Abb. 19 eingezeichneten waagerechten

Geraden, die zu $H\left(\sqrt{\frac{\pi}{2}}\right) = 89{,}5\%$ und $H\left(-\sqrt{\frac{\pi}{2}}\right) = 10{,}5\%$ gehören. Um h_{max} zu bestimmen, sind die Abszissen der Schnittpunkt der Geraden mit diesen beiden Waagerechten abzulesen, und aus ihnen ist $h_{max} = \frac{1}{x_2 - x_1}$ zu errechnen; im Beispiel $h_{max} = \frac{1}{3{,}8 - 1{,}8} = \frac{1}{2}$. Endlich ist

$$\sigma = \frac{1}{h_{max}\sqrt{2\pi}} \approx \frac{0{,}40}{h_{max}} = \frac{0{,}40}{0{,}50} = 0{,}8.$$

Die in Abb. 19 eingezeichnete Gerade stellt also die Normalverteilung erster Art mit $\alpha = 2{,}8$ und $\sigma = 0{,}8$ dar.

Für die GAUSSsche Verteilung gelten eine Reihe zahlenmäßige Beziehungen, die man zweckmäßig im Gedächtnis behält, da sie bei der statistischen Arbeit mannigfaltige Verwendung finden. Vorausgeschickt sei, daß zur Charakterisierung der stark ausgeprägten Mitte einer Häufigkeitsverteilung nicht nur das von uns bevorzugt benützte arithmetische Mittel α verwendet wird. Dem gleichen Zwecke dienen zwei weitere statistische Maßzahlen: der „Medianwert" (oder „Zentralwert") M, das ist der „Wert aus der Mitte", wo $H = 50\%$ ist, und gelegentlich der Merkmalswert des Häufigkeitsmaximums, der sogenannte „Modus" D. Bei der GAUSSschen Normalverteilung fallen α, M und D zusammen; bei anderen, unsymmetrischen Verteilungen, z. B. bei den Normalverteilungen zweiter Art, ist dies nicht der Fall, wie bereits Abb. 15, S. 36 zeigte.

Um mitzuteilen, wie die tatsächlich vorkommenden statistischen Elemente sich um einen der genannten Mittelwerte scharen, haben wir bisher nur die Streuung σ als ergänzende Aussage zu α benützt. Der Vollständigkeit halber erwähnen wir nun noch folgende, dem gleichen Zweck dienende Maßzahlen, die wir zwar für weniger empfehlenswert halten, aber nicht ganz übergehen wollen, da sie im Schrifttum gelegentlich vorkommen. Es ist dies vor allem die mittlere Abweichung δ, die folgerichtig als Ergänzung zum Medianwert M gebraucht wird, da sie zu ihm in einer ähnlichen Beziehung steht wie σ zu α. Weiter sei genannt die wahrscheinliche Abweichung ζ vom Medianwert, die den Bereich zwischen $H = 25\%$ und $H = 75\%$ kennzeichnet, innerhalb oder außerhalb dessen man also gleich leicht ein statistisches Element antrifft.

Für die GAUSSsche Normalverteilung ist

$$\delta = 0{,}798\,\sigma\left(\approx \frac{4}{5}\,\sigma\right) \quad \text{und} \quad \zeta = 0{,}675\,\sigma\left(\approx \frac{2}{3}\,\sigma\right).$$

Außerdem gelten für sie folgende Zahlenverhältnisse:

Tabelle 14. *Kennzeichnende Bereiche und ihre Besetzung im Falle einer* GAUSS*schen Normalverteilung.*

Im Bereich mit den Grenzen	$M \pm \zeta$	sind	50%	der statist. Masse
„ „ „ „ „	$M \pm \delta$	„	57,51%	„ „ „
„ „ „ „ „	$\alpha \pm \sigma$	„	68,27%	„ „ „
„ „ „ „ „	$\alpha \pm 2\sigma$	„	95,45%	„ „ „
„ „ „ „ „	$\alpha \pm 3\sigma$	„	99,73%	„ „ „

Nochmals sei betont, daß diese Beziehungen streng für GAUSSsche Normalverteilungen gelten. Die empirisch vorkommenden Verteilungen sind durchaus nicht immer Normalverteilungen erster Art. Jedoch können die in Tabelle 14 genannten Zahlenverhältnisse auch für sonst vorkommende Häufigkeitsverteilungen einen ungefähren Anhalt geben. ***Daß innerhalb der einfachen σ-Grenzen*** ($\alpha \pm \sigma$) ***ungefähr zwei Drittel der statistischen Elemente liegen, findet man bei der statistischen Arbeit in erstaunlichem Maße immer wieder bestätigt*** (vgl. auch die Feststellungen hierüber im Anschluß an Tabelle 15, S. 47 sowie die Bemerkung bei Beispiel 7, S. 62). Man präge sich daher diese außerordentlich brauchbare ***Faustregel*** gut ein.

Die Zahlenangaben über die 2σ- und 3σ-Grenzen sind in weit höherem Maße eine Besonderheit der GAUSSschen Normalverteilung. Sie auf empirische Verteilungen anzuwenden, ist daher nur ratsam, wenn man sich zuvor davon überzeugt hat, daß der Befund hinreichend gut einer GAUSSschen Verteilung entspricht. Wir werden später wichtige Fälle kennenlernen, bei denen dies zutrifft und solche, bei denen typische Abweichungen von der GAUSSschen Verteilung bestehen. Bei letzteren werden uns die sogenannten 3σ-Äquivalente begegnen, das sind jene Merkmalswerte, jenseits derer ebenso wie bei den 3σ-Grenzen der GAUSSschen Verteilung auf jeder Seite 0,135% der statistischen Elemente liegen (siehe Tabelle 42, S. 134 und Tabelle 44, S. 142). Es hat sich eingebürgert, den 3σ-Bereich der GAUSSschen Verteilung als Grenze dessen zu betrachten, was noch als zufallsbedingt gelten könnte und was nicht. Wir werden bei der statistischen Urteilsbildung diesen berühmten 3σ-Grenzen angemessene Beachtung schenken, wenn wir auch nicht in ihre schematische Anwendung verfallen wollen, der man bisweilen begegnet.

VI. Normalverteilungen zweiter Art.

Es wird gezeigt, wie mit den Normalverteilungen zweiter Art unmittelbar gearbeitet werden kann, ohne sie durch logarithmische Auftragung der Abszissen in GAUSSsche Normalverteilungen zu verwandeln und dadurch

die charakteristische Unsymmetrie zu verschleiern. Die strengen Formeln für Mittelwert, Streuung, Schiefe, Medianwert usw. werden mitgeteilt und die Zusammenhänge zwischen diesen Größen besprochen. An Hand der 148 Froschgewichte (Beispiel 3) und der Dosiswirkungskurve für Penicillin (Beispiel 4) werden verschiedene typische Arbeitsweisen mit den Normalverteilungen zweiter Art erläutert.

Auch für die Normalverteilungen zweiter Art gelten einfache mathematische Gesetzmäßigkeiten, so daß mit ihnen zu arbeiten nicht allzu schwierig ist. Daher empfiehlt es sich, die Unsymmetrie z. B. eines biologischen Befundes nicht durch logarithmische Auftragung zu verschleiern, sondern die Messungen, wie sie sich darbieten, unverzerrt mittels Normalverteilungen zweiter Art zu beschreiben. Auf diese Weise werden nicht allein Mittelwert und Streuung berücksichtigt, sondern auch die Unsymmetrie in ihrer mehr oder weniger starken Ausprägung.

Wichtig ist vor allem, daß man für die Arbeit mit den Normalverteilungen zweiter Art keine neuen Funktionentafeln braucht, da die Werte von Tabelle 12 und 13 für die Häufigkeiten und die Summenfunktion der normierten GAUSSschen Verteilung auch hier verwendbar sind. Das Umzeichnen von Normalverteilungen erster und zweiter Art ineinander erfordert nur die für den Einzelfall richtige Verzerrung des Abszissenmaßstabs. Diese Verzerrung ist derart, daß zu einer gewissen geometrischen Folge (vgl. Abb. 13b, S. 33) von Abszissenwerten bei einer Verteilung zweiter Art dieselben Ordinaten gehören wie bei der entsprechenden Verteilung erster Art zu einer arithmetischen Folge von x-Werten (vgl. S. 32, Abb. 13a). Dies gilt für die Häufigkeitskurven ebenso wie für die Summenlinien mit dem einzigen Unterschied, daß im Falle der Häufigkeitsverteilung die Scheitelabszissen D einander entsprechen und im Falle der Summenlinie die Medianwerte M. Bemerkenswert ist dagegen, daß die arithmetischen Mittel hierbei nicht ineinander übergehen.

Die beiden Abb. 20a/b veranschaulichen diesen Vorgang. Aus Abb. 20b wird auch die Rolle der beiden Kenngrößen c und s nach Gleichung (11) S. 36 ersichtlich in ihrer Gegenüberstellung zu der einen Kenngröße σ im Falle der Normalverteilungen erster Art Abb. 20a. Es hängt s mit der Streuung und mit der Scheitelordinate der Häufigkeitskurve zusammen und c mit dem für die Schiefe maßgeblichen Fluchtpunkt F. Wenn dieser charakteristische Punkt F ins Unendliche rückt, geht die Normalverteilung zweiter Art in eine GAUSSsche Fehlerkurve über.

So wie bei der GAUSSschen Verteilung die äquidistanten Abstände der einzelnen in Abb. 20a gezeichneten Abszissenwerte durch Addition oder Subtraktion der Größe σ erhalten werden, gelangt man bei den Normalverteilungen zweiter Art zu der ungleichförmigen Abszissen-

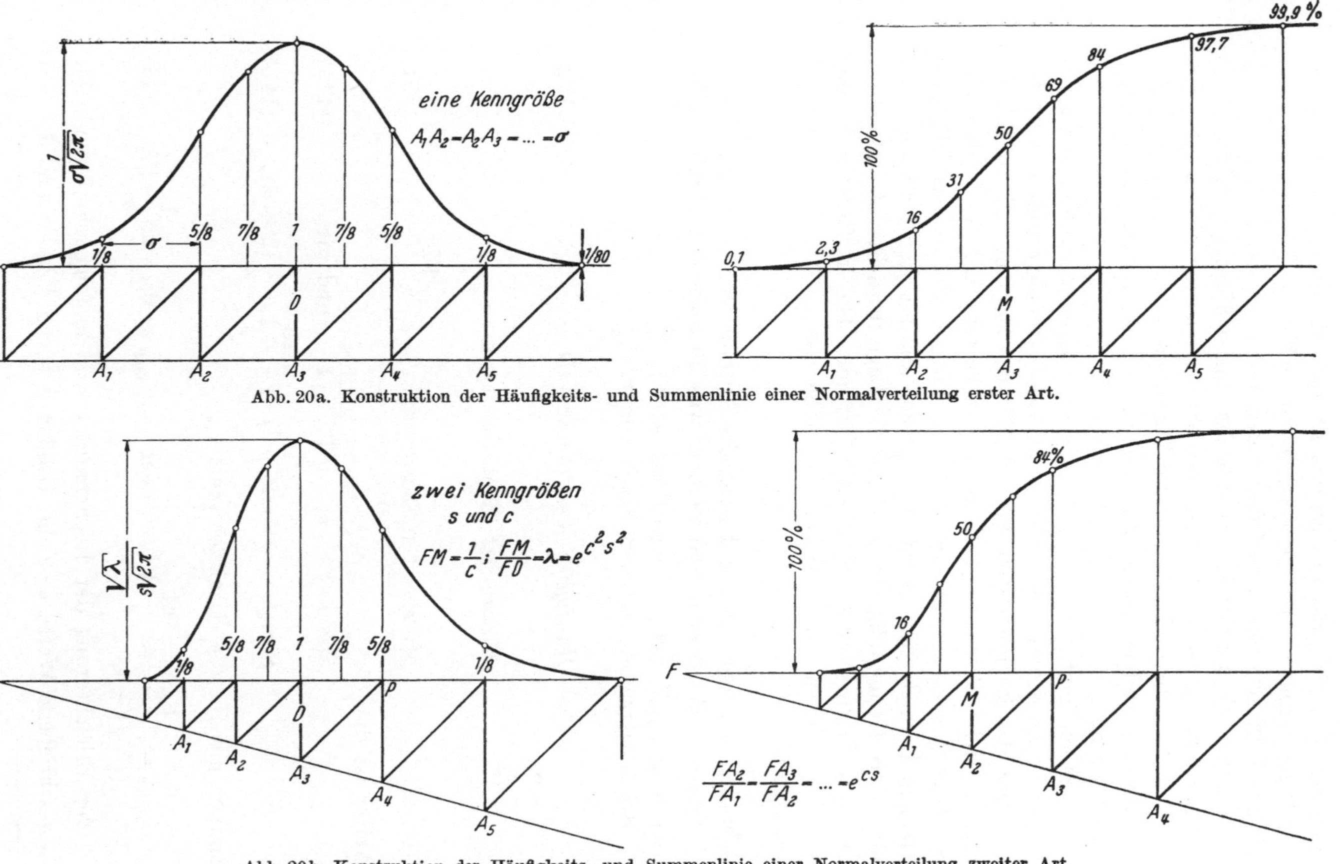

Abb. 20a. Konstruktion der Häufigkeits- und Summenlinie einer Normalverteilung erster Art.

Abb. 20b. Konstruktion der Häufigkeits- und Summenlinie einer Normalverteilung zweiter Art.

skala der Abb. 20b, indem man den Abstand des Punktes D (bzw. M) vom Fluchtpunkt F mit e^{cs} wiederholt multipliziert oder dividiert. Eine einzige Multiplikation mit e^{cs} liefert den Punkt P. Ist er errechnet, so kann man auch die übrigen Punkte der ungleichförmigen Skala durch geometrische Konstruktion mit ähnlichen Dreiecken gemäß Abb. 20b erhalten. Von dieser Zeichnung der Verteilung nach Abb. 20b muß bei den anschließend besprochenen Aufgaben immer wieder Gebrauch gemacht werden.

Es ist ein mathematischer Vorzug der Normalverteilungen zweiter Art, daß man ebenso wie für die GAUSSsche Normalverteilung auch für sie trotz der komplizierten Formel (11) die Momente M_n beliebigen Grades [siehe Gleichung (4) S. 10] exakt berechnen kann[1]. Ohne hier auf diese Rechnung einzugehen, teilen wir nur die daraus folgenden strengen Formeln für die interessierenden statistischen Maßzahlen der durch ihre Kenngrößen c und s und die Lage ihres Fluchtpunktes bestimmten Normalverteilung zweiter Art mit. Die in Rede stehenden Formeln nehmen eine besonders einfache Gestalt an, wenn von der Abkürzung

$$\lambda = e^{c^2 s^2} \tag{12}$$

Gebrauch gemacht wird, und wenn die Absolutwerte D, M und α vom Fluchtpunkt F aus gemessen werden, was im folgenden durch die Bezeichnung $\overline{D}$, $\overline{M}$ und $\overline{\alpha}$ ausgedrückt wird.

Bei Bezugnahme auf den Fluchtpunkt F gilt:

$$\textit{Häufigster Wert} \text{ (Modus) } \overline{D} = \frac{1}{c\lambda} \tag{13a}$$

$$\textit{Medianwert} \text{ (Zentralwert) } \overline{M} = \frac{1}{c} \tag{13b}$$

$$\textit{Mittelwert} \text{ („Schwerpunkt") } \overline{\alpha} = \frac{\sqrt{\lambda}}{c}\,\cdot \tag{13c}$$

Weiter ist die

$$\textit{Streuung} \quad \sigma = \overline{\alpha}\sqrt{\lambda - 1} \quad \text{und die} \tag{14a}$$

$$\textit{Schiefe} \quad \varrho = (2+\lambda)\cdot\sqrt{\lambda-1} = \frac{\sigma}{\alpha}(2+\lambda)\,. \tag{14b}$$

Endlich gilt für die *Scheitelordinate*

$$h_{max} = \frac{\sqrt{\lambda}}{s\sqrt{2\pi}} \approx \frac{0{,}4}{s}\sqrt{\lambda} \quad \text{oder} \quad m_{max} \approx 0{,}4\cdot m\,\frac{\Delta x}{s}\sqrt{\lambda}\,. \tag{15}$$

Zur Erleichterung der Rechenarbeit sind in folgender Tabelle für vorgeschriebene Werte $c \cdot s$ die Größen λ sowie $\sqrt{\lambda}$, $\lambda^{3/2}$ und $\sqrt{\lambda - 1}$

[1] GEBELEIN: noch unveröffentlicht.

zusammengestellt; außerdem ist die Schiefe ϱ angegeben und für die Konstruktion der Abszissenskala nach Abb. 20b die Größe e^{cs}. Endlich ist in der letzten Spalte jeweils vermerkt, welcher Bruchteil der statistischen Masse sich im Bereich $\alpha \pm \sigma$ befindet.

Tabelle 15. *Kennzahlen der Normalverteilungen zweiter Art.*

$c \cdot s$	$\lambda = e^{c^2 s^2}$	$\sqrt{\lambda}$	$\lambda^{3/2}$	$\sqrt{\lambda - 1}$	ϱ	e^{cs}	im Bereich $\alpha \pm \sigma$
0,0	1,000	1,000	1,000	0,000	0,000	1,000	68,3%
0,1	1,010	1,005	1,015	0,100	0,302	1,105	68,3%
0,2	1,041	1,020	1,062	0,202	0,614	1,221	68,7%
0,3	1,094	1,046	1,145	0,307	0,950	1,350	69,3%
0,4	1,174	1,083	1,271	0,417	1,322	1,492	70,4%
0,5	1,284	1,133	1,455	0,533	1,750	1,649	72,8%
0,6	1,433	1,197	1,716	0,658	2,260	1,822	77,5%
0,7	1,632	1,278	2,085	0,795	2,888	2,014	85,8%
0,8	1,897	1,377	2,612	0,947	3,689	2,226	95,6%
0,9	2,248	1,499	3,370	1,117	4,746	2,460	98,6%
1,0	2,718	1,649	4,482	1,311	6,185	2,718	99,1%
1,1	3,353	1,831	6,141	1,534	8,213	3,004	99,4%

Bemerkenswert an Tabelle 15 ist erstens, daß die Schiefe ϱ mit cs dauernd ansteigt, zunächst linear, dann wesentlich stärker; und zweitens, daß bei mäßiger Schiefe bis etwa $\varrho = 2$ im einfachen σ-Bereich rund zwei Drittel der statistischen Elemente liegen, während für extreme Schiefen dieser Anteil rasch zunimmt. Die oben genannte Faustregel (vgl. S. 43), nach der rund zwei Drittel einer statistischen Masse im allgemeinen im einfachen Streuungsbereich anzutreffen sei, gilt also auch hier bis etwa $\varrho = 2$. Bei großem ϱ könnte man sie durch den Zusatz „mindestens" verschärfen.

Wir besprechen nun für drei typische Fragestellungen den Rechengang und erläutern seine Anwendung an Hand von Beispielen.

1. Aufgabe: Es liegen α, σ und ϱ empirisch vor. (Hier ist der Wert also noch nicht auf den Fluchtpunkt bezogen, da dessen Lage erst ermittelt werden soll). Zunächst folgen aus ϱ mittels der Tabelle 15 die zugehörigen Werte für λ und $c \cdot s$. Weiter ist nach der zweiten Formel (14b) die Entfernung des Schwerpunkts vom Fluchtpunkt

$$\bar{\alpha} = \frac{\sigma}{\varrho}(2 + \lambda). \tag{16}$$

Damit ergibt sich für die Abszisse des Fluchtpunktes $x_F = \alpha - \bar{\alpha}$. Es kommt nun darauf an, ob man beabsichtigt, die Häufigkeitsverteilung oder ihre Summenlinie darzustellen. In beiden Fällen wird für die Konstruktion der ungleichförmigen Abszissenskala die Größe e^{cs} benötigt.

Bei der Zeichnung geht man im Falle der Häufigkeitslinie von $\overline{D}$ und im Falle der Summenlinie von $\overline{M}$ aus; es ist nach Gleichung (13a—c)

$$\overline{D} = \frac{\bar{a}}{\lambda^{2/3}} \quad \text{bzw.} \quad \overline{M} = \frac{\bar{a}}{\sqrt{\lambda}}.$$

Die über $\overline{D}$ aufzutragende Ordinate für den Scheitel der schiefen Glockenkurve beträgt nach (15) $m_{max} = 0{,}4\, m \frac{\Delta x}{s} \sqrt{\lambda}$, wofür s als Produkt von $\overline{M} = \frac{1}{c}$ und cs zu berechnen ist.

Beispiel 3 (Fortsetzung): Gewicht von 148 Fröschen. In Abb. 21 sind mittels der eingezeichneten Rechtecksverteilung nochmals die Gewichte der 148 Frösche von Beispiel 3 gemäß Abb. 6, S. 25 dargestellt.

Empirische Daten: $\alpha = 30{,}8$ g, $\sigma = 4{,}0$ g, $\varrho = 0{,}27$.

Nach Tabelle 15 daraus $cs = 0{,}09$ und $\lambda = 1{,}008$. Weiter $\bar{a} = \frac{4{,}0 \text{ g}}{0{,}27}$ $3{,}008 = 44{,}5$ g, und daher Lage des Fluchtpunkts bei — 13,7 g. Der Scheitel liegt bei $\overline{D} = \frac{44{,}5 \text{ g}}{1{,}012} = 44{,}0$ g; Faktor $e^{cs} = 1{,}094$. Mit $\overline{M} = \overline{D}\lambda = 44{,}0 \cdot 1{,}008 = 44{,}3$ g und $s = 0{,}09 \cdot 44{,}3 \text{ g} = 3{,}99$ g sowie mit $\Delta x = 2$ g wird

$$m_{max} = 0{,}40 \cdot 148 \cdot \frac{2 \cdot \sqrt{1{,}008}}{3{,}99} = \mathbf{29{,}8}.$$

Die hierzu gehörige Kurve ist eingezeichnet. Sie stimmt mit den empirischen Werten befriedigend überein und insbesondere auf Strichbreite mit der in Abb. 11a S. 29 enthaltenen korrigierten Häufigkeitsverteilung. Die Unsymmetrie ist bei diesem Beispiel noch nicht auffallend.

2. Aufgabe: Gegeben α und σ; außerdem sei die Lage des Fluchtpunktes bekannt. Es liegt daher in diesem Falle $\bar{a}$ von Anfang an vor. Aus Formel (14a) folgt hier

$$\lambda = 1 + \frac{\sigma^2}{\bar{a}^2}, \tag{17}$$

und damit die vorauszusagende Schiefe $\varrho = \frac{\sigma}{\bar{a}} \cdot (2 + \lambda)$. Die weitere Bearbeitung verläuft dann wie bei der ersten Aufgabe.

Beispiel 3 (Forts.): Gewicht von 148 Fröschen. Wir machen nun die naheliegende Annahme, der Fluchtpunkt liege beim Gewicht Null. Dann folgt aus $\alpha = \bar{a} = 30{,}8$ g und $\sigma = 4{,}0$ g $\lambda = 1 + \left(\frac{4{,}0}{30{,}8}\right)^2$ $= 1{,}017$ und $\varrho = \frac{4{,}0}{30{,}8} \cdot 3{,}017 = 0{,}392$. Die theoretische Schiefe ist demnach etwas größer als die in Beispiel 3 ermittelte empirische Schiefe $\varrho = 0{,}27$. Der Unterschied ist jedoch so gering, daß er noch in den Unsicherheitsbereich des an 148 Exemplaren gewonnenen empirischen Wertes fällt (vgl. Abschnitt XIV, S. 157). Es decken sich auch die für beide Werte ϱ zu zeichnenden Kurven fast durchweg auf Strichbreite. Die Annahme, daß der Fluchtpunkt bei dem Gewicht Null liegt, stimmt also hier mit dem empirischen Befund zufriedenstellend überein.

Was bedeutet es grundsätzlich, wenn der Fluchtpunkt an die Stelle Null der Skala für die zu messende Größe x zu liegen kommt? Die Folge ist, daß die gemessenen Größen ohne Zu- oder Abschlag logarithmisch aufgetragen werden müssen, damit die Verteilungskurve symmetrisch bzw. ihre Summenlinie im Wahrscheinlichkeitsnetz eine Gerade wird. Das ist es aber gerade, was sich bei allen möglichen biologischen Befunden (und übrigens in manchen Fällen auch in anderen Fachgebieten) seit Jahren immer wieder bewährt hat, weshalb ja auch Wahrscheinlichkeitspapier mit logarithmischer Abszissenskala handelsüblich ist. Damit bekommt der zunächst abstrakte Fluchtpunkt eine anschauliche Bedeutung. Wenn nämlich das oben erläuterte multiplikative Gestaltungsprinzip in reiner Form vorliegt, so hat dies zur Folge, daß theoretisch der Nullpunkt zum Fluchtpunkt wird. Daß dieses Zusammenfallen überaus häufig zutrifft, ist eine starke Stütze für unsere anfängliche Vermutung der beherrschenden Rolle des multiplikativen Prinzips namentlich im organischen Geschehen. Es sei noch ergänzend vermerkt, daß in Fällen, in denen multiplikative *und* additive Modulationen gleichzeitig wirksam sind, der Fluchtpunkt ins Negative rückt, wie dies beim Froschbeispiel durch die empirischen Daten angedeutet wird und auch verständlich wäre als Folge nicht dem Organismus angehöriger Zutaten wie anhaftendes Wasser, Mageninhalt, Exkremente usw.

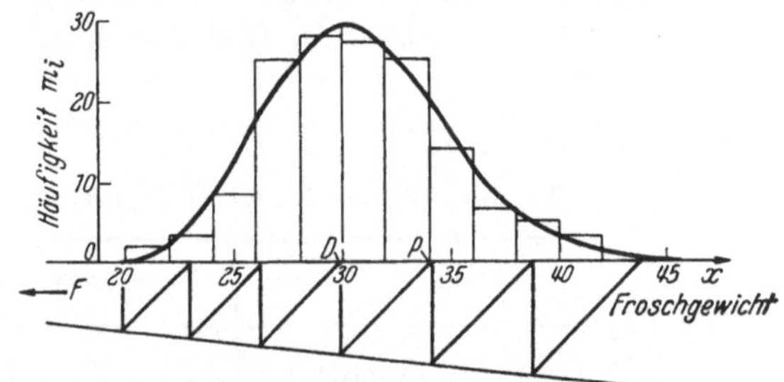

Abb. 21. Häufigkeitsverteilung der 148 Froschgewichte von Beispiel 3.

3. Aufgabe: Der empirische Befund liege als Summenlinie vor, etwa dargestellt durch eine Gerade im Wahrscheinlichkeitsnetz mit logarithmischer Abszissenskala; Fluchtpunkt also bei Null. Man entnimmt dieser Aufzeichnung sofort den Medianwert M als Abszisse des Kreuzungspunktes mit der Waagerechten bei 50%. Das für die Rechnung erforderliche Produkt $c \cdot s$ hängt mit der relativen Streuung der Verteilung zusammen und ist maßgeblich für die Steilheit der die Summenlinie darstellenden Geraden. Wird eine bestimmte Ordinatendifferenz abgegriffen, und ist x_1 die Anfangs- und x_2 die Endabszisse des herausgeschnittenen Geradenstücks, so gilt eine Beziehung der Form $c \cdot s = \text{const} \cdot \lg \frac{x_2}{x_1}$. Diese Konstante nimmt den Wert Eins an, wenn x_1 bei der Ordinate 12,5% und x_2 bei 87,5% abgegriffen und wenn mit dekadischen Logarithmen gerechnet wird. Es ist dann:

$$c \cdot s = \lg \frac{x_2}{x_1}.$$

λ und ϱ entnimmt man hierzu aus Tabelle 15; weiter ist $D = \frac{M}{\lambda}$, und die übrige Rechnung verläuft wie oben.

Beispiel 4: Heilerfolge mit verschiedenen Penicillindosen bei akuter Gonorrhoe (Zahlenangaben nach SCHUERMANN und SCHIRDUAN)[1]. Bei Behandlung der akuten Gonorrhoe mit verschiedenen Penicillindosen wurden folgende Heilerfolge beobachtet:

Tabelle 16. *Wirksamkeit verschiedener Penicillindosen.*

Dosis Penicillin	Prozentzahl der Heilungen
12500 E.	10%
25000 E.	25%
50000 E.	60%
100000 E.	85%
200000 E.	94%

Die Darstellung dieser empirischen Werte im logarithmischen Wahrscheinlichkeitspapier — in Abb. 22 als Ringe eingetragen — zeigt recht gut einen linearen Anstieg, der durch die hindurchgelegte Gerade approximiert wird. Wir fragen nun, auf welche Häufigkeitsverteilung dieser Befund hinweist. Hierzu entnehmen wir der Abb. 22 $M = 45000\,E$ und $c \cdot s = \lg \frac{130000}{15500} = 0{,}922$. Daraus folgt $\varrho = 5{,}0$ und $\lambda = 2{,}33$. Bemerkenswert ist, wie weit bei dieser sehr schiefen Verteilung die Werte M, D und α auseinanderfallen. Es ist

$$M = \mathbf{45000\ E.},\quad D = \mathbf{19300\ E.} \quad \text{und} \quad \alpha = \mathbf{68700\ E.}$$

Abb. 23 zeigt neben der Häufigkeitsverteilung auch den Verlauf der unverzerrten Summenlinie. Diese beiden Kurven geben ein anschau-

[1] Klin. Wschr. 1948, S. 1526.

licheres Bild der tatsächlichen Verhältnisse, als es die gestreckte Summenlinie im Wahrscheinlichkeitsnetz vermitteln kann.

Die Tabelle 16 ist ein typisches Beispiel für eine Dosiswirkungskurve, wie sie in Pharmakologie und Biophysik eine große Rolle spielen. Die Interpretation solcher Kurven als Summenlinie einer Häufigkeitsverteilung biologischer Varianten ist naheliegend. Etwas schwieriger ist die Interpretation der aus der Summenlinie abgeleiteten Häufigkeitsverteilung selbst. Meist werden die Ordinaten der Häufigkeitsverteilung als Häufigkeiten und die Abszissen als „Empfindlichkeit, ausgedrückt durch die Dosis", gedeutet. Anschaulicher und für die Gewinnung eines vergleichenden Urteils verschiedener Dosiswirkungskurven zweckmäßiger erscheint uns eine andere Interpretation, bei der die Abszisse die Dosis bedeutet und die Ordinate die Ansprechbarkeit des Versuchsmaterials bei Dosisänderung. Die Ansprechbarkeit gibt an, welche absolute oder relative Anzahl $\left(m_i \text{ bzw. } \frac{m_i}{m}\right)$ von Individuen zusätzlich bei der Dosisänderung Δx_1 anspricht. Wir werden auch weiter unten von dieser zweiten Interpretation Gebrauch machen.

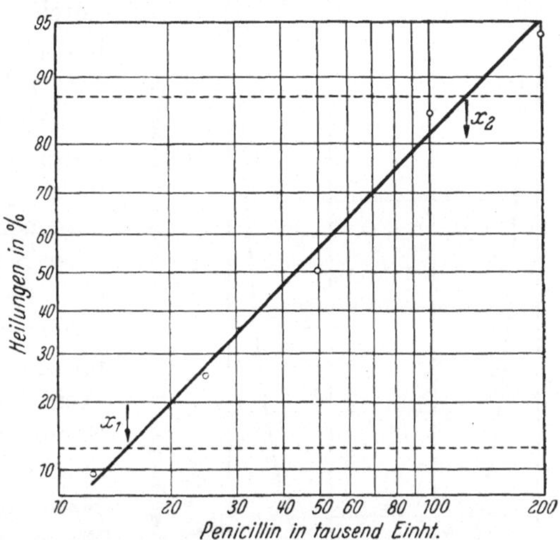

Abb. 22. Dosis-Wirkungslinie für Beispiel 4 im logarithmischen Wahrscheinlichkeitsnetz.

Wichtig und für das betreffende Arzneimittel oder Gift kennzeichnend ist die Größe der maximalen Ansprechbarkeit und die Dosis, bei welcher sie beobachtet wird. In Beispiel 4 hat die Scheitelhöhe der Häufigkeitsverteilung wegen $s = cs \cdot M = 0{,}922 \cdot 45000 = 41500$ und $\lambda = 2{,}33$ den Wert $0{,}40 \frac{\sqrt{2{,}33}}{41500} = 1{,}47 \cdot 10^{-5} = 1{,}47\%$ je 1000 Einheiten Penicillin. Das heißt, maximal sprechen auf eine Erhöhung der Dosis um 1000 Einheiten 1,47% der Patienten zusätzlich an. Dies ist der Fall bei der Dosis $D = 19300$ Einheiten. Darüber und darunter ist die Ansprechbarkeit geringer, wie dies der Ordinatenmaßstab auf der linken Seite der Abb. 23 angibt.

Erwähnt sei noch, daß um die Einbürgerung des Wahrscheinlichkeitspapiers in Deutschland sich insbesondere DAEVES und BECKEL[1] verdient gemacht haben. Sie beschreiben allerlei graphische Verfahren, bei denen durch Auftragung der empirischen Summenlinie zunächst das Vorliegen von Normalverteilungen I. oder II. Art geprüft wird, was sich durch geradlinigen Verlauf über linearer bzw. logarithmischer Abszissenskala anzeigt.

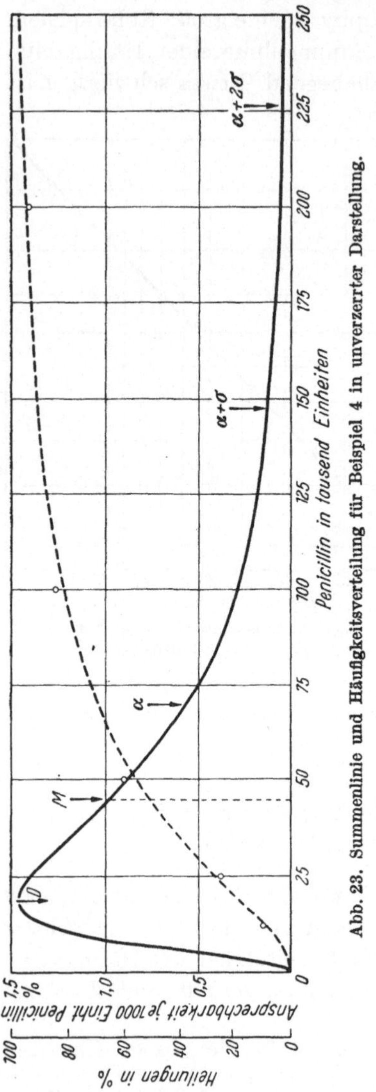

Abb. 23. Summenlinie und Häufigkeitsverteilung für Beispiel 4 in unverzerrter Darstellung.

Darüber hinaus geben diese Verfasser einen Hinweis, wie man bei nicht geradliniger Summenlinie in manchen Fällen durch Hinzufügen einer Konstanten zum Merkmalswert eine Begradigung der Summenlinie erreichen kann, was auf die Bestimmung des Fluchtpunktes hinausläuft. Weiterhin versuchen diese Autoren Summenlinien, die auch nach logarithmischer Verzerrung der Abszissenskala noch *s*-förmig verlaufen, in der Weise zu interpretieren, daß sie die statistische Masse aus zwei (oder mehreren) Normalverteilungen zusammengesetzt sich denken, deren Kennwerte aus der Zeichnung abgeschätzt werden. Das letztere Verfahren mag wohl gelegentlich als Hinweis wertvoll sein, die daraus zu ziehenden Folgerungen bedürfen aber anderweitiger Bestätigung.

Der besondere Vorzug der Normalverteilungen zweiter Art dürfte darin bestehen, daß mit ihnen ein Satz von Normfunktionen beliebiger Schiefe bereitgestellt wird, mit denen es möglich ist, von Häufigkeitsverteilungen mit vorgeschriebenem Mittelwert, Streuung *und* Schiefe sich ein Bild zu machen. Die Normverteilungen zweiter Art sind aber nicht

[1] Karl DAEVES und August BECKEL, Großzahlforschung und Häufigkeitsanalyse. Verlag Chemie GmbH. Weinheim und Berlin 1948.

nur elastischer als die GAUSSschen Verteilungen, wenn es sich darum handelt, eine empirische Verteilung wiederzugeben; vielmehr tragen sie auch zu deren Verständnis einen neuen wesentlichen Gesichtspunkt bei. Durch den Begriff des Fluchtpunktes wird die nicht selten als rätselhaft empfundene Schiefe biologischer Häufigkeitsverteilungen nicht nur verständlich, sondern sie wird, da der Fluchtpunkt vielfach primär festliegt, bei Kenntnis der relativen Streuung sogar quantitativ voraussagbar.

VII. Zwei Anwendungen der gleitenden Durchschnitte.

Die Methode der Bildung gleitender Durchschnitte, die schon in Abschnitt II und III bei der Herausarbeitung von Häufigkeitsverteilungen mit Vorteil angewandt worden ist, dient hier zur einfachen Behandlung zweier bisher nicht recht befriedigend zu bearbeitender Probleme: 1. Bereinigung der Schwankungen bei Toxititätsbestimmungen, derart, daß nicht mehr formale „negative Häufigkeiten" auftreten; 2. Bereinigung der Streuungen bei einer Folge von Beobachtungspunkten für einen Zeitablauf und Herausarbeitung der Trendlinie ohne Verwendung der Ausgleichsrechnung nach der Methode der kleinsten Quadrate.

---

a) Herausarbeitung einer Häufigkeitsverteilung aus unsicheren Beobachtungen einzelner Punkte ihrer Summenlinie.

Eng verwandt mit der als Beispiel 4 betrachteten Versuchsreihe über die Heilerfolge mit Penicillin sind die für die medizinische Forschung recht bedeutsamen Toxititätsbestimmungen. Für die Anlage einer solchen Versuchsreihe besteht eine grundsätzliche Schwierigkeit in der Tatsache, daß nur in seltenen Fällen (vgl. Beispiel 11, S. 89) das Gift gerade so lange zugeführt werden kann, bis der Tod eintritt. Im allgemeinen muß man den Prozentsatz der getöteten Tiere bei verschiedenen Dosen an mehreren Tierkollektiven bestimmen und zu diesem Zwecke die verfügbaren Versuchstiere, z. B. 100 an der Zahl, in gleiche Gruppen, z. B. von je 20 Tieren, einteilen. Die an diesen erhaltenen Anzahlen der gestorbenen Tiere steigen dann mit der Dosis von 0 bis 100% an, entsprechen also der Summenlinie einer statistischen Verteilung. Aus dieser Summenlinie ergeben sich durch Differenzenbildung die einzelnen Besetzungszahlen der Verteilung selbst, die dann zur Berechnung von Mittelwert, Streuung usw. dienen können. Das Ziel ist dabei zunächst rein deskriptiver Art, nämlich die Häufigkeitsverteilung der verschiedenen Empfindlichkeit, gemessen an der wirksamen Dosis, durch eine oder zwei wohl definierte Zahlen möglichst kennzeichnend darzustellen.

Beispiel 5: Tödliche Dosen eines Arsenpräparats bei Ratten[1]. Steigende Dosen u_i eines Arsenpräparats wurden 5 Gruppen von je 20 Ratten gespritzt und die Anzahl v_i der gestorbenen Tiere in jeder Gruppe festgestellt gemäß dem in den ersten beiden Zeilen von Tabelle 17 wiedergegebenen Originalprotokoll.

Tabelle 17. *Toxititätsbestimmung eines Arsenpräparats bei Ratten.*

Dosis u_i für Gruppe i	0,30	0,35	0,40	0,45	0,50	
Anzahl v_i der gestorbenen Tiere	0	2	14	19	20	
						$\Sigma m_i = 20$
$m_i = v_i - v_{i-1}$		2	12	5	1	
zugehörige Intervallmitte		0,325	0,375	0,425	0,475	
Bezifferung z_i		-1	0	$+1$	$+2$	

In Abb. 24 sind die Summenlinie und die Häufigkeitsverteilung nach Tabelle 17 graphisch dargestellt, die Summenlinie als Polygonzug und die zugehörige Häufigkeitsverteilung folgerichtig als Rechteckverteilung.

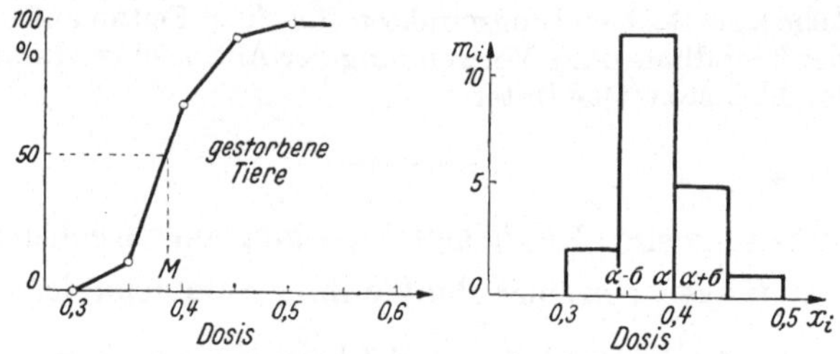

Abb. 24. Summenlinie und Häufigkeitsverteilung für Beispiel 5.

Die angeschriebenen Giftdosen bedeuten mg je kg Tiergewicht. Die Ordinaten der Häufigkeitsverteilung drücken aus, wie viele Tiere zusätzlich sterben, wenn die Dosis um $\Delta u = 0{,}05$ mg/kg erhöht wird.

Die Berechnung von Mittelwert und Streuung geschieht mittels Tabelle 17. Danach ist $\Sigma m_i = 20 = m$ und $\Sigma m_i z_i = 5$, $\Sigma m_i z_i^2 = 11$. Hieraus folgt zunächst für die z-Skala der Mittelwert $\bar{a} = \frac{5}{20} = 0{,}25$ und $\left(\text{mit Berücksichtigung der Sheppardschen Korrektur } \frac{1}{12} \text{ für } \Delta z = 1\right)$ die Streuung

$$\bar{\sigma}^2 = \frac{11}{20} - \left(\frac{1}{4}\right)^2 - \frac{1}{12} = 0{,}4042\,; \; \bar{\sigma} = 0{,}636.$$

[1] Zahlenangaben nach Morrel and Chapmann: J. of Pharmacol. (Am.) **48 931 (1933).**

Da zu $z = 0$ die Dosis $u = 0{,}375$ gehört und zu $\Delta z = 1$ der Zuwachs $\Delta u = 0{,}05$, ist für die Giftdosen selbst Mittelwert und Streuung

$$\alpha = 0{,}375 + 0{,}25 \cdot 0{,}05 = \mathbf{0{,}3875} \text{ und } \sigma = 0{,}636 \cdot 0{,}05 = \mathbf{0{,}0318}.$$

Die tödliche Dosis beträgt demnach durchschnittlich $\alpha = 0{,}3875$ mg pro kg Tiergewicht; die Streuung um diesen Wert ist $\sigma = 0{,}0318$ mg/kg. Bemerkenswert ist, daß das Verhältnis beider Größen, der PEARSONsche Variationskoeffizient (S. 19), hier ungewöhnlich niedrig liegt. Es ist die Streuung nur 8,2% des Mittelwertes, sehr im Gegensatz zu dem früheren Beispiel 4, wo für die Wirksamkeit des Penicillins die Streuung sogar 115% des Mittelwerts betrug, ihn also überwog.

Häufig findet man als „tödliche Dosis" den Medianwert M der Verteilung an Stelle des Mittelwerts α definiert. Nach Abb. 24 ist dieser Wert $M = 0{,}385$. Wenn man unter der Annahme, die Häufigkeitskurve entspreche einer Normalverteilung zweiter Art mit dem Fluchtpunkt bei der Dosis Null, nach den Richtlinien der 2. Aufgabe (S. 48) von Abschnitt VI rechnet, so stellt sich wegen der relativ schwachen Streuung heraus, daß die Abweichungen von einer symmetrischen GAUSSschen Normalverteilung nur sehr gering sind. Die Rechnung ergibt mit $\lambda = 1{,}0067$ die Schiefe $\varrho = 0{,}247$ und $M = 0{,}386$. Das Maximum der Häufigkeitsverteilung für die Klassenbreite $\Delta u = 0{,}05$ mg beträgt

$$h_{max} = \frac{0{,}4 \cdot \Delta u}{\sigma} = \frac{0{,}4 \cdot 0{,}05}{0{,}0318} = 63{,}0\,\%,$$

das heißt die maximale Ansprechbarkeit (siehe S. 51), die bei der Dosis 0,386 mg/kg Tiergewicht besteht, ist so groß, daß eine Veränderung der Dosis um 0,01 mg/kg die Todesrate um nicht weniger als 12,6% verschiebt.

Nach Beispiel 5 hat es den Anschein, als ob diese Methode der Toxitätsbestimmung recht einfach und harmlos wäre; aber sie ist doch nicht ganz unproblematisch, und zahlreiche Versuchsreihen haben gezeigt, daß leicht eine grundsätzliche Schwierigkeit eintreten kann, welche die obige Rechnung schwer behindert. Dies rührt daher, daß die einzelnen Werte v_i nicht an denselben Tieren bestimmt werden können, sondern daß für jede Giftdosis eine neue Gruppe von Tieren benötigt wird. Aber selbst dann, wenn man den Versuch mit *derselben* Dosis an einer anderen Tiergruppe wiederholen würde, könnte man nicht erwarten, daß das Ergebnis genau gleich ausfallen würde, sondern die Zahl der Todesfälle müßte von Fall zu Fall schwanken, und diese Schwankungen wären um so größer, je größer die Streuung der Empfindlichkeitsverteilung ist und mit je kleineren Tiergruppen gearbeitet wird. Anderseits sind die zu erwartenden Unterschiede zwischen den Todesfällen in benachbarten Klassen um so geringer, je geringer die

Dosisänderung von Klasse zu Klasse und je kleiner die Wirkungsänderung im betreffenden Bereich ist. Daher kommt es bei geringen Dosisintervallen und relativ geringer Tierzahl in den Gruppen leicht vor, daß die Zahl der Todesfälle bei einer kleinen Dosis größer ausfällt als bei der benachbarten größeren Dosis. Tritt dieser Fall ein, so steigt die Summenlinie nicht durchweg an, und die beschriebene Auswertung liefert für die durch Differenzenbildung gewonnene Häufigkeitsverteilung „negative Häufigkeiten". Solche Versuchsreihen wurden bisher entweder verworfen oder sie führten zu nicht recht befriedigenden Auswertungsversuchen und Interpretationen. Die Frage, wie die Versuchsreihen anzulegen sind, um diesem Vorkommnis nach Möglichkeit vorzubeugen, ist übrigens ein interessantes statistisches Problem[1].

Wir wollen jedoch auf diese mit den statistischen Schlüssen (siehe Abschnitt XIV) zusammenhängenden Fragen hier nicht weiter eingehen, sondern vielmehr zeigen, daß das in Abschnitt III zur Gewinnung zügiger Häufigkeitsverteilungen nützliche Verfahren der gleitenden Summen bzw. Durchschnitte auch bei dieser Schwierigkeit zwanglos zum Ziel führt. Wir betrachten zu diesem Zwecke eine solche „unbrauchbare Versuchsreihe".

Beispiel 6: Tödliche Dosen von Strophanthin bei Fröschen (Versuchsreihe von BEHRENS)[2]. Steigende Dosen u_1 von Strophanthin wurden 10 Gruppen von je 24 Fröschen in den Lymphsack eingespritzt. Dabei starben von Fall zu Fall v_i Tiere.

Tabelle 18. *Toxititätsbestimmung für Strophanthin bei Fröschen.*

Dosis u_i	0,50	0,55	0,60	0,65	0,70	0,75	0,80	0,85	0,90	0,95[1]
Anzahl v_i	0	4	6	4	13	14	17	22	23	24

Die Schwierigkeit besteht — wie dargelegt — darin, daß die einzelnen Werte v_i mit störenden Streuungen behaftet sind, von denen man annehmen kann, daß in buntem Wechsel bald Plus- bald Minusvarianten vorkommen. Es ist die Aufgabe, diese Abweichungen zu verringern und, was zunächst als ein besonders anspruchsvolles Ziel erscheint, die Fehler der anschließend zu bildenden Differenzen herabzumindern. Das gelingt auch hier in einfachster Weise mittels gleitender Durchschnitte, wobei sich überraschenderweise herausstellt, daß die Fehlerbereinigung für die Differenzen sogar wirksamer ist als für die Ausgangswerte selbst[3]. Werden nämlich aus n Folgewerten, die mit voneinander unabhängigen Fehlern der Streuung σ behaftet sind, die Durchschnitte gebildet, so

---

[1] H. J. HEITE, Arch. f. exp. Path. u. Pharm. *205* 524 (1948).

[2] Arch. exp. Path. Pharm. (D) *140* 237 (1929).

[3] GEBELEIN: noch unveröffentlicht.

beträgt deren Fehlerstreuung $\frac{\sigma}{\sqrt{n}}$, für die Differenz zweier aufeinander folgender Durchschnitte aber wird der Fehler nur noch $\frac{\sqrt{2}}{n}\sigma$.

In Tabelle 19 sind in der dritten Spalte zum Zweck dieser Glättung die arithmetischen Mittel $\bar{v}_i$ von fünf Folgewerten v_i gebildet und jeweils der Mittelabszisse zugeordnet worden. Dazu mußte die Tabelle nach oben und unten etwas verlängert werden, was durch die eingeklammerten Werte u_i, mit denen keine Experimente durchgeführt worden sind, kenntlich gemacht ist. Die Glättung hat zur Folge, daß bei der sich anschließenden Differenzenbildung keine negativen Werte mehr vorkommen, so daß die weitere Rechnung wie bei Beispiel 5 vor sich gehen kann. Zu beachten ist nur, daß die Angaben der geglätteten Summenlinie (Spalte 3) und der daraus fließenden Häufigkeitsverteilung m_i (Spalte 4) sich auf Kontrollängen beziehen, die fünf Klassenbreiten Δu umfassen. Dies ist wichtig für die bei der Berechnung der Streuung anzubringende SHEPPARDsche Korrektur (vgl. S. 25), die hier sehr stark ins Gewicht fällt.

Tabelle 19. *Zur Auswertung der Versuchsreihe Beispiel 6.*

Dosis u_i	v_i	$\bar{v}_i$	Differenz $\overline{m}_i$	Intervall $u_i - u_{i+1}$	Intervall-mitte	Bezifferung z_i
(0,45)	—	0,8	0,8	0,40—0,45	0,425	—5
0,50	0	2,0	1,2	0,45—0,50	0,475	—4
0,55	4	2,8	0,8	0,50—0,55	0,525	—3
0,60	6	5,4	2,6	0,55—0,60	0,575	—2
0,65	4	8,2	2,8	0,60—0,65	0,625	—1
0,70	13	10,8	2,6	0,65—0,70	0,675	0
0,75	14	14,0	3,2	0,70—0,75	0,725	+1
0,80	17	17,8	3,8	0,75—0,80	0,775	+2
0,85	22	20,0	2,2	0,80—0,85	0,825	+3
0,90	23	22,0	2,0	0,85—0,90	0,875	+4
0,95	24	23,4	1,4	0,90—0,95	0,925	+5
(1,00)	(24)	23,8	0,4	0,95—1,00	0,975	+6
(1,05)	(24)	24,0	0,2	1,00—1,05	1,025	+7

Nach Tabelle 19 ist $\Sigma\, m_i = 24{,}0$, $\Sigma\, \overline{m}_i z_i = 17{,}0$ und $\Sigma\, \overline{m}_i z_i^2 = 189{,}0$. Hiermit und mit der SHEPPARDschen Korrektur $\frac{1}{12} \cdot (\Delta z)^2 = \frac{25}{12} = 2{,}083$ ist, zunächst für die z-Skala, Mittelwert und Streuung

$\bar{a} = \frac{17{,}0}{24{,}0} = 0{,}708$, $\bar{\sigma}^2 = \frac{189}{17} - 0{,}708^2 - 2{,}083 = 5{,}291$, $\bar{\sigma} = 2{,}30$. Da zu $z = 0$ die Dosis $u = 0{,}675$ gehört und zu $\Delta z = 1$ der Zuwachs $\Delta u = 0{,}05$, betragen Mittelwert und Streuung für die Giftdosen selbst

$$\alpha = 0{,}675 + 0{,}708 \cdot 0{,}05 = \mathbf{0{,}710} \text{ und } \sigma = 2{,}30 \cdot 0{,}05 = \mathbf{0{,}115}.$$

Es ist kein Zufall, daß bei diesem Beispiel die relative Streuung wesentlich größer ist als bei Beispiel 5 (S. 54), nämlich $\frac{\sigma}{\alpha} = 16{,}2\%$ gegenüber dem dortigen Wert 8,2%, denn nach der obigen Betrachtung ist darin der Hauptgrund zu suchen, warum die hier betrachtete Versuchsreihe mit nicht durchweg steigenden Todesraten behaftet ist.

Wird wiederum angenommen, die Empfindlichkeitskurve entspreche einer Normalverteilung zweiter Art mit dem Fluchtpunkt bei der Dosis Null, so gilt für diese $\lambda = 1 + 0{,}162^2 = 1{,}026$, $\varrho = 0{,}162 \cdot 3{,}026 = 0{,}49$, $c \cdot s = 0{,}161$, $M = 0{,}700$, $D = 0{,}683$ und $s = cs \cdot M = 0{,}113$. Die häufigste Empfindlichkeit beträgt bei Bezugnahme auf die Klassenbreite $\Delta u = 0{,}05$ mg/kg

$$h_{max} = \frac{0{,}4 \cdot \Delta u}{s} \cdot \sqrt{\lambda} = \frac{0{,}4 \cdot 0{,}05 \cdot \sqrt{1{,}026}}{0{,}113} = 17{,}9\,\%,$$

d. h. die maximale Ansprechbarkeit, die bei der Dosis $D = 0{,}683$ mg/kg besteht, ist derart, daß durch eine Erhöhung der Dosis um 0,01 mg/kg die Todesrate um 3,6% zunimmt. Der Unterschied gegenüber dem früheren Beispiel 5 tritt sehr deutlich zutage.

Abb. 25 zeigt den Verlauf der Summenlinie für diese Normalverteilung zweiter Art, die durch $M = 0{,}700$ und $e^{cs} = 1{,}175$ gekennzeichnet ist. Die durch Ringe markierten Punkte sind die Versuchswerte Tabelle 18. Die erhaltene Kurve verläuft sehr befriedigend zwischen diesen Punkten hindurch.

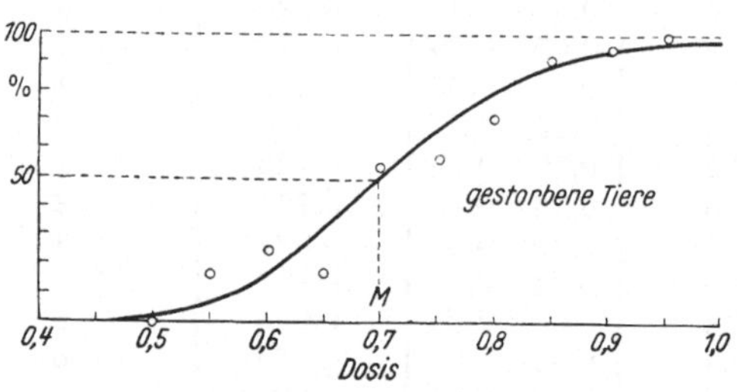

Abb. 25. Toxizitätskurve für Beispiel 6.

Zum Abschluß dieses Beispiels sei nachdrücklich darauf hingewiesen, daß die dargelegte Behandlung immer noch sich im Rahmen der beschreibenden Statistik bewegt. Die in Abb. 25 eingetragene Kurve behauptet nicht, über die Wirksamkeit von Strophanthin bei Fröschen allgemein das Gesetz darzustellen, sondern sie gibt nur Rechenschaft über das Verhalten der 240 Frösche der BEHRENSschen Versuchsreihe. Was darüber hinaus an übertragbaren Erkenntnissen in dieser Erfahrung steckt, wird erst aufgezeigt bei Heranziehung der statistischen Schlüsse.

b) Herausarbeitung eines Trends aus nicht äquidistanten streuenden Beobachtungswerten.

Es liegt nahe, Abb. 25 auch noch unter einem ganz anderen Gesichtspunkt zu betrachten. Wäre die Aufgabe so gestellt gewesen, daß durch die als fehlerbehaftet geltenden Meßpunkte eine Ausgleichskurve vom Typus einer Summenlinie hätte hindurchgelegt werden sollen, so hätte dies durch irgendein Verfahren der Ausgleichsrechnung kaum überzeugender bewerkstelligt werden können. Das Verfahren, das hier in sehr einfacher Weise und ohne großen Rechenaufwand zum Ziele führte, ist die Methode der gleitenden Durchschnitte. Es verdient darauf hingewiesen zu werden, daß dieses Verfahren auch bei anderen Problemen gute Dienste leistet, die man in herkömmlicher Weise gewöhnlich mit der Methode der kleinsten Quadrate in Angriff zu nehmen versucht. Wir betrachten folgendes

Beispiel 7: Methämoglobinspiegel bei Fröschen[1]. Bei 15 Fröschen wurde in unregelmäßigen Zeitabständen nach Injektion von 2,5 mg Natriumnitrit pro 10 g Frosch der Gehalt des Blutes an Methämoglobin bestimmt. Da zu jeder Methämoglobinbestimmung der betreffende Frosch getötet werden mußte, stammt jeder Meßpunkt von einem anderen Tier, und es macht sich der individuelle Unterschied der Giftempfindlichkeit störend bemerkbar. Die Konzentrationen y_i nach Tabelle 20 weisen daher erhebliche Variationsstreuung auf. Die

Tabelle 20. *Zeitablauf des Methämoglobinspiegels bei Fröschen.*

Nummer des Frosches i	Zeitpunkt (Std.) t_i	Methämo-globin-Spiegel y_i	gleitende Durchschnitte $\bar{t}_i$	$\bar{y}_i$	Δy_i in %	$(\Delta y_i)^2 \cdot 10^4$
1	2,5	80%				
2	5,0	60%				
3	6,5	74%	7,0	65,6%	+ 7,2%	51,8
4	10,0	64%	8,9	58,4%	+ 5,8%	34,8
5	11,0	50%	10,8	58,0%	— 7,3%	53,3
6	12,0	44%	12,7	51,2%	— 9,6%	92,2
7	14,5	58%	14,8	46,4%	+10,8%	116,6
8	16,0	40%	17,0	42,4%	— 4,2%	17,6
9	20,5	40%	19,5	42,4%	— 0,4%	0,2
10	22,0	30%	21,9	37,6%	— 7,6%	57,8
11	24,5	44%	24,5	35,2%	+ 8,8%	77,4
12	26,5	34%	26,5	33,6%	+ 0,4%	0,2
13	29,0	28%	28,7	33,2%	— 5,1%	26,0
14	30,5	32%				
15	33,0	28%				
					Summe:	527,9·10⁻⁴

[1] Heite, unveröffentlichte Versuche.

Zeiten t_i dagegen folgten zwar in unregelmäßigen Abständen aufeinander; sie können aber als wohlbestimmt gelten.

Die Aufgabe besteht darin, einerseits ein Urteil über die Variationsstreuung der Konzentrationen, also über die Größe der von individuellen Verschiedenheiten herrührenden Schwankungen, zu bekommen, anderseits den Zeitablauf, die sogenannte „Trendlinie“, des Vorgangs herauszuarbeiten. Einen ersten Eindruck für beide Dinge vermittelt die Betrachtung der Meßpunkte, wie sie in Abb. 26 durch Kreuze dargestellt sind. Es handelt sich hier um eine recht lockere „Punktwolke“ mit beträchtlicher Streuung, deren fallende Tendenz allerdings nicht zu verkennen ist.

Wären die Messungen äquidistant, d. h. würden sie in gleichen Zeitabständen aufeinanderfolgen, so läge es nahe, entsprechend dem Vor-

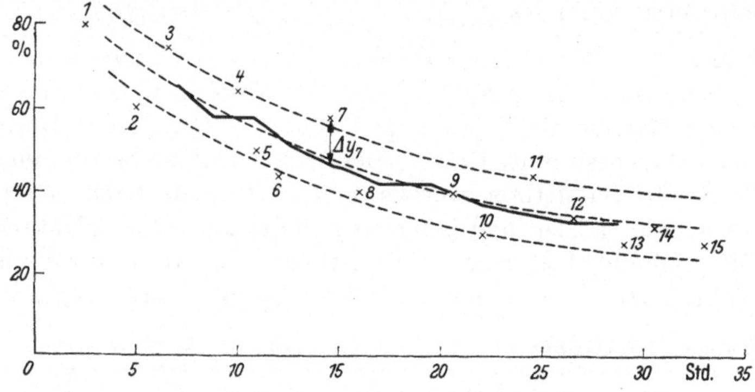

Abb. 26. Abfall des Methämoglobinspiegels mit der Zeit (Beispiel 7).

gang, der in Abschnitt III zu den geglätteten Häufigkeitsverteilungen führte, auch hier die Streuungen durch gleitende Mittelbildung herunterzudrücken, um dadurch die Trendlinie besser hervortreten zu lassen. Es handelt sich also darum, die Schwierigkeit für die Bildung gleitender Mittel zu umgehen, die durch die nicht gleichmäßigen Abszissenabstände hervorgerufen wird.

Um einen Ausweg zu finden, überlegen wir folgendes: Wenn die gleitende Mittelbildung auf eine Folge von Punkten mit äquidistanten Abszissen angewandt wird, so bezweckt und bewirkt sie die *Zusammenfassung von je n Folgepunkten in ihrem Schwerpunkt S*. Dabei ist es bequem, mit einem ungeraden n zu arbeiten, z. B. mit $n = 5$, weil in diesem Falle die Schwerpunktsabszisse x_S mit derjenigen des mittleren Verrechnungspunktes übereinstimmt und daher das Ergebnis jeweils der bereits in der Tabelle vorkommenden mittleren Abszisse zugeordnet werden kann. Sind nun aber die Abszissen nicht äquidistant, so tritt nichts weiter ein, als daß die Schwerpunktsabszisse und die Abszisse des mittleren Verrechnungspunktes im allgemeinen auseinanderfallen. Es ist klar, daß man sich dann für die Schwerpunktsabszisse entscheiden muß. Daher sind in diesem Falle genau so wie für die Ordinaten *auch* für die Abszissen die gleitenden Mittel auszurechenen, wie dies für $n = 5$ in Tabelle 20 geschehen ist. In dieser Hinsicht sind also Ordinaten und Abszissen künftig gleichberechtigt. Vor allem aber können die Abszissen nicht mehr als Ordnungsmerkmal dienen, sondern müssen diese Rolle an die Ordnungszahl i selbst zurückgeben, die dafür ja auch prädestiniert ist.

Nichtsdestoweniger wird trotz dieser gleichen Behandlung von Abszissen und Ordinaten bei der vorliegenden Versuchsreihe die wohlbestimmte Zeit t als das Primäre und das streuende Meßergebnis y als das Sekundäre betrachtet. Da die Aufgabe gestellt ist, den Zeitablauf der Größe y in Abhängigkeit von t zu ermitteln, so ist es folgerichtig, die Versuchspunkte nicht nach der Größe von y, sondern nach der Zeit t zu ordnen wie in Tabelle 20. Auf diese Weise tritt ganz von selbst die Bevorzugung der unabhängigen Veränderlichen t ein, die hier in der Natur der Fragestellung liegt.

Die durch die gleitenden Durchschnitte $\bar{t}_i$ und $\bar{y}_i$ bestimmten Punkte sind in Abb. 26 die Ecken des eingezeichneten Polygonzugs. Dieser Streckenzug ist offensichtlich bereits eine recht brauchbare Annäherung der gewünschten Trendlinie, und es ist leicht, aus dem Handgelenk einen glatten Kurvenzug hindurchzulegen, der als Trendlinie gelten kann. Es besteht nun noch die andere Aufgabe, ein Urteil über die Größe der vorkommenden Abweichungen von dieser Kurve, die sogenannten Standardabweichungen (engl. „standard deviation"), zu gewinnen. Wüßte man die Trendlinie genau, so wären zu diesem Zwecke nur die Ordinatendifferenzen zwischen den einzelnen Meßpunkten und der Trendlinie zu bilden und deren quadratisches Mittel

$$\sigma = \sqrt{\frac{\Sigma\,(y_i - y_{trend})^2}{m}}$$

zu berechnen, wobei m die Anzahl dieser Differenzen ist. Führt man dies aber mit der aus dem Handgelenk gezeichneten Näherungs-Trendlinie aus, so gehen etwaige unkontrollierbare Fehler derselben immer noch in die Rechnung ein.

Diese Willkür entfällt jedoch auch, wenn man stattdessen die Differenzen gegenüber dem Streckenzug benutzt, denn der letztere ist zwar noch mit etwas größeren Fehlern behaftet, hat aber den Vorzug, daß er eindeutig auf Grund der Meßpunkte gewonnen wird und, daß man den Zusammenhang zwischen seiner Fehlerstreuung und derjenigen der

Meßwerte selbst angeben kann[1]. Es gilt nämlich nach der Theorie für den quadratischen Mittelwert der Ordinatendifferenzen Δy_i der Meßwerte gegenüber dem Polygonzug die Formel

$$\sqrt{\frac{1}{m}\,\Sigma\,(\Delta y_i)^2} = \sqrt{\frac{n-1}{n}}\cdot\sigma. \tag{18}$$

Dabei bedeutet σ die gesuchte, auf den wahren Trend bezogene Standardabweichung und n die Anzahl der zur Bildung der gleitenden Mittel benutzten Folgewerte.

Die Werte Δy_i durch rechnerische Interpolation auf den Geradenstücken des Polygonzuges zu ermitteln, ist nicht empfehlenswert. Bequemer und sicherer erhält man diese Werte aus einer vergrößerten Wiedergabe der Abb. 26. Auf diese Weise sind die Daten der letzten Spalte von Tabelle 20 gewonnen worden. Aus diesen $m = 11$ Werten folgt

$$\sqrt{\frac{1}{m}\,\Sigma\,(\Delta y_i)^2} = \sqrt{\frac{1}{11}\cdot 527{,}9\cdot 10^{-4}} = 6{,}85\cdot 10^{-2} = 6{,}85\%$$

und damit nach Gleichung (18) für $n = 5$

$$\sigma = \sqrt{\frac{n}{n-1}}\cdot 6{,}85\% = \sqrt{\frac{5}{4}}\cdot 6{,}85\% = \mathbf{7{,}66\,\%}.$$

Die Schwankungen des Methämoglobinspiegels infolge der individuellen Verschiedenheiten der Frösche sind also so einzuschätzen, daß in etwa zwei Drittel der Fälle Abweichungen vom Trend zu erwarten sind, die diesen Betrag nicht überschreiten.

Die in Abb. 26 gestrichelt eingetragenen beiden Parallelkurven zur Trendlinie sind durch Erhöhung bzw. Erniedrigung der aus dem Handgelenk gezeichneten Trendlinie um die Standardabweichung 7,66% entstanden. Von den 15 Meßpunkten liegen deutlich innerhalb des auf diese Weise abgegrenzten Streuungsbereichs 8, deutlich außerhalb 3 und ungefähr auf den Grenzen 4. Werden die letzteren je zur Hälfte der Gruppe innerhalb bzw. außerhalb zugeteilt, so umfassen die beiden Gruppen 10 bzw. 5 Punkte. Es bestätigt sich also auch hier die Erfahrungstatsache (vgl. S. 43), daß etwa zwei Drittel der Beobachtungen innerhalb der einfachen Streuungsgrenzen zu erwarten sind.

Zum Schluß sei nur kurz vermerkt, daß das beschriebene Verfahren verschiedene Ergänzungen und Abwandlungen zuläßt. Keine grundsätzliche Abänderung tritt ein, wenn die Beobachtungen in gleichen Zeitabständen aufeinander folgen. Es erübrigt sich in diesem wichtigen Fall nur die Ausrechnung der $\bar{t}_i$ und, wenn man mit ungeradem n arbeitet, die Interpolation auf den Geradenstücken des Polygonzuges, da die Abszissen von dessen

[1] GEBELEIN: noch unveröffentlicht.

Ecken dann automatisch mit denen der Beobachtungspunkte übereinstimmen. — Einige der ungleichen Zeitspannen zwischen den Beobachtungen können auch Null werden; es liegen dann für bestimmte Abszissen mehrfache Messungen vor. In diesem Falle werden alle Messungen laufend durchnumeriert; es ist bei der Ermittlung der gleitenden Durchschnitte aber nicht mit den Einzelergebnissen der Mehrfachbestimmungen zu rechnen, sondern mit deren arithmetischem Mittel. Auf diese Weise wird erreicht daß das Ergebnis unabhängig von der Reihenfolge wird, in der die Mehrfachmessungen durchgezählt worden sind. Rücken in der Grenze alle Meßpunkte in einen einzigen Augenblick zusammen, so handelt es sich nicht mehr um das Trendproblem, sondern es liegt der Fall einer Mehrfachbestimmung vor (siehe S. 131). Es kann auch vorkommen, daß es vorteilhaft ist, vor Durchführung des beschriebenen Glättungsverfahrens eine Verzerrung der Abszissenskala vorzunehmen. Auf diese Weise kann man der im Zusammenhang mit Gleichung (7) S. 30 besprochenen Verzeichnung bei der Bildung gleitender Durchschnitte an einer stark gekrümmten Trendlinie vorbeugen, wenn es gelingt, diese gestreckter oder gar geradlinig zu bekommen.

Die an Beispiel 7 vorgeführte Aufgabe erinnert lebhaft an die übliche Fragestellung der Ausgleichsrechnung, und sicherlich würden viele Bearbeiter das Versuchsmaterial mit der Methode der kleinsten Quadrate zu behandeln versuchen. Man muß zu diesem Zwecke für die Trendlinie einen geeigneten Ansatz machen, z. B. als Polynom mit noch zu bestimmenden Koeffizienten, und die Bedingung, daß die Summe der Abweichungsquadrate ein Minimum werden soll, zur Berechnung der Koeffizienten heranziehen. Bedenklich ist dabei, daß erstens der Polynomansatz gerade bei biologischen Abläufen nicht recht befriedigt, zweitens die mit der Koeffizientenbestimmung verbundene Rechnung sehr umfangreich und mühsam ist, vor allem aber, daß drittens die übrigbleibenden Abweichungen von der willkürlichen Gliederzahl des Ansatzes abhängen und dadurch das Verhältnis zwischen dem Rechenergebnis und der gewünschten Trendlinie mit grundsätzlichen Unsicherheiten behaftet bleibt. Demgegenüber besitzt das angewandte Verfahren der gleitenden Durchschnitte eine Reihe unbestreitbarer Vorzüge.

VIII. Korrelation zweier Beobachtungsreihen.

Der Begriff der Korrelation zwischen den zusammengehörigen Werten zweier Beobachtungsreihen wird erläutert am Beispiel von Fieber und Puls bei einem Fall von Wanderpneumonie. Der gewöhnliche Korrelationskoeffizient wird hergeleitet, die Beziehungslinien werden aufgestellt und die Frage wird erörtert, wie die Beobachtungsgrößen aus voneinander statistisch unabhängigen Bestandteilen aufgebaut werden können. Künstliche Beispiele mit vorgeschriebener Korrelation dienen zur Veranschaulichung eines mehr oder weniger engen Korrelationszusammenhangs. Endlich wird an Beispiel 9 (Drüsentuberkulose und Lupuserkrankung) die Fragestellung des sogenannten Lag-Problems vorgeführt.

Bei allen bisher betrachteten Beispielen handelte es sich um die Beobachtung einer einzigen Größe, z. B. die Fieberdauer bei den Pneumoniefällen von Beipsiel 1 oder die Gewichte der Frösche von Beispiel 2 und 3. In den folgenden Abschnitten wird uns der allgemeinere Sachverhalt beschäftigen, daß die Beobachtung immer zwei oder mehrere zusammengehörige Größen betrifft, daß z. B. außer dem Gewicht der Frösche auch noch die tödliche Strophantindosis bestimmt wurde, wie dies in der vollständigen BEHRENSschen Versuchsreihe geschehen ist (Beispiel 11, S. 89). Wir betrachten in diesem Abschnitt jedoch zunächst als einen einfacheren Fall.

Beispiel 8: Fieber und Puls bei einem Fall von Wanderpneumonie (Aus der Medizinischen Universitätsklinik Münster)[1]. Bei einem tödlich verlaufenen Fall von Pneumonie (vor Einführung der Sulfonamide) waren im Krankenblatt folgende Messungen der Körpertemperatur und des Pulses verzeichnet:

Tabelle 21. *Temperatur und Puls bei einem Fall von Pneumonie.*

Temp.	Puls	Temp.	Puls	Temp.	Puls	Temp.	Puls
39,5°	108	39,9°	112	38,9°	120	38,0°	104
40,8°	116	38,6°	104	38,9°	104	39,3°	112
37,4°	88	39,3°	108	39,9°	120	38,0°	108
39,3°	92	38,2°	116	39,3°	124	40,0°	112
38,6°	88	38,7°	112	39,6°	120	39,3°	112
39,9°	92	39,3°	116	38,4°	112	39,5°	136
38,0°	108	38,4°	96	40,6°	140	39,5°	136
37,6°	104	38,3	104	39,4°	116	39,3°	112
37,6°	88	38,4°	100	39,6°	124	40,0°	120
39,9°	116	38,9°	112	39,3°	104	39,5°	108
38,4°	92	38,6°	108	40,6°	112	39,8°	116 exitus

In Abb. 27 sind diese Daten zeichnerisch dargestellt. Beide Größen zeigen erhebliche, unregelmäßige Schwankungen, die zwar nicht durchweg einander entsprechen, bei denen aber doch die höheren Temperaturen und die höheren Pulsfrequenzen bevorzugt zusammengehören. Zur Erhöhung der Übersicht sind in die Zeichnung die mittlere Temperatur 39,1° und der mittlere Puls 110,3 pro Minute eingetragen worden. Die Aufgabe ist die, den etwaigen Zusammenhang zwischen zwei derartigen Größen nicht nur dem Augenschein nach zu vermuten, sondern ihn mittels geeigneter statistischer Maßzahlen anzugeben und zu beurteilen.

a) Einführung des Korrelationskoeffizienten r.

Die Gegenüberstellung zweier Beobachtungsfolgen x_i und y_i fordert zum Vergleich heraus. Wie bereits oben (Abschn. IV, S. 32) in anderem Zusammenhang dargelegt worden ist, gibt es zwei Arten des Vergleichens,

[1] Herrn Dozenten Dr. KNEBEL sei für Mitteilung des Krankheitsfalles gedankt.

nämlich durch Subtraktion und durch Division. Konstante Differenz würde bedeuten, daß die Kurvenzüge für beide Größen kongruent sind und durch *Verschiebung* in Ordinatenrichtung miteinander zur Deckung gebracht werden können. Konstanter Quotient wäre das Anzeichen dafür, daß durch *Überhöhung*, d. h. durch Vergrößerung oder Verkleinerung des einen Ordinatenmaßstabes die eine Kurve in die andere übergeführt werden kann. Aber selbst in diesem Idealfall liefert die Rechnung nur dann immer denselben Quotienten, wenn die Nullpunkte auf den Ordinatenskalen für beide Kurvenzüge einander entsprechen. Das läßt sich am einfachsten erreichen, wenn man beide Kurven auf den jeweiligen Mittelwert bezieht. Die naheliegende Feststellung der Mittelwerte, wie in Abb. 27 geschehen, ist also die sachgemäße Vorbereitung

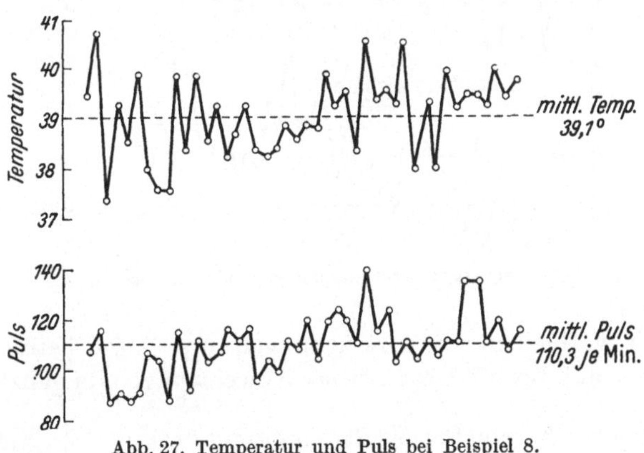

Abb. 27. Temperatur und Puls bei Beispiel 8.

des multiplikativen Vergleichs. Der Idealfall würde dann vorliegen, wenn jede Kurve, auf ihren Mittelwert bezogen, bis auf Überhöhungen das getreue Abbild der anderen wäre. Wie Abb. 27 sofort erkennen läßt, ist dies bei weitem nicht der Fall.

Die nun folgende Betrachtung wird am einfachsten, wenn man die Vorarbeit noch ein wenig weiterführt und die Abweichungen vom Mittelwert so normiert, daß als Ordinateneinheit die Streuung dient. Dies läuft auf die Einführung der normierten Merkmalswerte

$$\xi = \frac{x - \alpha}{\sigma}, \quad \eta = \frac{y - \beta}{\tau} \tag{19}$$

hinaus, wobei α und β die Mittelwerte und σ und τ die Streuungen der Größen x_i bzw. y_i bedeuten. [Vgl. Gleichung (9) S. 34.] In Abb. 28 sind die mittels der Werte

$$\alpha = 39{,}1°, \quad \sigma = 0{,}82° \quad \text{und} \quad \beta = 110{,}3, \quad \tau = 12{,}0$$

(Pulsschläge pro Minute) nach Beispiel 8 normierten Fieber- und Pulsschwankungen ξ_i und η_i aufgezeichnet.

Der beabsichtigte Vergleich der ξ_i und η_i geht nun so vor sich, daß nachgeprüft wird, wie gut die eine Größe sich durch ein bestimmtes Vielfaches der anderen Größe wiedergeben läßt. Wird hierbei mit einem Faktor λ gearbeitet, der nachher noch zu bestimmen sein wird, so werden also die Größen η_i und $\lambda\xi_i$ einander gegenübergestellt und die

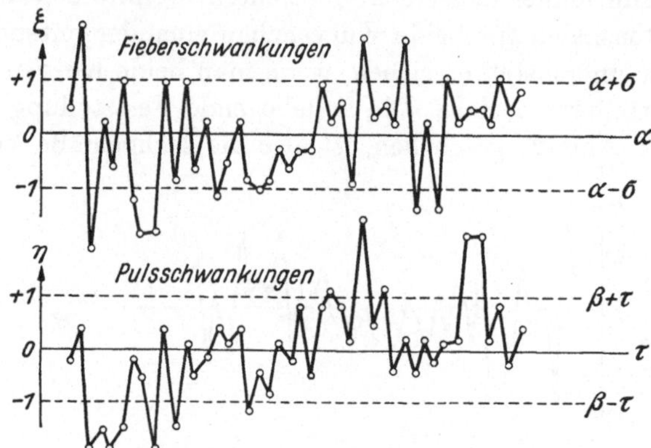

Abb. 28. Normierte Fieber- und Pulsschwankungen nach Beispiel 8.

dann noch verbleibenden Abweichungen $(\eta_i - \lambda\xi_i)$ betrachtet. Ein brauchbares Maß für die Größe dieser Abweichungen im ganzen gewinnt man $\left[\text{analog zur Formel für das Streuungsquadrat } \sigma^2 = \frac{1}{k}\sum(x_i - \alpha)^2\right]$, wenn man den Mittelwert aller einzelnen Abweichungsquadrate bildet. Das sich ergebende durchschnittliche Abweichungsquadrat ist

$$Q = \frac{1}{k}\sum(\eta_i - \lambda\xi_i)^2 = \frac{1}{k}\sum\eta_i^2 - 2\lambda\frac{1}{k}\sum\xi_i\eta_i + \lambda^2\frac{1}{k}\sum\xi_i^2,$$

wobei k die Anzahl der betrachteten Wertepaare ist.

Da die ξ_i und η_i die nach Gleichung (19) normierten Beobachtungswerte bedeuten, läßt sich dieser Ausdruck erheblich vereinfachen. Wie man leicht erkennt, gilt für die beiden reinquadratischen Ausdrücke

$$\frac{1}{k}\sum\xi_i^2 = \frac{1}{k}\sum\frac{(x_i-\alpha)^2}{\sigma^2} = \frac{1}{k}\cdot\frac{k\sigma^2}{\sigma^2} = 1 \text{ und ebenso } \frac{1}{k}\sum\eta_i^2 = \frac{1}{k}\frac{k\tau^2}{\tau^2} = 1.$$

Für den noch verbleibenden, gemischtquadratischen Ausdruck aber wird die Abkürzung

$$r = \frac{1}{k}\sum\xi_i\eta_i \tag{20}$$

eingeführt.

Hiermit wird

$$Q = 1 - 2\lambda r + \lambda^2 = 1 - r^2 + (r - \lambda)^2;$$

und an dieser Gleichung erkennt man, daß Q den kleinstmöglichen Wert annimmt, wenn $\lambda = r$ für die noch beliebig wählbare Konstante λ gesetzt wird. Die günstigste Darstellung für η lautet demnach $r \cdot \xi$, aber, weil die beiden Größen ξ und η ihre Rollen vertauschen können, ebensogut auch $r \cdot \eta$ für ξ. In beiden Fällen beträgt das durchschnittliche Abweichungsquadrat

$$Q = \frac{1}{k} \Sigma (\eta_i - r\xi_i)^2 = \frac{1}{k} \Sigma (\xi_i - r\eta_i)^2 = 1 - r^2. \tag{21}$$

Wir betrachten nun die merkwürdige Größe r, für die wir uns noch folgende, auf Grund von (19) leicht zu bestätigende Darstellungen anmerken:

$$r = \frac{1}{k} \Sigma \xi_i \eta_i = \frac{1}{\sigma\tau} \frac{1}{k} \Sigma (x_i - \alpha)(y_i - \beta) = \frac{1}{\sigma\tau} \left(\frac{1}{k} \Sigma x_i y_i - \alpha\beta \right). \tag{22}$$

Zunächst folgt aus Gleichung (21), da Q als Abweichungsquadrat nicht negativ sein kann, daß unter allen Umständen r^2 nicht kleiner als 0 und nicht größer als 1 ist. Der Wert $r^2 = 1$, also $r = \pm 1$, tritt dann auf, wenn Q verschwindet, wenn für alle i also $\eta_i = \pm \xi_i$ gilt. Zurückgreifend auf (19) stellen wir fest, daß dies nur sein kann, wenn alle beobachteten Wertepaare *exakt* die Gleichung

$$y = \beta + \frac{\tau}{\sigma} \cdot (x - \alpha) \quad \text{bzw.} \quad y = \beta - \frac{\tau}{\sigma} \cdot (x - \alpha)$$

erfüllen. Der Wert $r^2 = 0$ hingegen bedeutet, daß durch keinen Wert λ das Abweichungsquadrat Q sich verringern läßt, daß es also gar keinen Zweck hat, die beiden Größen x_i und y_i in der beschriebenen Weise miteinander vergleichen zu wollen.

Die Konstante r ist demnach eine statistische Maßzahl, welche die wichtige Frage beantwortet, ob zwei Beobachtungsfolgen x_i und y_i eng miteinander zusammenhängen oder nicht. Der Wert $r = \pm 1$ zeigt vollständige gleichsinnige bzw. gegensinnige Abhängigkeit der beiden Größen x_i und y_i voneinander an (deterministischer Zusammenhang); der Wert $r = 0$ dagegen tritt ein, wenn die beiden Größen sich gegenseitig gar nicht beeinflussen (aleatorische Beziehung). Zwischen diesen beiden Extremfällen eingeschlossen liegen alle jene mannigfachen Sachverhalte, bei denen die eine Größe zwar Einfluß auf die andere hat, sie aber nicht ausschließlich bestimmt, weil noch allerlei andere, mehr oder weniger zufällige Einflüsse mitspielen. Man spricht in diesem Fall von „stochastischen" Zusammenhängen. Die Untersuchung und quantitative

Beurteilung solcher Befunde ist das *Korrelationsproblem* der Statistik, ein Problem, das recht eigentlich in den Mittelpunkt der quantitativen Naturbetrachtung gehört. Die Größe r aber ist das entscheidende Hilfsmittel für diesen Problemkreis; sie heißt *Korrelationskoeffizient.*

b) Die beiden Beziehungsgleichungen.

Allgemein für beliebige r besagt Gleichung (21), daß die Standardabweichung (vgl. S. 61) zwischen η und $r \cdot \xi$ und ebenso die zwischen ξ und $r \cdot \eta$ gleich $\sqrt{1-r^2}$ ist. Das heißt, es ist in etwa zwei Drittel der Fälle zu erwarten, daß η bzw. ξ innerhalb folgender einfacher Streuungsgrenzen zu liegen kommt

$$\eta = \underbrace{r\xi}_{\text{Mittelwert}} \underbrace{\pm \sqrt{1-r^2}}_{\text{Streuung}} \quad \text{bzw.} \quad \xi = \underbrace{r\eta}_{\text{Mittelwert}} \underbrace{\pm \sqrt{1-r^2}}_{\text{Streuung}}. \tag{23}$$

Man bezeichnet diese Gleichungen (gewöhnlich ohne σ-Grenzen geschrieben) als *Beziehungsgleichungen* (Regressionsgleichungen) für die Größen ξ und η.

Im Falle des Beispiels 8 ist nach Gleichung (20) für die $k = 44$ Wertepaare das durchschnittliche Produkt $\frac{1}{k} \Sigma \xi_i \eta_i = r = 0{,}56$ und daher $\sqrt{1-r^2} = 0{,}83$. Man kann den Befund von Beispiel 8 statt nach Art der Fieberkurve Abb. 27/28 auch noch auf eine grundsätzliche andere Weise zeichnerisch veranschaulichen. Indem jedes Wertepaar ξ_i, η_i als Punkt in ein Koordinatensystem eingetragen wird, ξ als Abszisse und η als Ordinate, entsteht die in Abb. 29 dargestellte „Punktwolke". Der Vorteil dieser Darstellungsweise besteht darin, daß die Form der Punktwolke ein anschauliches Bild von der gegenseitigen Zuordnung der Größen ξ und η vermittelt, worauf S. 92, Abb. 39, genauer eingegangen werden wird. Hier dient diese Darstellung zur Erläuterung der Beziehungsgleichungen (23), die bei unserem Beispiel mit $r = 0{,}56$ und $\sqrt{1-r^2} = 0{,}83$ lauten:

$$\eta = 0{,}56\xi \pm 0{,}83 \quad \text{bzw.} \quad \xi = 0{,}56\eta \pm 0{,}83.$$

Die in Abb. 29 eingezeichneten Geraden stellen diese Beziehungen dar, und zwar sind die beiden ausgezogenenen Linien die „Beziehungsgleichungen" $\eta = 0{,}56\ \xi$ und $\xi = 0{,}56\ \eta$ ohne Streuungen, während die gestrichelten Parallelen hierzu die einfachen Streubereiche angeben. Die Beziehungslinie $\eta = r\xi$ gibt einen Begriff davon, inwieweit die Pulsschwankungen η im Durchschnitt durch die Fieberschwankungen ξ bedingt werden; umgekehrt drückt die zweite Beziehungslinie $\xi = r\eta$ aus, welcher Teil der Fieberschwankungen sich im Durchschnitt in den gleichzeitigen Pulsschwankungen widerspiegelt. Es ist zwar jeweils der Einfluß der anderen Größe nicht zu verkennen, aber es ist keineswegs so, daß sie etwa allein maßgeblich wäre.

Obwohl demnach die Zuordnung von Pulszahl und Körpertemperatur zueinander eine ziemlich lockere ist, kann man über deren Größen doch die bemerkenswerte Feststellung machen, daß $\sigma = 0{,}82°$ und $\tau = 12{,}0$ Schläge pro Minute einander entsprechen. Die Puls- und Fieberschwankungen verhalten sich also im Durchschnitt zueinander wie $\frac{\tau}{\sigma} = \frac{12{,}0}{0{,}82} = 14{,}6$ (Pulsschläge je Grad Temperaturänderung). Dies steht in gutem Einklang mit der Temperatur- und Pulserhöhung überhaupt. Wird mit 36,8° und 76 Pulsschlägen für einen Gesunden gerechnet, so betrug während der betrachteten Krankheitstage mit $\alpha = 39{,}1°$ die durchschnittliche Übertemperatur 2,3° und mit $\beta = 110{,}3$ die durchschnittliche Erhöhung der Pulsfrequenz 34,3; das Verhältnis beider Größen ist $\frac{34{,}3}{2{,}3} = 14{,}9$ (Pulsschläge je Grad Temperaturerhöhung).

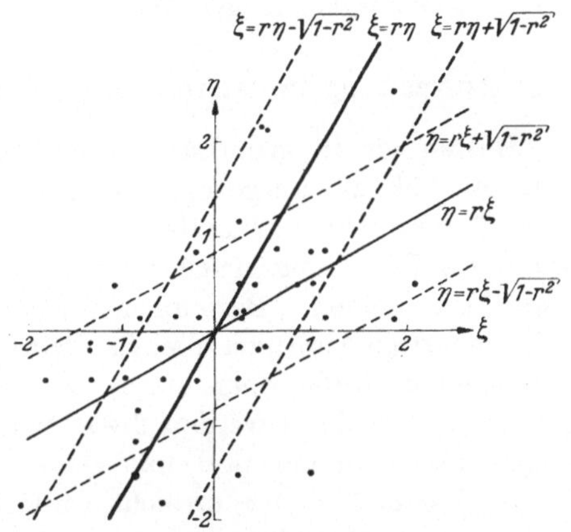

Abb. 29. Zusammenhang zwischen ξ und η für Beispiel 8.

Wir wenden uns nun nochmals der Deutung des Korrelationskoeffizienten r und der Regressionsgleichungen (23) zu. Die erste dieser Gleichungen z. B. drückt aus, daß man sich η linear zusammengesetzt denken kann aus ξ und einer von ξ unabhängigen Schwankungsgröße, ebenfalls mit der normierten Streuung 1. Bezeichnen wir die letztere mit $\bar{\eta}$, so lautet die Gleichung

$$\eta_i = r\xi_i + \sqrt{1 - r^2}\,\bar{\eta}_i .$$

Dabei ist nach Voraussetzung $\frac{1}{k}\,\Sigma\xi_i\eta_i = r$. Daß dann tatsächlich, wie angenommen, $\bar{\eta}$ von ξ unabhängig sein muß, erkennt man, wenn man beiderseits mit ξ_i multipliziert und Durchschnittswerte bildet. Es ist

$$\frac{1}{k}\,\Sigma\xi_i\eta_i = r\cdot\frac{1}{k}\,\Sigma\xi_i^2 + \sqrt{1-r^2}\cdot\frac{1}{k}\,\Sigma\xi_i\bar{\eta}_i \qquad \text{und daher wegen (20)}$$

$$r = r + \sqrt{1-r^2}\cdot\frac{1}{k}\,\Sigma\xi_i\bar{\eta}_i \quad\text{oder}\quad \frac{1}{k}\,\Sigma\xi_i\bar{\eta}_i = 0 .$$

Ebenso ergibt sich durch Multiplikation mit $\bar{\eta}_i$ und Mittelung

$$\frac{1}{k}\,\Sigma\eta_i\bar{\eta}_i = r\cdot\frac{1}{k}\,\Sigma\xi_i\bar{\eta}_i + \sqrt{1-r^2}\cdot\frac{1}{k}\,\Sigma\bar{\eta}_i^2 = r\cdot 0 + \sqrt{1-r^2}\cdot 1 = \sqrt{1-r^2},$$

und für diese Korrelation lautet die zugehörige Beziehungsgleichung

$$\bar{\eta}_i = \sqrt{1-r^2}\cdot\eta_i + r\cdot\bar{\xi}_i,$$

wobei nun $\bar{\xi}$ eine Schwankungsgröße bedeutet, die unabhängig von η, aber natürlich dann nicht von ξ ist. Es ist nun alles zur Hand, um die erstgenannte Beziehungsgleichung umzukehren, d. h. nach ξ_i aufzulösen:

$$\xi_i = \frac{1}{r}\cdot\eta_i - \frac{\sqrt{1-r^2}}{r}\cdot\bar{\eta}_i = \frac{1}{r}\cdot\eta_i - \frac{\sqrt{1-r^2}}{r}\cdot(\sqrt{1-r^2}\cdot\eta_i + r\cdot\bar{\xi}_i) =$$

$$= \frac{1}{r}\cdot\eta_i - \frac{1-r^2}{r}\cdot\eta_i - \sqrt{1-r^2}\cdot\bar{\xi}_i = r\cdot\eta_i - \sqrt{1-r^2}\cdot\bar{\xi}_i.$$

Dies ist aber bis auf das unwesentliche Vorzeichen der Wurzel die zweite der Beziehungsgleichungen (23).

c) Aufspaltung in deterministischen und aleatorischen Bestandteil.

Halten wir die grundsätzlich wichtige Einsicht fest, daß nicht etwa die in Abb. 29 ausgezogen eingetragenen Beziehungslinien $\eta = r\xi$ bzw. $\xi = r\eta$ sich ineinander umrechnen lassen, sondern erst die *vollständigen* Beziehungsgleichungen einschließlich der Streuungsbestandteile. Die beiden „Beziehungslinien" (ohne Streuungen!) sind verschiedenartige Aussagen über die Mittelwerte hinsichtlich der einen oder der anderen Größe, denn einmal werden die ξ_i, das andere Mal die η_i gemittelt. Nur dann werden diese Aussagen identisch, wenn die Streuungen verschwinden und mit $r^2 = 1$ der deterministische Grenzfall $\eta = \pm\,\xi$ oder $\xi = \pm\,\eta$ erreicht wird. Es liegt dann zwischen ξ und η der „funktionelle" Zusammenhang vor, den man von der Schule her kennt. Dieser besondere Fall beschäftigt uns aber hier nur am Rande; daher muß sich unser Augenmerk nicht allein auf die Mittelwerte richten, sondern ganz besonders auf die Streuungen.

Die vollständigen Beziehungsgleichungen mit den Streuungsbestandteilen lauten ausführlich

$$\eta_i = r\xi_i + \sqrt{1-r^2}\,\bar{\eta}_i \quad \text{bzw.} \quad \xi_i = r\eta_i + \sqrt{1-r^2}\,\bar{\xi}_i. \tag{24}$$

Auf der rechten Seite dieser Gleichungen stehen jeweils zwei voneinander unabhängige Komponenten ξ_i und $\bar{\eta}_i$ bzw. η_i und $\bar{\xi}_i$, von denen die erste die ins Auge gefaßte Einflußgröße bedeutet, während die zweite alle sonstigen, davon unabhängigen Einflüsse zusammenfaßt. Die Gleichungen (24) sagen aus, daß die links stehenden Größen in zwei Summanden aufgespalten gedacht werden können, einem bekannten ξ_i (bzw. η_i) und einem unbekannten $\bar{\eta}_i$ (bzw. $\bar{\xi}_i$). Die beiden Faktoren r und $\sqrt{1-r^2}$ geben das Mischungsverhältnis dieser beiden Einflußkomponenten an, von denen die nichtüberstrichenen Größen im betrachteten Zusammenhang als deterministische Bestandteile und die überstrichenen Größen als aleatorische Bestandteile erscheinen. Wenn mit $\sqrt{1-r^2} \to 0$, d. h. $r^2 \to 1$ der aleatorische Bestandteil mehr und mehr zurücktritt und im Grenzfall $r^2 = 1$ vollständig entfällt, ergibt sich eine strenge deterministische Zuordnung zwischen den ξ und η. Wenn umgekehrt $r \to 0$ und daher $\sqrt{1-r^2}$ gegen 1 geht, überwiegt der aleatorische Einfluß mehr und mehr, bis auch keine Spuren einer systematischen Zuordnung der ξ und η zueinander mehr zu erkennen sind.

Einer derartigen Mischung von deterministischen und aleatorischen Einflüssen sind wir bereits bei Beispiel 7 begegnet. In Abb. 26 S. 60 dient die Trendlinie dazu, die deterministischen Einflüsse zusammenzufassen, während die zufälligen individuellen Schwankungen aleatorische Zutaten liefern, durch die aus der Funktion der Trendlinie die Punktwolke der Beobachtungen wird.

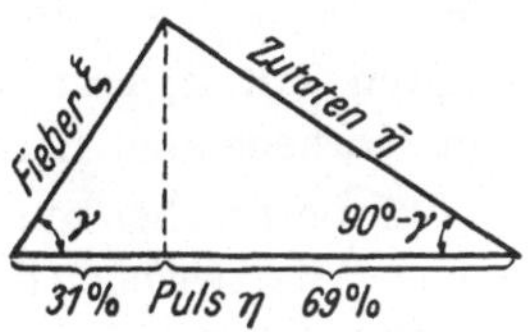

Abb. 30. Korrelationsdreieck für Beispiel 8.

Die Mischung beider Einflüsse nach Gleichung (24) läßt sich an einem rechtwinkligen Dreieck veranschaulichen (Abb. 30). Da die Quadratsumme der beiden Einflußfaktoren r und $\sqrt{1-r^2}$ den Wert 1 ergibt, stehen die beiden Einflußkomponenten zum Ergebnis in der gleichen Beziehung wie die beiden Katheten eines rechtwinkligen Dreiecks zu dessen Hypotenuse. Bemerkenswert an diesem Dreieck ist, daß der Cosinus jedes Winkels den Korrelationskoeffizienten angibt, mit dem die den anliegenden Seiten entsprechenden Einflüsse zusammenhängen. In der Tat ist

$$\frac{1}{k}\Sigma\xi\eta = r = \cos\gamma,\ \frac{1}{k}\Sigma\eta\bar{\eta} = \sqrt{1-r^2} = \cos(90° - \gamma),$$

$$\frac{1}{k}\Sigma\xi\bar{\eta} = \cos 90° = 0.$$

Die vor allem interessierende Frage, zu welchen Anteilen das Ergebnis auf die beiden Einflüsse zurückgeht, wird beantwortet, indem man die Hypotenuse aus den beiden Kathetenabschnitten zusammenfügt. Diese betragen r^2 und $1-r^2$; es gibt also das Quadrat des Korrelationskoeffizienten an, zu wieviel Prozent die eine Größe von der anderen bestimmt wird. Der Einfluß einer Größe auf die andere ist dominierend, d. h. er überwiegt alle etwaigen sonstigen Einflüsse, wenn $r^2 > 0{,}5$ oder $|r| > 0{,}7$ ist. Im Falle des Beispiels 8 zeigt sich, daß der Einfluß des Fiebers auf den Puls und umgekehrt nicht dominierend ist. Es ist hier nur $r^2 = 0{,}31 = 31\%$, während $1 - r^2 = 69\%$ ist und damit erheblich überwiegt. Wir kommen damit zu dem abschließenden Urteil, daß bei diesem Fall von Pneumonie die Pulsschwankungen zu etwa ein Drittel von den Fieberschwankungen herrührten, zu zwei Drittel aber von anderen Einflüssen, die mit der Körpertemperatur unmittelbar nichts zu tun haben.

d) Einfache Rechnungen auf „Mittelwerts"- und „Streuungsstufe".

Da man es in Biologie und Medizin grundsätzlich mit streuenden Größen zu tun hat, muß auseinandergesetzt werden, wie mit solchen Größen zu rechnen ist. Wir haben am Beispiel der Beziehungsgleichungen (24) gesehen, daß das Augenmerk nicht allein auf die Mittelwerte, sondern besonders auch auf die Streuungen zu richten ist. Bei der Darstellung einer statistischen Größe durch Mittelwert α und Streuung σ geschieht deren Aufspaltung in einen deterministisch und einen aleatorisch geprägten Anteil; erst beide zusammen ergeben ein befriedigendes Bild vom vorliegenden Sachverhalt.

Wir besprechen nun einige Rechenoperationen mit streuenden Größen, wobei stets zwischen dem Ergebnis auf der Mittelwertsstufe und dem auf der Streuungsstufe wohl zu unterscheiden ist. Dabei beschränken wir uns auf ein paar typische Fälle, deren Kenntnis für die weiteren Betrachtungen nützlich ist.

1. Addition zweier streuender Größen: Betrachtet werden zwei Beobachtungsreihen x_i mit Mittelwert α und Streuung σ einerseits und $\bar{x}_i$ mit $\bar{\alpha}$ und $\bar{\sigma}$ andererseits. Es wird danach gefragt, was sich über die Summe z_i zusammengehöriger Größen x_i und $\bar{x}_i$ aussagen läßt, d. h. über die ebenfalls streuende Größe

$$z = x + x, \tag{25}$$

insbesondere über deren Mittelwert β und deren Streuung τ. Das Ergebnis lautet, wenn zwischen den x_i und den $\bar{x}_i$ die Korrelation r besteht,

$$\beta = \alpha + \bar{\alpha}, \quad \tau^2 = \sigma^2 + \bar{\sigma}^2 + 2r\sigma\bar{\sigma}. \tag{25a}$$

Es gilt also auf der *Mittelwertsstufe* der Satz, daß der Mittelwert β der Summe zweier Größen gleich der Summe ihrer Mittelwerte α und $\bar{\alpha}$ ist, ganz gleich, ob zwischen x und $\bar{x}$ ein Korrelationszusammenhang besteht oder nicht. Das Ergebnis auf der *Streuungsstufe* dagegen hängt wesentlich vom Korrelationskoeffizienten r ab, indem die Streuung ihren größten Wert im Falle $r = +1$ und ihren kleinsten im Falle $r = -1$ erreicht. Man kann den durch (25a) dargestellten Zusammenhang zwischen τ, σ, $\bar{\sigma}$ und r knapp und einprägsam ausdrücken, wenn man wie oben $r = \cos\gamma$ setzt und sich an den sogenannten cos-Satz der ebenen Trigometrie erinnert. Das Ergebnis

$$\tau^2 = \sigma^2 + \bar{\sigma}^2 + 2\sigma\bar{\sigma}\cos\gamma$$

besagt, daß τ durch die dritte Seite eines Dreiecks angegeben wird, dessen beide andere Seiten σ und $\bar{\sigma}$ betragen und den Winkel $(180° - \gamma)$ einschließen, wie dies die Korrelationsdreiecke Abb. 31 zeigen.

Die Gegenüberstellung der drei gezeichneten Fälle läßt erkennen, wie mit wachsendem r die resultierende Streuung τ zunimmt. In den

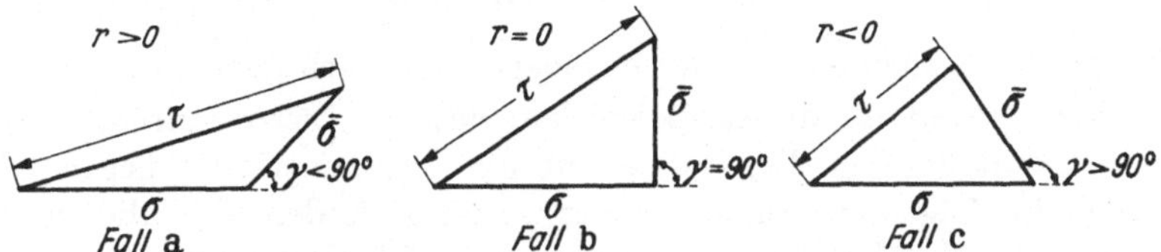

Abb. 31. Korrelationsdreiecke im Falle positiver, verschwindender und negativer Korrelation.

beiden nicht gezeichneten Grenzfällen $r = \pm 1$ klappt das Korrelationsdreieck zusammen, und es ist $\tau = \sigma + \bar{\sigma}$ für $r = +1$ bzw. $\tau = \sigma - \bar{\sigma}$ für $r = -1$. Zwischen den Fällen a) und c) liegt der besonders wichtige Fall b) der gegenseitigen Unabhängigkeit beider Komponenten, bei dem $r = 0$ ist. Für das in diesem Falle rechtwinklige Korrelationsdreieck gilt (Pythagoräischer Satz)

$$\tau^2 = \sigma^2 + \bar{\sigma}^2 \quad \text{oder} \quad \tau = \sqrt{\sigma^2 + \bar{\sigma}^2},$$

wovon bereits auf S. 19 Gleichung (6) bei der Betrachtung der Variations- und Fehlerstreuungen Gebrauch gemacht worden ist.

2. Korrelation zwischen verschiedenen Mischungen zweier streuender Größen: Es wird nun angenommen, die beiden Beobachtungsreihen x_i und $\bar{x}_i$ seien voneinander unabhängig. Aus ihnen sollen zwei verschiedene Mischungen (Legierungen) gebildet werden, indem das eine Mal A Teile x und B Teile $\bar{x}$ zur Größe y vereinigt werden, das andere Mal $\bar{A}$ Teile x und $\bar{B}$ Teile $\bar{x}$ zur Größe $\bar{y}$:

$$y = A\,x + B\,\bar{x}, \quad \bar{y} = \bar{A}\,x + \bar{B}\,\bar{x}. \tag{26}$$

Es gilt dann für die Mittelwerte β bzw. $\bar{\beta}$ der Größe y und $\bar{y}$

$$\beta = A\alpha + B\bar{\alpha}, \quad \bar{\beta} = \bar{A}\alpha + \bar{B}\bar{\alpha}, \tag{26a}$$

ein Ergebnis, das den geläufigen Rechenregeln entspricht, die sich stets auf der *Mittelwertstufe* abspielen. Auf der *Streuungsstufe* aber gilt

$$\tau^2 = A^2\sigma^2 + B^2\bar{\sigma}^2, \; \bar{\tau}^2 = \bar{A}^2\sigma^2 + \bar{B}^2\bar{\sigma}^2, \; r\tau\bar{\tau} = A\bar{A}\sigma^2 + B\bar{B}\bar{\sigma}^2, \tag{26b}$$

und daraus folgt für den Zusammenhang zwischen den beiden Größen y und $\bar{y}$ der Korrelationskoeffizient

$$r = \frac{A\bar{A}\sigma^2 + B\bar{B}\bar{\sigma}^2}{\sqrt{A^2\sigma^2 + B^2\bar{\sigma}^2} \cdot \sqrt{\bar{A}^2\sigma^2 + \bar{B}^2\bar{\sigma}^2}}. \tag{27}$$

Wenn die Streuungen beider Ausgangsgrößen x und $\bar{x}$ übereinstimmend $\sigma = \bar{\sigma}$ betragen, so vereinfacht sich das Ergebnis (27), indem die σ in Zähler und Nenner sich gegenseitig fortheben, zu

$$r = \frac{A\bar{A} + B\bar{B}}{\sqrt{A^2 + B^2} \cdot \sqrt{\bar{A}^2 + \bar{B}^2}}. \qquad (27\,a)$$

Von dieser Beziehung wird anschließend Gebrauch gemacht.

Man erkennt an diesen Beispielen, daß die interessanten, mathematisch-statistischen Ergebnisse auf der Streuungsstufe liegen. Wir werden im folgenden immer wieder bestätigt finden, daß die für die statistische Urteilsbildung entscheidenden Überlegungen sich bevorzugt auf der Streuungsstufe abspielen.

e) Synthetische Beispiele zur Veranschaulichung von Korrelationen.

Das Ergebnis Gleichung (27) eröffnet einen einfachen Weg, wie man zwei streuende Zahlenreihen y_i und z_i, zwischen denen eine beliebig gewünschte Korrelation r besteht, künstlich herstellen kann. Man benötigt zu diesem Zweck nur zwei (voneinander unabhängige) aleatorische Zahlenfolgen x_i und $\bar{x}_i$, die mittels eines Spielwürfels als „Zufallsmaschine" leicht zu erhalten sind. Für Mittelwert und Streuung der mit einem „richtigen" Würfel zu gewinnenden unbegrenzten Folgen von Augenzahlen gilt

$$\alpha = \frac{1}{6}\sum_{i=1}^{6} i = \frac{21}{6} = 3{,}5;\ \sigma^2 = \frac{1}{6}\sum_{i=1}^{6}(i - 3{,}5)^2 = \frac{17{,}5}{6} = 2{,}92;\ \sigma = 1{,}71.$$

Durch geeignete Mischung zweier Wurffolgen nach der Vorschrift von Gleichung (26) entstehen die gewünschten Zahlenfolgen y_i und z_i.

Die Gewinnung der in den Abb. 32a/c dargestellten Folgen ging so vor sich, daß zunächst 100mal gewürfelt worden ist, dann als x_i die ungeraden Würfe Nr. 1, 3, 5 ... und als $\bar{x}_i$ die darauffolgenden Würfe Nr. 2, 4, 6 ... genommen wurden, und schließlich die zusammengehörenden x_i und $\bar{x}_i$ mit gewissen einfachen Zahlen A, B bzw. $\bar{A}$, $\bar{B}$ multipliziert und die Produkte addiert worden sind. Auf diese Weise entstanden jeweils die beiden Reihen y_i und z_i.

Die folgenden Abbildungen veranschaulichen drei derartige Ergebnisfolgen. Die in Klammer beigefügten vier Zahlen sind die Koeffizienten (A, B; $\bar{A}$, $\bar{B}$). Dadurch, daß stets $\bar{B} = A$ und $\bar{A} = B$ gewählt wurde, fielen die Streuungen der y_i und der z_i gleich groß aus. Die bei den theoretischen Werten für r angegebenen Streuungsgrenzen bedeuten, daß man bei den vorliegenden kurzen Reihen mit $k = 50$ mit gewissen Abweichungen vom Werte für r nach (27a) rechnen muß. Es ist anzunehmen, daß in etwa zwei Drittel der Fälle der empirische Wert innerhalb dieser Grenzen zu liegen kommt. [Berechnung der Streuungsgrenzen für r siehe S. 159 Gleichung (67).] Die angegebenen empirischen Werte r_{emp} stehen mit diesen Voraussagen in Einklang.

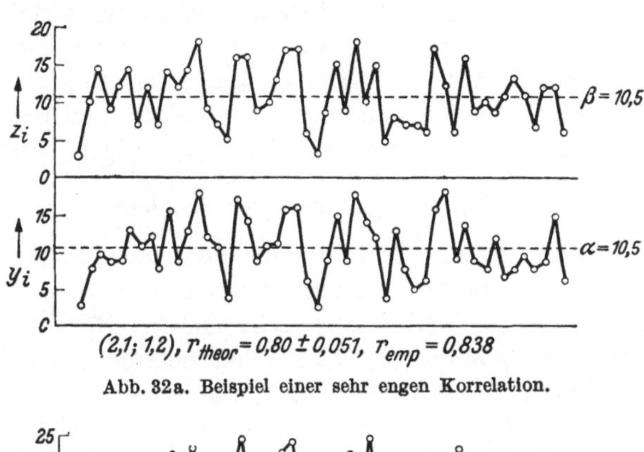

Abb. 32a. Beispiel einer sehr engen Korrelation.

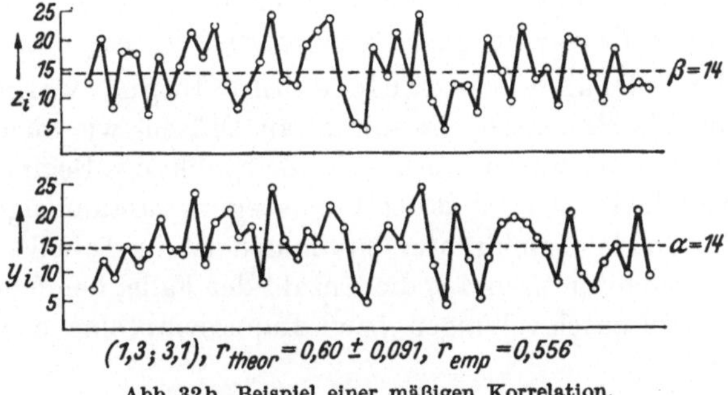

Abb. 32b. Beispiel einer mäßigen Korrelation.

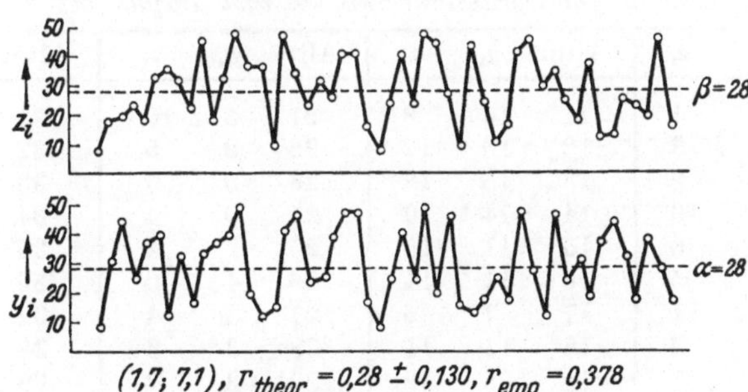

Abb. 32c. Beispiel einer geringen Korrelation.

Als erstes Beispiel (Abb. 32a) wird ein Fall sehr enger Korrelation gezeigt. Der Verlauf der unregelmäßig schwankenden Größen y_i und z_i ähnelt durchaus den Fieber- oder Pulskurven Abb. 27 und 28. Die Verknüpfung ist aber wesentlich enger als dort, indem hier die auffallenden Schwankungen der einen Größe fast immer von entsprechenden der anderen Größe begleitet sind.

Abb. 32b zeigt dagegen den Fall einer mäßigen Korrelation, die etwa der Enge des Zusammenhangs zwischen Fieber und Puls bei Beispiel 8 entspricht. Endlich bringt Abb. 32c ein Beispiel für ziemlich geringe Korrelation. Man verfolge den Verlauf der beiden Größen bei diesen Beispielen recht aufmerksam, beachte, wie oft sie sich ausgesprochen gleichsinnig, gegensinnig oder indifferent verhalten, und präge sich den gewonnenen Eindruck zusammen mit dem zugehörigen Wert r gut ein.

f) Hinweis auf das Lag-Problem.

Wir beschließen diesen Abschnitt mit noch einem weiteren Beispiel, an dem wir eine besondere Fragestellung zeigen können, die mit dem Korrelationsproblem in Verbindung steht und bei Betrachtung zweier Zeitreihen sich häufig aufdrängt. Es handelt sich um den Fall, daß von den beiden Wirkungen y und z die eine der anderen vorauseilt oder nachläuft, ein Vorgang, dessen Behandlung im statistischen Schrifttum gewöhnlich als *Lag-Problem* (englisch to lag, zurückbleiben) bezeichnet wird.

Beispiel 9: Drüsentuberkulose und Lupus vulgaris[1]. Am Material von 254 Patienten, die sowohl an Drüsen- wie auch an Hauttuberkulose erkrankt waren, wurden der Zeitpunkt des Beginns der Halslymphdrüsenschwellungen und der Lupusbeginn zusammengestellt. Das Ergebnis für beide Geschlechter zusammen ist in Tabelle 22 wiedergegeben. Es bedeuten y_i und z_i die Anzahl der Fälle, bei denen im i-ten Lebensjahr Drüsenschwellungen bzw. Lupussymptome erstmalig eingetreten sind.

Tabelle 22. *Eintritt von Drüsentuberkulose und Lupus bei 254 Patienten.*

Alter	y_i	z_i	Alter	y_i	z_i	Alter	y_i	z_i	Alter	y_i	z_i
1	1	1	11	15	8	21	5	10	31	0	3
2	11	3	12	16	12	22	2	5	32	0	1
3	14	2	13	15	12	23	2	5	33	2	2
4	11	10	14	14	19	24	0	4	34	1	2
5	6	6	15	11	15	25	1	4	35	1	1
6	9	5	16	11	14	26	4	6	36	3	4
7	7	11	17	7	6	27	3	4	37	0	3
8	12	5	18	11	11	28	3	6	38	0	2
9	12	7	19	5	12	29	3	2	39	1	2
10	27	13	20	5	11	30	3	5			

Die Häufigkeit des Alters bei Beginn beider Erkrankungen ist in Abb. 33 dargestellt. An der Abbildung fallen drei Dinge auf: Erstens streuen infolge der geringen Anzahlen die Beobachtungspunkte; das da-

[1] Aus GAESE, Diss. Münster 1944.

von herrührende Zickzack der Kurven ließe sich durch Bildung gleitender Durchschnitte zum Verschwinden bringen. Zweitens zeigt der Verlauf beider Kurven einen ausgeprägten Trend, der anzeigt, daß der Beginn beider Krankheiten in verschiedenen Altersklassen verschieden häufig ist. Drittens ist offensichtlich, daß zwischen den y_i und z_i eine ziemlich enge Korrelation besteht. Es fällt aber auf, daß die gestrichelte Kurve im allgemeinen gegenüber der anderen etwas nach rechts verschoben ist, und daher drängt sich die Frage auf, wie die Korrelation sich ändert, wenn man beide Abläufe gegeneinander versetzt.

Zur Beantwortung dieser Frage ist nicht nur für die Wertepaare der gleichzeitigen Beobachtungen y_i, z_i der Korrelationskoeffizient $r = r_0$ auszurechnen, sondern auch das entsprechende r_j für die gegeneinander um j Jahre versetzten Beobachtungspaare y_i, z_{i+j}. Selbstverständlich verringert sich die Zahl der zu verrechnenden Wertepaare, die für r_0 nach Tabelle 22 $k = 39$ beträgt, bei jeder Versetzung um ein Jahr um 1. Es sind also für die Gewinnung der in Rede stehenden Korrelationskoeffizienten nicht nur die Summen der gemischten Produkte von Fall zu Fall neu auszurechnen, sondern es sind auch die Streuungen für die y_i und z_i unter Berücksichtigung der wegfallenden Beobachtungen von Fall zu Fall zu berichtigen. Die mit diesem sogenannten Lag-Problem verbundene Rechenarbeit ist also sehr umfangreich und nur mit Rechenmaschine zu bewältigen, zumal mit nicht zu geringer Stellenzahl gerechnet werden muß.

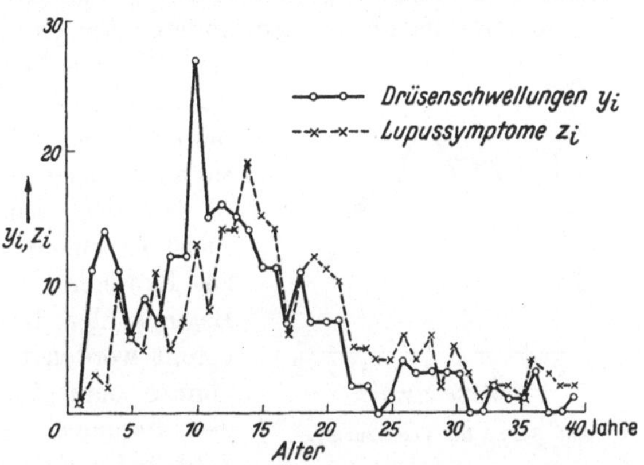

Abb. 33. Auftreten von Drüsentuberkulose und Lupus.

Das Ergebnis wird in Tabelle 23 mitgeteilt; in Abb. 34 ist r_j^2 über j aufgetragen. Die empirischen Werte sind durch Ringe markiert und mit Geradenstücken verbunden. Die eingezeichnete geglättete Ausgleichskurve veranschaulicht den Verlauf, der durch ein flaches Maximum etwa bei $j = 4$ gekennzeichnet ist.

Abschließend läßt sich zu Beispiel 9 feststellen, daß ein Nachlaufen der Lupuserkrankungen um 4 Jahre hinter den Erscheinungen der Drüsentuberkulose auffällt und Beachtung verdient. Es wurde die Methode des Lag-Problems an diesem Beispiel vor Augen geführt, obwohl das Verfahren hier nicht sehr ergiebig ist; denn daß ein Auftreten

Tabelle 23. *Korrelation zwischen der Häufigkeit der Drüsentuberkulose und der um j Jahre späteren Lupusfälle.*

j	r_j	r_j^2	j	r_j	r_j^2
— 1	0,405	0,164	4	0,840	0,706
0	0,653	0,426	5	0,703	0,494
1	0,674	0,454	6	0,698	0,487
2	0,771	0,594	7	0,546	0,298
3	0,722	0,521			

der Hauttuberkulose im Durchschnitt vier Jahre später als die Drüsentuberkulose eintritt, folgt bereits aus den Mittelwerten der Größen y_i und z_i der Tabelle 22, für die man 12,8 bzw. 16,9 Jahre errechnet. Seine eigentliche Bedeutung entfaltet die Untersuchungsmethode des Lag-Problems beim Vergleich zweier Beobachtungsreihen, von denen jede mehr oder weniger periodisches Auf und Ab zeigt und die eine hinter der anderen nachhinkt. Auf anderen Anwendungsgebieten der Statistik, z. B. Wirtschaftsstatistik und Meteorologie, hat sich diese Methode des Lag-Problems bewährt; deshalb sei an dieser Stelle auf sie aufmerksam gemacht.

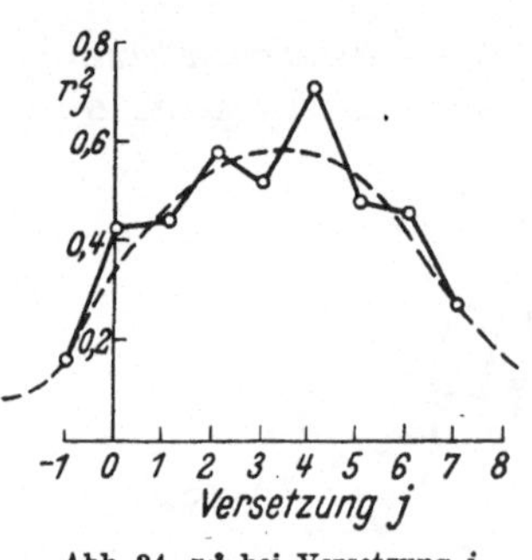

Abb. 34. r_j^2 bei Versetzung j.

Was das vorliegende Beispiel 9 betrifft, so ist es schade, daß nicht die Urliste der 254 Kranken mit individueller Angabe des Beginns der beiden Erkrankungen mitgeteilt worden ist. Wäre dies der Fall, so könnte man die statistische Beurteilung des Befundes entsprechend Beispiel 11 S. 89 befriedigender durchführen. Indessen kommt es in der statistischen Praxis nicht selten vor, daß aus unvollkommen mitgeteiltem oder unzweckmäßig aufbereitetem Material, so gut es geht, Urteile gewonnen werden sollen, und zu diesem Zweck ungewöhnliche Methoden herangezogen werden müssen.

IX. Korrelation zwischen drei Beobachtungsreihen.

Es wird nun dargelegt, welche Verallgemeinerung der Fragestellungen und Ergebnisse des vorhergehenden Abschnitts eintreten, wenn nicht zwei, sondern drei Beobachtungsreihen miteinander zu vergleichen sind. Auch hierfür werden die Beziehungsgleichungen mitgeteilt und gedeutet, wobei die „totale Korrelation" auftritt und die konventionellen sogenannten „partiellen Korrelationskoeffizienten" einer Kritik unterzogen werden. Besonderes Augenmerk wird auf die Grenzfälle der Korrelation gerichtet und auf die Frage, wie eng der Zusammenhang zwischen zwei Größen x_i und y_i untereinander höchstens oder mindestens ist, wenn deren Korrelationen zu

einer dritten Größe z_i bekannt sind. Zur Erläuterung dienen ein künstliches Beispiel, welchem Wurfserien eines Spielwürfels zugrunde liegen, und als Beispiel 10 eine Beobachtungsreihe des Zusammenhangs zwischen Erythrozytenzahl, Hämoglobingehalt und 24stündigem Blutsenkungswert.

Bei der gleichzeitigen Betrachtung dreier Beobachtungsreihen treten gegenüber dem Fall der Korrelation zwischen zwei Größen neben einer Reihe von Analogien auch einige entscheidende neue Gesichtspunkte zutage. Wir berichten darüber, da für manche Fragestellungen auch in Medizin und Biologie der Sachverhalt der Dreifachkorrelation eine Rolle spielt, möchten aber betonen, daß die Kenntnis der Ergebnisse dieses Abschnitts für die folgenden Teile des Buches nicht erforderlich ist.

Handelt es sich darum, drei Beobachtungsreihen x_i, y_i und z_i miteinander zu vergleichen, so liegt es nach den Erfahrungen des vorhergehenden Abschnitts nahe, als Vorarbeit zunächst die Mittelwerte α_x, α_y, α_z und die Streuungen σ_x, σ_y, σ_z der Größen x, y, z auszurechnen und mit deren Hilfe die normierten Merkmalskoordinaten

$$\xi_i = \frac{x_i - \alpha_x}{\sigma_x}, \qquad \eta_i = \frac{y_i - \alpha_y}{\sigma_y}, \qquad \zeta_i = \frac{z_i - \alpha_z}{\sigma_z} \tag{28}$$

einzuführen. Nun gibt es drei Möglichkeiten, die gegebenen Beobachtungsreihen paarweise nach der im vorhergehenden Abschnitt entwickelten Methode miteinander zu vergleichen, was zu den drei Korrelationskoeffizienten

$$\frac{1}{k} \Sigma\, \xi_i \eta_i = r_{xy}, \qquad \frac{1}{k} \Sigma\, \xi_i \zeta_i = r_{xz}, \qquad \frac{1}{k} \Sigma\, \eta_i \zeta_i = r_{yz} \tag{29}$$

führt. Über diesen paarweisen Vergleich hinaus aber tritt die Frage auf, wie die in den drei Einzelkorrelationen nach Gleichung (29) bestehenden Aussagen unter einen Hut zu bringen sind, denn das Kernproblem der Dreifachkorrelation ist es, zu erfahren, ob und wie jede der Größen mit den *beiden* andern zugleich zusammenhängt.

Betrachten wir, um der Antwort auf diese Frage näherzukommen, den Sachverhalt von einem andern Gesichtspunkt aus. Wenn die Größen ξ_i, η_i und ζ_i überhaupt miteinander zusammenhängen, wird man anstreben, eine beliebige von ihnen mittels der beiden anderen, so gut es geht, darzustellen. Nach dem Vorgang der Gleichungen (24) S. 70 liegt die Annahme nahe, daß z. B. die Größe ζ sich aus den (deterministisch aufgefaßten) Einflüssen ξ_i und η_i sowie sonstigen (aleatorischen) Einflüssen $\bar{\zeta}_i$, die nichts mit den ξ_i und η_i zu tun haben, durch Mischung mittels gewisser Konstanten nach Art der Gleichung

$$\zeta_i = A\xi_i + B\eta_i + C\bar{\zeta}_i$$

zusammensetzt. Die Konstanten sind hierbei entsprechend dem Vorgang S. 66 so zu bestimmen, daß das durchschnittliche Abweichungsquadrat

$$Q = \frac{1}{k} \Sigma (\zeta_i - A\xi_i - B\eta_i)^2$$

so klein als möglich ausfällt. Das Ergebnis dieser Rechnung ist für die ζ_i und entsprechend für die Größen ξ_i und η_i

$$\left\{\begin{aligned} \zeta_i &= \frac{r_{xz} - r_{xy}\, r_{yz}}{1 - r_{xy}^2} \cdot \xi_i + \frac{r_{yz} - r_{xy}\, r_{xz}}{1 - r_{xy}^2} \cdot \eta_i \pm \sqrt{\frac{\Delta}{1 - r_{xy}^2}}\, \bar{\zeta}_i \\ \xi_i &= \frac{r_{xy} - r_{xz} r_{yz}}{1 - r_{yz}^2} \cdot \eta_i + \frac{r_{xz} - r_{xy} r_{yz}}{1 - r_{yz}^2} \cdot \zeta_i \pm \sqrt{\frac{\Delta}{1 - r_{yz}^2}}\, \bar{\xi}_i \\ \eta_i &= \frac{r_{yz} - r_{xy} r_{xz}}{1 - r_{xz}^2} \cdot \zeta_i + \frac{r_{xy} - r_{xz} r_{yz}}{1 - r_{xz}^2} \cdot \xi_i \pm \sqrt{\frac{\Delta}{1 - r_{xz}^2}}\, \bar{\eta}_i \end{aligned}\right. \tag{30}$$

mit der Größe Δ unter den Wurzeln, die ausgeschrieben lautet,

$$\Delta = 1 - r_{xy}^2 - r_{xz}^2 - r_{yz}^2 + 2 r_{xy} r_{xz} r_{yz}. \tag{31}$$

Diese drei Gleichungen sind die vollständigen Beziehungsgleichungen im Falle der Dreifachkorrelation; sie entsprechen also den beiden Gleichungen (24) S. 70 beim gewöhnlichen Korrelationsproblem. Es fällt auf, daß auf den rechten Seiten dieser Gleichungen sowohl die Faktoren der deterministischen Glieder mit ξ_i, η_i und ζ_i wie auch die der Streuungsglieder mit $\bar{\xi}_i$, $\bar{\eta}_i$ und $\bar{\zeta}_i$ in recht komplizierter Weise aus den Einzelkorrelationen r_{xy}, r_{xz} und r_{yz} aufgebaut sind.

Oben auf S. 69 wurde, um die Beziehungsgleichungen zu erläutern, von der Darstellung der beiden Vergleichsgrößen ξ_i und η_i durch eine Punktwolke (Abb. 29) Gebrauch gemacht. Wollte man dies hier im Falle dreier Vergleichsgrößen ebenfalls tun, so müßte man den Raum zur Hilfe nehmen und würde als Bild der drei in Rede stehenden Beobachtungsreihen eine räumliche Punktwolke erhalten (vgl. Abb. 36 und Abb. 37). Die Beziehungsgleichungen (30) ohne Streuungsglieder stellen drei Ebenen dar, welche durch die Punktwolke mitten hindurchgehen, und zwar die erste bei Ansicht in z-Richtung, die zweite bei Ansicht in x-Richtung und die dritte bei Ansicht in y-Richtung. Man kann sich dies an Abb. 29 klarmachen, wo ebenfalls die Gerade $\eta = r\xi$ nur für senkrechte Blickrichtung die Mittellinie ist, während bei waagerechter Blickrichtung die andere Beziehungslinie $\xi = r\eta$ mitten durch die Punktwolke hindurchgeht. Im allgemeinen sind also die drei Beziehungs*ebenen* nach Gleichung (30) ebensowenig miteinander identisch wie die beiden Beziehungs*linien* nach Gleichung (24); man kann nur aussagen, daß alle drei Ebenen durch den Schwerpunkt der räumlichen Punktwolke hindurchgehen wie dies im ebenen Fall die beiden Beziehungslinien tun, die sich ebenfalls im Schwerpunkt der Punktwolke schneiden.

Nach diesen allgemeinen Feststellungen über die Beziehungsgleichungen (30) muß nun deren Diskussion noch nach zwei Richtungen vertieft werden: Erstens haben wir die Streuungsglieder zu betrachten, insbesondere die ihnen gemeinsame Größe $\triangle$ nach Gleichung (31); zweitens ergeben sich noch einige Folgerungen aus den Faktoren der übrigen Glieder. Die Größe $\triangle$ ist das Gegenstück zum Ausdruck $1 - r^2$ unter der Wurzel der Gleichung (24) im Falle zweier Beobachtungsreihen. Die Rolle des dortigen r^2 übernimmt bei dieser Analogie hier die Größe

$$R^2 = r_{xy}^2 + r_{xz}^2 + r_{yz}^2 - 2 r_{xy} r_{xz} r_{yz}, \tag{31a}$$

eine statistische Maßzahl, die als „totale Korrelation“ (oder auch „Mehrfachkorrelation“, engl. multiple correlation coefficient) bezeichnet wird.

Da, wie sich leicht zeigen läßt, $\triangle$ nicht negativ sein kann, folgt sofort, daß unter allen Umständen $0 \leqq R^2 \leqq 1$ ist. In bezug auf die untere Grenze läßt sich zeigen, daß der Fall $R = 0$ dann und nur dann eintritt, wenn $r_{xy} = r_{xz} = r_{yz} = 0$ ist, wenn also alle Größen x, y, z voneinander gegenseitig unabhängig sind. Dagegen ist das Erreichen der oberen Grenze $R^2 = 1$ nicht nur an den Fall $r_{xy}^2 = r_{xz}^2 = r_{yz}^2 = 1$ gebunden. Vielmehr wird durch die Bedingung $R^2 = 1$ der Bereich abgegrenzt, innerhalb dessen der dritte Korrelationskoeffizient r_{xz} liegen muß, wenn die anderen beiden Korrelationskoeffizienten r_{xy} und r_{yz} vorgegeben sind. Wegen (31a) ist nämlich die in Rede stehende Bedingung folgende quadratische Gleichung für r_{xz}:

$$r_{xz}^2 - 2 r_{xy} r_{yz} \cdot r_{xz} + r_{xy}^2 + r_{yz}^2 - 1 = 0,$$

die aufgelöst

$$r_{xz} = r_{xy} \cdot r_{yz} \pm \sqrt{(1 - r_{xy}^2) \cdot (1 - r_{yz}^2)} \tag{31b}$$

liefert.

Das Ergebnis (31b) wird besonders einfach und anschaulich, wenn man $r_{xy} = \cos\beta$ und $r_{yz} = \cos\gamma$ setzt. Hiermit wird nämlich

$$r_{xz} = \cos\beta\cos\gamma \pm \sin\beta\sin\gamma = \cos(\beta \mp \gamma). \tag{31c}$$

Es gilt daher folgender

Satz: Betragen die Korrelationskoeffizienten für die Zusammenhänge zwischen der ersten und zweiten bzw. der zweiten und dritten von drei Ereignisfolgen $\cos\beta$ bzw. $\cos\gamma$, so kann der Zusammenhang zwischen der ersten und der dritten Folge nicht enger sein als entsprechend dem Korrelationskoeffizienten $\cos(\beta - \gamma)$ und nicht lockerer als entsprechend $\cos(\beta + \gamma)$.

In diesen beiden Grenzfällen beträgt die totale Korrelation $R^2 = 1$, und die drei Folgen hängen miteinander in der Weise zusammen, daß jede streng als Linearkombination der anderen beiden dargestellt werden. kann. Es hat nämlich die Bedingung $R^2 = 1$, die nach Gleichung (31c) z. B. im Falle

$$r_{xy} = \cos\beta,\ r_{yz} = \cos\gamma \quad \text{und} \quad r_{yz} = \cos(\beta + \gamma)$$

erfüllt ist, für die Beziehungsgleichungen (30) außer dem Verschwinden der Streuungsglieder auch noch zur Folge, daß die drei Gleichungen miteinander identisch werden und übereinstimmend sich vereinfachen lassen zu

$$\xi_i \sin\gamma - \eta_i \sin(\beta + \gamma) + \zeta_i \sin\beta = 0. \tag{32}$$

Dies ist die Vorschrift, nach der dann jede der Größen ξ, η, ζ streng aus den beiden anderen errechnet werden kann. Gleichung (32) läßt sich auch so deuten, daß die drei Einflußgrößen den Seiten eines Korrelationsdreiecks entsprechen (Abb. 35), von dem zwei der Außenwinkel β und γ betragen und daher der dritte Außenwinkel $\beta + \gamma$ ist. In diesem Falle, der also durch $R^2 = 1$ angezeigt wird, hat sich die räumliche Punktwolke, durch die sich die drei Beobachtungsreihen darstellen lassen, zu einer schief im Raume liegenden Ebene verflacht; das Problem ist damit in Wirklichkeit nicht mehr ein solches der Dreifachkorrelation, sondern ein solches der gewöhnlichen Zweifachkorrelation.

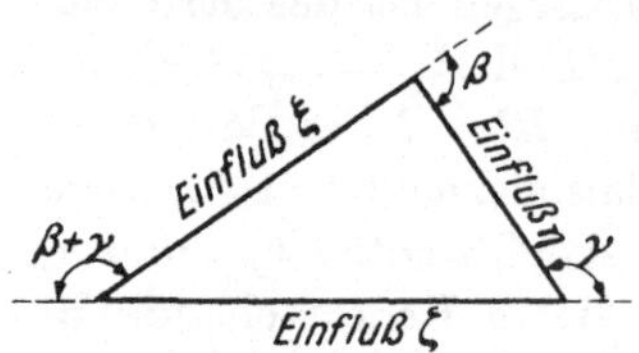

Abb. 35. Korrelationsdreieck im Falle $R^2 = 1$.

Wir kommen nach dieser Diskussion der in den Streuungsgliedern vorkommenden Größe $\triangle$ noch kurz auf die Faktoren der übrigen Glieder zu sprechen. Bei Betrachtung der Gleichungen (30) fällt auf, daß zum Unterschied zu den Beziehungsgleichungen (24), wo sowohl beim Zusammenhang zwischen ξ und η wie bei dem zwischen η und ξ der gleiche Faktor r vorkommt, hier der Faktor des ξ-Gliedes in der Gleichung für η und der des η-Gliedes in der Gleichung für ξ verschieden sind. Sie stimmen zwar im Zähler überein, nicht aber im Nenner. Um nun doch auf Grund der Gleichung (30) etwas über den besonderen Zusammenhang zwischen ξ und η mit Berücksichtigung der dritten Größe ζ auszusagen, hat man sich in der Weise geholfen, daß man das geometrische Mittel dieser beiden Koeffizienten als den sogenannten „partiellen Korrelationskoeffizienten" für den Zusammenhang zwischen ξ und η eingeführt hat.

Er lautet in der üblichen, etwas schwerfälligen Abkürzung $r_{xy,z}$ geschrieben

$$r_{xy,z} = \frac{r_{xy} - r_{xz} r_{yz}}{\sqrt{1 - r_{xz}^2} \cdot \sqrt{1 - r_{yz}^2}} \tag{33}$$

(und entsprechend für die anderen Größen). Der herausgestellte Index z soll hier andeuten, daß z eine besondere Rolle spielt, während x und y gleichmäßig behandelt werden. Diese „partiellen Korrelationskoeffizienten" spielen im statistischen Schrifttum eine ziemlich beträchtliche Rolle. Bei ihrer Interpretation ist meist die Rede von einer Konstanthaltung der herausgestellten Größe z, eine offenbar von den partiellen Differentialquotienten her entlehnte Vorstellung, die dem vorliegenden Sachverhalt der Korrelationsrechnung nicht gerecht wird und nicht zur Klarheit beiträgt. Auf eine uns glücklicher erscheinende Interpretation dieser Größen (33) wird weiter unten (S. 87) eingegangen.

In dem oben ausführlich besprochenen Fall, der mit $R^2 = 1$ durch das Abflachen der Punktwolke zu einer Ebenen ausgezeichnet ist, werden stets zwei der drei partiellen Korrelationskoeffizienten gleich $+1$ und einer gleich -1. Die Einzelkorrelationen r_{xy}, r_{xz} und r_{yz} dagegen können trotzdem, wie wir anschließend noch an einem ausführlichen Beispiel sehen werden (S. 84), von Eins sehr verschiedene Werte besitzen. Nähern sich aber auch diese Einzel-Korrelationskoeffizienten dem Wert ± 1, so bedeutet dies, daß die Punktwolke sich nicht nur zu einer Ebene verflacht, sondern zu einer Linie zusammenzieht (siehe Beispiel 10, S. 84). Dabei verhalten sich aber diese Korrelationskoeffizienten insofern anders wie die partiellen Koeffizienten, indem sie entweder alle drei den Wert $+1$ annehmen oder einer den Wert $+1$ und die anderen beiden den Wert -1.

Wir betrachten nun noch zur Erläuterung zwei Beispiele, von denen das eine dem Grenzfall der Ebene und das andere dem Grenzfall der Geraden nahekommt. Das erstere ist ein fiktives Beispiel, dem Wurfserien eines Spielwürfels zugrunde liegen entsprechend dem Vorgang S. 74, das zweite ein klinisches Beispiel. Ein sehr einfaches Rezept für die Gewinnung dreier fiktiver Beobachtungsreihen, die in irgendwelchen gewünschten Korrelationsbeziehungen zueinander stehen, ist nämlich dieses: Man nehme drei Wurfserien W_1, W_2 und W_3 eines Spielwürfels und kombiniere die zusammengehörigen Wurfergebnisse nach dem Schema

$$\begin{aligned} x &= A_1 W_1 + A_2 W_2 + A_3 W_3 \\ y &= B_1 W_1 + B_2 W_2 + B_3 W_3 \\ z &= C_1 W_1 + C_2 W_2 + C_3 W_3 \end{aligned}$$

mit gewissen Konstanten $A_1, A_2, \ldots C_3$, durch deren geeignete Wahl weitgehend über die drei Mittelwerte und die drei Streuungen der Größen x_i, y_i, z_i sowie über ihre drei wechselseitigen Korrelationskoeffizienten verfügt werden kann.

Das gewählte Beispiel heißt $x = W_1 + W_2$, $y = W_2 + 2W_3$, $z = W_1 + W_2 + W_3$. Die erhaltenen 36 Wertetripel waren:

Tabelle 24. *Werte x, y, z für das Beispiel Abb. 36.*

x	2	8	6	7	6	6	10	7	12	6	3	12	6	9	11	7	2	8
y	9	10	13	13	13	8	16	13	10	11	11	14	9	11	17	6	7	15
z	6	10	11	11	10	9	15	11	14	11	8	16	9	12	17	9	5	13
x	6	8	9	2	5	3	11	7	10	7	7	7	7	8	9	7	2	8
y	15	14	7	13	9	6	11	9	10	8	15	8	7	9	10	9	5	11
z	12	14	11	8	8	5	14	11	13	9	12	8	9	10	11	9	4	12

Da für einen „richtigen" Würfel Mittelwert und Streuung der Wurfergebnisse $\alpha = 3{,}5$ und $\sigma = \sqrt{\frac{35}{12}} = 1{,}71$ betragen, ist nach der Theorie beim vorliegenden Beispiel

$$\alpha_x = 2\alpha = 7 \qquad \alpha_y = 3\alpha = 10{,}5 \qquad \alpha_z = 3\alpha = 10{,}5$$
$$\sigma_x = \sqrt{2}\sigma = 2{,}42 \qquad \sigma_y = \sqrt{5}\sigma = 3{,}82 \qquad \sigma_z = \sqrt{3}\sigma = 2{,}96$$

Die Korrelationskoeffizienten sind [vgl. Gleichung (27a) S. 74].

$$r_{xy} = \frac{1}{\sqrt{10}} = 0{,}316 \qquad r_{xz} = \frac{2}{\sqrt{6}} = 0{,}816 \qquad r_{yz} = \frac{3}{\sqrt{15}} = 0{,}645.$$

Nach (31) folgt hieraus $\triangle = \frac{1}{30}$ oder $R^2 = \frac{29}{30} = 0{,}967$; der Befund liegt also dem Grenzfall der Abflachung zu einer Ebene recht nahe. Die erste der Gleichungen (30) lautet nach z aufgelöst

$$z = 2{,}34 + 0{,}777\,x + 0{,}258\,y \pm 0{,}57.$$

In Abb. 36 ist die Auftragung dieser z-Ordinaten über der x, y-Ebene bildlich dargestellt. Die eingezeichnete Kontrollebene liegt parallel zur Beziehungsebene mit der angeschriebenen Gleichung. Sie liegt um drei Einheiten tiefer, damit alle Punkte über ihr zu liegen kommen. Daran, daß die Abstände der Punkte von dieser Ebene nur wenig sich unterscheiden, was man auf den ersten Blick sieht, erkennt man, daß in der Tat die Punktwolke nahezu zu einer Ebene abgeflacht ist.

Wir wenden uns nun dem anderen Beispiel zu:

Beispiel 10: Korrelation zwischen Hämoglobingehalt des Blutes, Zahl der Blutkörperchen und Blutsenkung (Zahlenangaben nach FRIMBERGER)[1]. Tabelle 25 ist eine Zusammenstellung der bei 55 Blutproben festgestellten Werte für den Gehalt x an rotem

[1] Klin. Wschr. 1937, S. 92.

Blutfarbstoff (Hämoglobin) in %, für die Zahl y der roten Blutkörperchen (Erythrozyten) in Millionen pro Kubikzentimeter und für die Blutsenkung z in mm nach 24 Stunden (Minimalsediment).

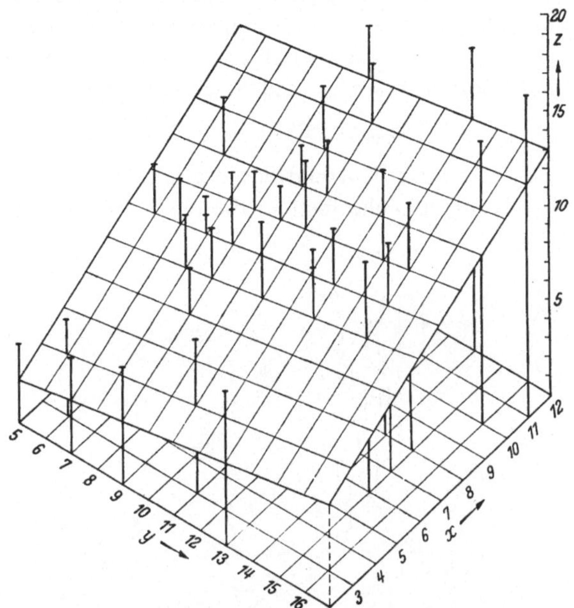

Abb. 36. Auftragung von z über der xy-Ebene.

Tabelle 25. *Wertetripel für Beispiel 10.*

x	y	z	x	y	z	x	y	z	x	y	z
22	0,80	8	82	3,11	33	27	1,30	12	84	3,20	33
45	1,71	18	79	3,23	34	50	2,60	20	76	3,48	34
61	2,63	24	84	3,66	34	63	2,80	26	78	4,00	34
66	3,19	26	75	3,90	34	71	3,10	28	86	4,28	34
72	2,80	28	82	4,33	34	70	2,87	29	71	3,60	34
83	3,14	29	79	3,80	35	72	3,68	30	89	4,10	36
73	3,21	30	87	3,82	36	76	3,59	30	83	4,40	36
82	3,28	30	87	3,81	37	71	3,40	30	86	3,62	37
78	3,63	30	87	4,20	37	75	3,85	30	87	4,30	38
82	3,30	30	90	4,47	38	81	3,97	32	90	4,38	38
81	4,10	32	97	3,71	40	74	3,36	32	93	4,88	40
82	3,29	32	96	4,22	40	76	3,50	32	90	4,50	40
77	3,46	32	92	3,90	40	78	3,50	32	91	4,28	40
80	3,32	33	94	4,36	44	72	3,15	33			

Die Rechnung liefert

$$\alpha_x = 77{,}36\%, \qquad \alpha_y = 3{,}53 \text{ Mill.}, \qquad \alpha_z = 32{,}15 \text{ mm}$$

$$\sigma_x = 14{,}40\%, \qquad \sigma_y = 0{,}753 \text{ ,, }, \qquad \sigma_z = 6{,}51 \text{ ,, }.$$

Die Korrelationskoeffizienten sind

$$r_{xy} = 0{,}886, \quad r_{xz} = 0{,}956, \quad r_{yz} = 0{,}906.$$

Der Befund kommt also dem zweiten Grenzfall der Ausartung zu einer Geraden recht nahe. Daß der Zusammenhang sehr eng ist, zeigen auch die Werte $\triangle = 0{,}0171$ bzw. $R^2 = 0{,}9829$ an. Die erste der Beziehungsgleichungen (30) lautet, für x, y und z geschrieben

$$z = 0{,}322\,x + 2{,}387\,y - 1{,}81 \pm 1{,}72.$$

In Abb. 37 ist dieser Korrelationszusammenhang bildlich veranschaulicht. Die Kontrollfläche liegt in diesem Falle um fünf Einheiten

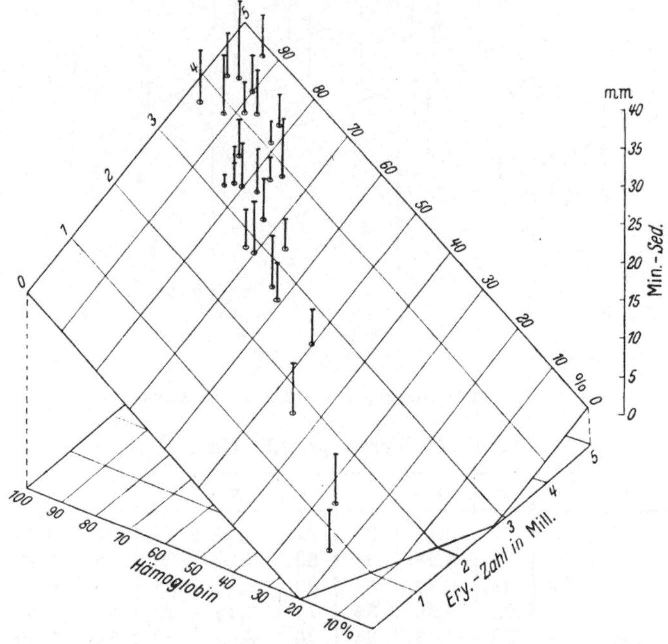

Abb. 37. Blutsenkung in Abhängigkeit von Hämoglobingehalt und Zahl der Blutkörperchen nach Beispiel 10.

tiefer als die Beziehungsfläche mit der angegebenen Gleichung. Dort, wo die Beobachtungspunkte sich häufen, wurde nur ein Teil von ihnen eingezeichnet, während die abseits liegenden vollständig nach Tabelle 25 eingetragen sind. Man erkennt deutlich, daß zum Unterschied zu Abb. 36 die Punkte nicht auf die Fläche verteilt sind, sondern nur eine schmale, nach oben sich etwas verbreiternde Zone erfüllen. Die Ordinaten aber steigen recht gleichmäßig mit der Kontrollebene an, so daß die über diese Ebene herausragenden Nadeln sich an Länge nicht allzusehr unterscheiden. Die Formel für z ist demnach recht gut geeignet, den Einfluß des Hämoglobingehalts des Blutes und der Erythrozytenzahl auf die Blutsenkung anzugeben.

Wir beschließen diesen Abschnitt mit der S. 83 angekündigten Interpretation der sogenannten „partiellen Korrelationskoeffizienen". Indem wir die drei Beobachtungsfolgen x_i, y_i und z_i als normiert nach Gleichung (28) annehmen, gehen wir wieder von den Größen ξ, η, ζ aus. Wir wollen zunächst die η-Folge und die ζ-Folge durch die ξ und einen von den ξ stochastisch unabhängigen Bestandteil wiedergeben. Nach Gleichung (24) S. 70 für die vollständigen Beziehungsgleichungen im Falle nur zweier Vergleichsreihen lauten hierfür die Lösungen

$$\eta = r_{xy}\,\xi + \sqrt{1 - r_{xy}^2}\,\bar{\eta} \quad \text{und} \quad \zeta = r_{xz}\,\xi + \sqrt{1 - r_{xz}^2}\,\bar{\zeta}.$$

Dabei ist $\Sigma\xi\bar{\eta} = \Sigma\xi\bar{\zeta} = 0$. Nicht voneinander unabhängig sind dagegen im allgemeinen die normierten Restgrößen, die man durch Auflösen dieser Gleichungen erhält:

$$\bar{\eta} = \frac{\eta - r_{xy}\,\xi}{\sqrt{1 - r_{xy}^2}} \quad \text{und} \quad \bar{\zeta} = \frac{\zeta - r_{xz}\,\xi}{\sqrt{1 - r_{xz}^2}};$$

vielmehr beträgt deren Korrelationskoeffizient

$$R_{yz} = \frac{1}{k}\Sigma\bar{\eta}\,\bar{\zeta} = \frac{1}{\sqrt{1 - r_{xy}^2}\cdot\sqrt{1 - r_{xz}^2}}\cdot\frac{1}{k}\Sigma(\eta - r_{xy}\,\xi)\cdot(\zeta - r_{xz}\,\xi)$$

$$= \frac{1}{\sqrt{1 - r_{xy}^2}\cdot\sqrt{1 - r_{xz}^2}}\Big(\underbrace{\frac{1}{k}\Sigma\eta\zeta}_{r_{yz}} - r_{xy}\underbrace{\frac{1}{k}\Sigma\xi\zeta}_{r_{xz}} - r_{xz}\underbrace{\frac{1}{k}\Sigma\xi\eta}_{r_{xy}} + r_{xy}r_{xz}\underbrace{\frac{1}{k}\Sigma\xi^2}_{=1}\Big)$$

$$= \frac{r_{yz} - r_{xy}\,r_{xz}}{\sqrt{1 - r_{xy}^2}\cdot\sqrt{1 - r_{xz}^2}}.$$

Dieser Ausdruck stimmt aber nun genau mit dem partiellen Korrelationskoeffizienten $r_{yz,\,x}$ nach Gleichung (33) überein. Durch diese Betrachtung gewinnen wir daher eine anschauliche und präzise Erklärung für diese im statistischen Schrifttum häufig gebrauchten Größen. Es gilt der

Satz: Die sogenannte „partielle Korrelation" zwischen zwei Beobachtungsfolgen y_i und z_i bei gleichzeitiger Betrachtung einer dritten Folge x_i ist die Korrelation zwischen den normierten Restgrößen

$$\bar{\eta}_i = \frac{\eta_i - r_{xy}\,\xi_i}{\sqrt{1 - r_{xy}^2}} \qquad \bar{\zeta}_i = \frac{\zeta_i - r_{xz}\,\xi_i}{\sqrt{1 - r_{xz}^2}}, \tag{33a}$$

die dann entstehen, wenn von den Beobachtungsgrößen y und z die (deterministischen) Bestandteile proportional x abgespalten werden.

Im Falle unseres Beispiels 10 ist wegen

$$r_{xy} = 0{,}886, \qquad r_{xz} = 0{,}956, \qquad r_{yz} = 0{,}906$$

und $$\sqrt{1 - r_{xy}^2} = 0{,}463, \qquad \sqrt{1 - r_{xz}^2} = 0{,}293, \qquad \sqrt{1 - r_{yz}^2} = 0{,}423$$

$$\mathbf{R_{xy} = 0{,}161}, \qquad \mathbf{R_{xz} = 0{,}780}, \qquad \mathbf{R_{yz} = 0{,}435}.$$

Hieraus fließen folgende zusätzliche Urteile über den bereits als sehr eng erkannten Zusammenhang zwischen Hämoglobingehalt x, Erythrozytenzahl y und Sedimentation z:

a) Aus R_{xy} = **0,161:** Die geringfügigen Schwankungen des Hämoglobingehalts einerseits und der Blutkörperchenzahl anderseits, die sich an der Blutsenkung *nicht* erkennen lassen, sind praktisch unabhängig voneinander.

b) Aus R_{xz} = **0,780:** Es besteht eine bemerkenswert enge Korrelation zwischen den Abweichungen der Sedimentation von ihrem auf Grund der Erythrozytenzahl zu erwartenden Betrag und etwaigen Abnormitäten des Hämoglobingehalts, ebenfalls verglichen mit der Zahl der Blutkörperchen. Ist die Blutsenkung gegenüber der Erythrozytenzahl auffallend, so rührt dies ziemlich sicher von einem entsprechenden abnormen Gehalt der einzelnen Blutkörperchen an Hämoglobin her.

c) Aus R_{yz} = **0,435:** Dieser Zusammenhang ist bei weitem nicht so ausgeprägt, wenn man nicht die Blutkörperchenzahl, sondern den Hämoglobingehalt zum Ausgangspunkt wählt und vergleichsweise Abnormitäten der Erythrozytenzahl den auffallenden Beträgen der Blutsenkung gegenüberstellt.

Auf Grund dieser Feststellungen erscheint es am empfehlenswertesten, von der Blutkörperchenzahl y als unabhängiger Veränderlicher auszugehen. Nach Abspaltung der Beträge proportional zu y erhält man für die normierten Restbestandteile der anderen beiden Veränderlichen

$$\bar{\xi} = \frac{\xi - r_{xy}\eta}{\sqrt{1 - r_{xy}^2}} \qquad \text{und} \qquad \bar{\zeta} = \frac{\zeta - r_{yz}\eta}{\sqrt{1 - r_{yz}^2}};$$

und zwischen beiden Größen besteht die Korrelation R_{xz}. Daher sind beide nach Gleichung (23) S. 68 durch die Beziehungsgleichungen

$$\bar{\zeta} = R_{xz}\,\bar{\xi} \pm \sqrt{1 - R_{xz}^2} \qquad \text{bzw.} \qquad \bar{\xi} = R_{xz}\,\bar{\zeta} \pm \sqrt{1 - R_{xz}^2}$$

miteinander verknüpft. Löst man diese Gleichungen nach $\bar{\zeta}$ bzw. $\bar{\xi}$ auf, so erhält man wieder die beiden ersten der Beziehungsgleichungen (30). Durch diese Betrachtung ist also ein weiterer, besonders übersichtlicher

Weg zur Gewinnung der Beziehungsgleichungen (30) gewonnen. Im Beispiel ist $\bar{\zeta} = 0{,}780\,\bar{\xi} \pm 0{,}625$ oder ausgeschrieben

$$\frac{\dfrac{z-32{,}15}{6{,}51} - 0{,}906\,\dfrac{y-3{,}53}{0{,}753}}{0{,}423} = 0{,}780 \cdot \frac{\dfrac{x-77{,}36}{14{,}40} - 0{,}886\,\dfrac{y-3{,}53}{0{,}753}}{0{,}463} \pm 0{,}625.$$

Nach z aufgelöst folgt hieraus die obige empirische Formel

$$z = 0{,}322\,x + 2{,}387\,y - 1{,}81 \pm 1{,}72$$

für die Blutsenkung in Abhängigkeit von Hämoglobin und Ery-Zahl.

X. Korrelation bei einer zweiparametrigen Häufigkeitsverteilung.

Der Begriff der Korrelation tritt außer bei der Gegenüberstellung zweier oder mehrerer stochastisch zusammenhängender Beobachtungsreihen auch bei der Betrachtung mehrparametriger statistischer Massen auf, und dieser Zugang ist sogar der geläufigere, werden doch auch Häufigkeitstabellen für zwei Merkmalsreihen schlechthin als Korrelationstabellen bezeichnet. Von der Arbeit mit solchen Häufigkeitstabellen mit zwei Eingängen handelt der folgende Abschnitt, der in mehr als einer Hinsicht die Darlegungen der ersten drei Abschnitte weiterführt und verallgemeinert. Als Beispiele dienen erstens die vollständige Versuchsreihe von BEHRENS über die tödliche Strophanthindosis bei 148 Fröschen, von der als Beispiel 2 und 3 bereits Ausschnitte verwendet worden sind, und zweitens die Beobachtungsreihe Tabelle 21 für die zusammengehörigen Werte von Temperatur und Puls bei dem als Beispiel 8 ausführlich besprochenen Fall von Wanderpneumonie.

Die sogenannte „Korrelationsrechnung" betrifft ein Problem, das seiner Bedeutung nach durchaus in den Mittelpunkt der quantitativen Naturbetrachtung überhaupt gehört. Es ist daher der Wichtigkeit des Gegenstandes angemessen, wenn wir dieses zentrale Gebiet nochmals von einer anderen gedanklichen Eingangspforte her betreten. In diesem Abschnitt betrachten wir zu diesem Zwecke eine zweiparametrige Verteilung. Darunter versteht man die Häufigkeitsverteilung für eine statistische Masse, die zum Unterschied zu den früher betrachteten statistischen Massen nicht nach den einzelnen Werten *eines* Merkmals, sondern *zweier* Merkmale aufgegliedert ist. Die sich aus diesem Sachverhalt ergebenden Probleme sollen am Beispiel der vollständigen Versuchsreihe von BEHRENS[1] erläutert werden, von der bereits die obigen Beispiele 2 und 3 Ausschnitte darstellten.

Beispiel 11: Gewicht und tödliche Strophanthindosis bei Fröschen (Zahlenangaben nach BEHRENS)[1]). Bei 148 Fröschen wurden

---

[1] Arch. f. exp. Path. u. Pharm. *140* 237 (1929).

das Gewicht (in g) und die tödliche Strophanthindosis (in Millionstel g) bei intravenöser Infusion bestimmt und dabei folgende Ergebnisse erhalten:

Tabelle 26. *Tödliche Strophanthindosis bei Fröschen.*

Gew.	Dosis	Gew.	Dosis	Gew.	Dosis	Gew.	Dosis	Gew.	Dosis
34,0	12,00	40,0	10,48	40,0	9,60	35,5	12,02	33,5	12,93
34,0	11,08	31,0	9,92	41,0	13,20	26,0	10,82	38,5	11,09
23,0	7,20	28,5	9,60	33,5	11,39	34,0	9,01	32,5	8,71
37,0	16,80	32,0	12,00	35,5	11,25	35,5	12,00	35,5	14,56
31,0	8,28	25,5	11,25	39,0	12,01	26,5	9,91	34,0	12,04
37,5	13,50	28,9	11,73	36,2	9,90	32,0	8,45	28,5	9,06
28,2	6,99	33,9	9,22	28,1	12,42	29,2	8,58	25,7	6,99
29,5	12,69	27,0	9,94	28,0	10,64	26,6	9,90	32,4	10,50
34,0	13,50	31,1	11,32	30,0	12,00	27,9	9,15	30,4	7,78
23,5	8,11	31,3	7,51	31,8	12,27	27,6	6,46	34,7	9,16
29,5	7,55	26,5	8,75	38,0	8,40	21,0	6,26	37,0	13,02
35,0	10,29	34,0	12,00	33,0	9,00	37,0	12,28	27,0	8,26
33,5	12,19	25,5	7,80	25,5	8,34	35,0	10,01	33,8	15,45
32,9	12,17	38,5	12,40	28,7	7,35	36,7	12,30	31,0	11,75
38,5	14,75	30,5	8,60	29,0	8,12	30,0	14,16	27,5	7,21
28,2	7,78	32,0	8,45	40,0	12,07	28,2	10,49	30,5	11,29
33,5	11,16	30,0	7,68	26,5	7,37	32,4	10,50	30,5	11,29
29,5	7,00	27,0	6,61	32,0	8,96	32,0	6,84	31,5	11,21
32,5	8,97	29,0	7,57	27,5	9,82	34,5	9,38	30,0	15,09
33,2	13,61	27,2	6,39	26,2	9,54	29,0	9,45	24,2	6,53
31,2	9,86	32,0	13,34	33,0	12,87	31,7	10,08	33,2	7,20
26,5	9,46	26,5	14,55	32,5	9,75	27,3	7,29	35,5	10,37
32,5	8,42	29,5	11,09	23,2	8,63	29,5	9,62	37,5	10,28
26,8	7,99	28,2	8,26	30,7	12,28	30,2	10,39	29,2	13,29
35,0	8,51	34,2	9,68	30,7	9,30	27,5	9,15	25,5	7,98
31,0	9,49	27,5	7,45	31,5	5,86	21,8	7,39	27,8	11,34
25,2	10,56	25,5	12,01	29,0	11,14	26,8	7,77	27,0	9,40
30,0	9,69	31,0	8,40	28,0	9,86	28,5	11,31	32,2	8,89
30,2	7,01	29,5	8,53	32,0	6,94	28,0	6,80	31,0	8,37
29,5	12,60	26,5	9,01	29,0	8,99				

Hier liegt also eine statistische Masse mit $m = 148$ Elementen vor, von denen jedes durch zwei Merkmale, Gewicht und Dosis, gekennzeichnet ist. Die naheliegenden Fragen sind erstens die nach der Häufigkeitsverteilung der Gewichte für sich, was bereits in Abschnitt III behandelt worden ist, und entsprechend der Giftdosen für sich; zweitens die nach dem etwaigen Zusammenhang zwischen beiden Merkmalen, denn es ist wohl zu vermuten, daß die größeren Frösche im Durchschnitt mehr Gift vertragen können als die kleineren. Zunächst empfiehlt es sich, um Übersicht über die Zuordnung beider Größen nach Tabelle 26 zu gewinnen, die einzelnen Beobachtungen als Punkte in ein rechtwinkliges Koordinatensystem einzutragen, wobei das eine Merkmal die Abszisse, das andere die Ordinate liefert. Man kann in einer gar nicht übermäßig großen Zeichnung leicht eine recht beachtliche Zahl von Punkten unterbringen, ohne daß die Übersichtlichkeit leidet. Das Ergebnis ist im vorliegenden Fall die in Abb. 38 dargestellte *Punktwolke.*

Abb. 38 ist das genaue Analogon zur Abb. 29, wo es sich bei Beispiel 8 um den stochastischen Zusammenhang zwischen Körpertemperatur und Puls bei einem Falle von Pneumonie handelte. Man erkennt auf den ersten Blick, daß in der Tat die beiden Merkmalsgrößen in der statistischen Masse nicht unabhängig voneinander vorkommen, daß vielmehr höhere Froschgewichte und größere tödliche Dosen bevorzugt zusammen beobachtet werden. Die Wolke zeigt nämlich in der Richtung von links unten nach rechts oben eine größere Ausdehnung und dichtere Besetzung als in der dazu senkrechten Richtung von links oben nach rechts unten.

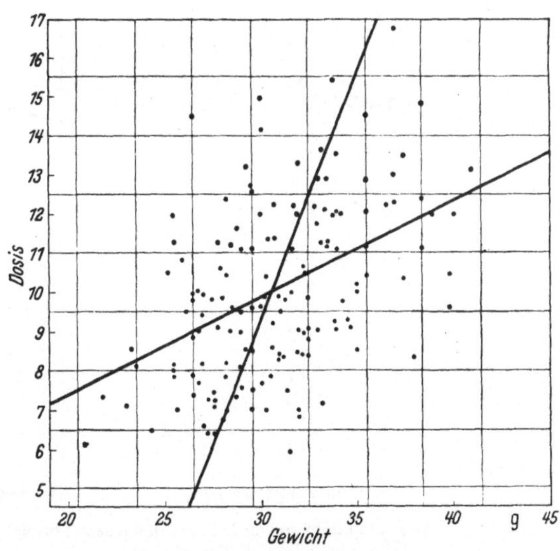

Abb. 38. Punktwolke nach Tabelle 26.

Nicht selten begnügt man sich in der medizinischen Literatur damit, den mehr oder weniger engen Zusammenhang zweier Größen durch Zeichnung einer solchen Punktwolke und allenfalls durch Eintragung der beiden Beziehungslinien zu veranschaulichen und verzichtet auf weitere zahlenmäßige Angaben. Daher sei in Abb. 39 an einigen Schaubildern vor Augen geführt, welche Form die Punktwolken bei verschieden strammen Zusammenhängen aufweisen und welche Lage die Beziehungslinien dabei einnehmen. Die vier Beispiele Abb. 39a—d folgen so aufeinander, daß der Korrelationskoeffizient r dauernd abnimmt. Nicht dargestellt sind die beiden Grenzfälle, bei denen mit $r = \pm 1$ die Punkte sich exakt längs einer Geraden anordnen, mit welcher dann sich auch die beiden Beziehungslinien decken. Ist aber $r^2 \neq 1$, so fallen die beiden Beziehungslinien stets auseinander, und sie schneiden sich im Schwerpunkt der Punktwolke. In Abb. 39a schließen beide einen sehr kleinen Winkel ein; daher ist die Punktwolke lang gestreckt von links unten nach rechts oben, und es besteht zwischen x und y eine starke gleichsinnige Korrelation. Schon nicht mehr so stark ausgeprägt ist dieser Korrelationszusammenhang im Falle Abb. 39b. Im Falle Abb. 39c weichen die beiden Beziehungslinien so stark wie möglich voneinander ab, d. h. sie stehen senkrecht aufeinander und verlaufen parallel zu den Koordinatenachsen. Dies ist das Kennzeichen dafür, daß die beiden Größen x und y stochastisch unabhängig voneinander sind, daß also keine Korrelation besteht. Abb. 39d endlich zeigt, daß nach Überschreitung der durch den Fall c) angezeigten „Gleichgewichtslage" sich die Erscheinung einer gegensinnigen Korrelation einstellt. Zusammen-

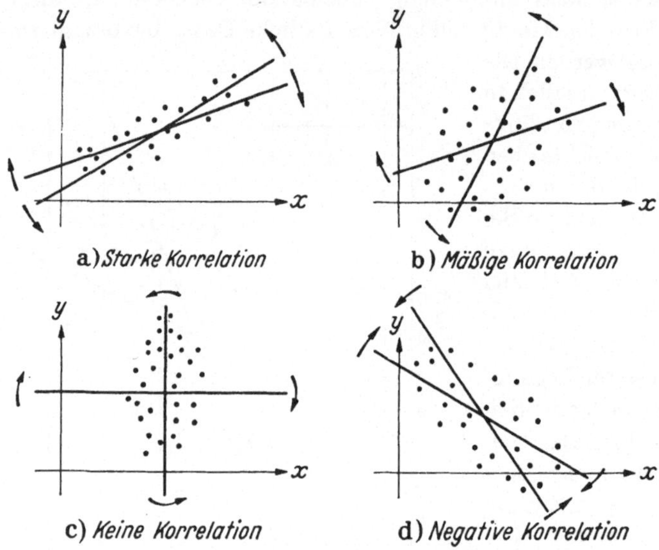

Abb. 39. Punktwolken bei verschiedenen Korrelationszusammenhängen.

fassend kann man sagen, daß immer dann Korrelation vorhanden ist, wenn die Punktwolke in einer von den Koordinatenachsen abweichenden Richtung besonders ausgesprochene Ausdehnung aufweist.

Da es sich bei Beispiel 11 um eine ziemlich umfangreiche Beobachtungsreihe mit stetigen Merkmalen handelt, ist die Einzelverrechnung der beobachteten Merkmalswerte nach dem Vorgang der Abschnitte II, VIII und IX nicht empfehlenswert. Wie bereits in Abschnitt III ausgeführt, geht man in solchen Fällen zu einer Häufigkeitsverteilung über, indem man die Beobachtungen entsprechend ihren Merkmalswerten in einander sich ausschließende Klassen gleicher Breite aufgliedert. Da hier zwei Merkmale x und y zu berücksichtigen sind, ist sowohl für das eine wie für das andere eine geeignete Klassenbreite Δx bzw. Δy zu wählen. Aus Abschnitt III ist bekannt, wie durch zu große Klassenbreiten das Bild vergröbert und wie es durch zu kleine Klassenbreiten verzettelt wird. Alle jene Betrachtungen lassen sich zwanglos auch auf den Fall zweier Merkmale anwenden. Sogar die Methode der gleitenden Durchschnitte, die dort bei der Herausarbeitung einer zügigen Häufigkeitsverteilung so ausgezeichnete Dienste leistete, läßt sich auch hier mit Vorteil anwenden, worauf wir weiter unten noch zurückkommen (S. 101).

Wir beginnen mit der Durchführung einer Klassenaufteilung nach Gewichtsklassen von 3 g Breite, beginnend mit 20,5 g, und nach Dosisklassen der Breite 1,5, beginnend mit $5 \cdot 10^{-6}$ g. Die Aufgabe ist, festzustellen, wie viele statistische Elemente in jede der so festgelegten Klassen fallen. Dabei sollen wie früher Beobachtungen, welche auf die Grenze zwischen zwei Klassen zu liegen kommen, den Nachbarklassen je zur Hälfte zugerechnet werden; und, was hier neu hinzukommt, es sollen Beobachtungen, deren Ort eine Ecke ist, den vier in dieser Ecke zusammenstoßenden Nachbarklassen je zu ein Viertel zugesprochen werden.

Man könnte daran denken, diese Aufgabe an Hand von Tabelle 26 mit dem auf S. 23 beschriebenen Strichelungsverfahren in Angriff zu nehmen. Jedoch gelten die bereits dort gegen dieses an sich so einfache Verfahren geltend gemachten Bedenken hier erst recht. Daher scheint es uns empfehlenswerter zu sein, von der Punktwolke Abb. 38 Gebrauch zu machen. Wenn erst einmal diese Punktwolke gezeichnet vorliegt, kann man mit ihr mancherlei anfangen: Man kann eine beabsichtigte Klasseneinteilung als Rechtecksgitter einzeichnen, wie dies in Abb. 38 für die soeben beschriebene Klassenaufteilung geschehen ist. Man kann aber auch statt dessen andere Rechtecksgitter, die man auf durchsichtigem Papier gezeichnet sich vorrätig hält, auf die Punktwolke legen und, ohne die Zeichnung zu beschädigen, die Felder auszählen. Man kann endlich mittels eines Fensters Bereiche der Punktwolke ausblenden, wie dies oben an Hand von Abb. 8 erläutert worden ist, und durch Verschiebung dieses Fensters um gleichmäßige Schritte in waagerechter und senkrechter Richtung „gleitende Durchschnitte" für die zweiparametrige Verteilung gewinnen.

Werden die in Abb. 38 eingezeichneten Rechtecke ausgezählt, so gewinnt man eine gegenüber der Urliste Tabelle 26 wesentlich geraffte Tabelle, eine sogenannte Korrelationstabelle, die als Unterlage für die weiteren Berechnungen dient. Als Tabelle 27 ist sie hier wiedergegeben. Dabei ist noch zu bemerken, daß es sehr unzweckmäßig wäre, im folgenden mit den gemessenen Merkmalswerten für die Klassenmitten zu arbeiten, statt wie schon oben ausschließlich mit kleinen ganzzahligen, positiven und negativen Merkmalsziffern zu rechnen. Diese Ziffern x_i und y_j sind in Tabelle 27 an die betreffenden Klassen hingeschrieben worden. Jedes Feld der Korrelationstabelle gehört also zu einem bestimmten Wertepaar $x_i y_j$. Rechts und unten am Rande der Tabelle endlich sind die Zeilen- bzw. Spaltensummen aufgeführt, das sind die Besetzungszahlen für die Klassen jeweils des einen Merkmals allein ohne Rücksicht auf das andere Merkmal.

Tabelle 27. *Korrelationstabelle der tödlichen Strophanthindosis bei 148 Fröschen.*

Gewicht		20,5—23,5 g	23,5—26,5 g	26,5—29,5 g	29,5—32,5 g	32,5—35,5 g	35,5—38,5 g	38,5—41,5 g	Summe v_j
Dosis	y_j \ x_i	— 3	— 2	— 1	0	+ 1	+ 2	+ 3	
15,5—17	+ 4	—	—	—	—	—	1	—	1
14 —15,5	+ 3	—	0,5	0,5	2	1,5	1	0,5	6
12,5—14	+ 2	—	—	2	2	4,5	2,5	1	12
11 —12,5	+ 1	—	2	5,5	7,5	11	4	3	33
9,5—11	0	—	3,5	9	9,5	4	1,5	2	29,5
8 —9,5	— 1	1,5	3	10,5	11,5	7,5	1	—	35
6,5—8	— 2	2	4	13	7	1	—	—	27
5 —6,5	— 3	1	0,5	2	1	—	—	—	4,5
Summe u_i		4,5	13,5	42,5	40,5	29,5	11	6,5	148

Zur graphischen Darstellung einer derartigen zweiparametrigen Häufigkeitsverteilung muß man die dritte Dimension zur Hilfe nehmen. Zweckmäßig hierfür ist die in Abb. 40 angewandte Säulendarstellung in Parallelprojektion. Durch die Auftragung der Einzelhäufigkeiten als Säulen erreicht man, daß der andeutungsweise erkennbare „Häufigkeitshügel" durchsichtig erscheint, so daß seine Form auch auf der dem Beschauer abgewandten Seite deutlich zu erkennen ist. Zwar wäre der optische Eindruck einer Zeichnung in Zentralperspektive noch etwas befriedigender, jedoch hat die Parallelprojektion mehrere Vorzüge, indem erstens die Anfertigung einer parallelperspektivischen Zeichnung wesentlich einfacher ist, zweitens die Skalen unverzerrt eingezeichnet werden und es dadurch keine Schwierigkeit macht, die genauen Größen aus der Zeichnung abzulesen, und drittens unerwünschte gegenseitige Verdeckungen der Häufigkeitssäulen sich leichter

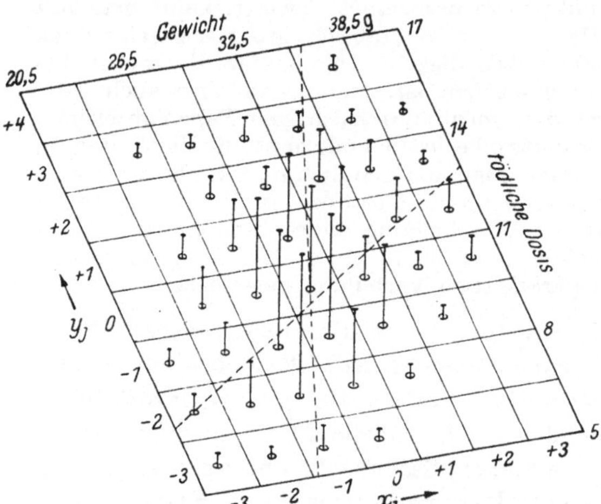

Abb. 40. Häufigkeitshügel nach Tabelle 28.

vermeiden lassen. Der an Abb. 40 zu erkennende Häufigkeitshügel ist langgestreckt und zeigt wiederum, daß im allgemeinen höhere Froschgewichte und größere Strophanthindosen zusammengehören.

Wir wenden uns nun der Frage zu, wie es gelingt, die zweiparametrige Häufigkeitsverteilung mittels geeigneter statistischer Maßzahlen kurz und bündig zu beschreiben. Da die folgenden Ausführungen aber nicht auf das angeschnittene Beispiel allein sich beziehen sollen, ist es zweckmäßig, den Sachverhalt in allgemeiner Weise zu formulieren. Indem k Merkmalsklassen x_i und l Merkmalsklassen y_j unterschieden werden, liege also eine Korrelationstabelle mit k Spalten und l Zeilen gegeben vor. Es bedeutet i die Ordnungsnummer der Spalten und j diejenige der Zeilen. Zur Kennzeichnung eines bestimmten Feldes der Korrelationstabelle ist die Angabe beider Ordnungsnummern erforderlich. Daher müssen die Anzahlen für die Besetzung der einzelnen Felder mit zwei Indizes versehen werden; es bedeutet demnach m_{ij} die Anzahl der Beobachtungen mit x_i und y_j, die in der i-ten Spalten und der j-ten Zeile der Korrelationstabelle verzeichnet sind.

Allgemein sieht eine Korrelationstabelle also folgendermaßen aus:

Tabelle 28. *Allgemeine Korrelationstabelle.*

x_i / y_j	x_1	x_2	x_3	$\dots$	x_k	Summe
y_1	m_{11}	m_{21}	m_{31}	$\dots$	m_{k1}	v_1
y_2	m_{12}	m_{22}	m_{32}	$\dots$	m_{k2}	v_2
$\dots$	$\dots$					
y_l	m_{1l}	m_{2l}	m_{3l}	$\dots$	m_{kl}	v_l
Summe	u_1	u_2	u_3	$\dots$	u_k	m

Am rechten Rande dieser Tabelle stehen die Größen v_j, das sind die Häufigkeitssummen für die einzelnen Zeilen, und entsprechend stehen unterhalb der Tabelle die Größen u_i, das sind die Häufigkeitssummen für die einzelnen Spalten.

$$\sum_{i=1}^{k} m_{ij} = v_j, \qquad \sum_{j=1}^{l} m_{ij} = u_i. \tag{34}$$

Zählt man alle Zeilen und Spalten zusammen, so ergibt sich die Gesamtmasse m. Hierzu ist es gleichgültig, ob man zunächst die Inhalte der Zeilen zusammenfaßt und anschließend die Zeilensummen v_j addiert, oder ob man zunächst die Inhalte der Spalten zusammenfaßt und anschließend die Spaltensummen u_i addiert. Übereinstimmend ist

$$\sum_{i=1}^{k} \sum_{j=1}^{l} m_{ij} = \sum_{j=1}^{l} v_i = \sum_{i=1}^{k} u_i = m. \tag{35}$$

Auch für die mathematische Behandlung zweiparametriger Verteilungen spielen eine hervorragende Rolle die *Momente steigenden Grades*, deren Bedeutung für einparametrige Verteilungen von Anfang an immer wieder betont worden ist. Während es aber bei einer einparametrigen Verteilung nur jeweils *ein* Moment bestimmten Grades gibt, kann man bei einer zweiparametrigen Verteilung zwei Momente ersten Grades, drei Momente zweiten Grades und allgemein $(k + 1)$ Momente k-ten Grades bilden. Wir betrachten nun der Reihe nach die ersten dieser Größen, deren allgemeines Bildungsgesetz

$$M_{\mu\nu} = \frac{1}{m} \sum_{i=1}^{k} \sum_{j=1}^{l} x_i^{\mu} y_j^{\nu} m_{ij} \quad \text{lautet.}$$

Wie schon erwähnt, gibt es zwei *Momente ersten Grades*. Für sie gilt mit Rücksicht auf (34) und (35)

$$M_{10} = \frac{1}{m} \sum_{i=1}^{k} \sum_{j=1}^{l} x_i m_{ij} = \frac{1}{m} \sum_{i=1}^{k} x_i u_i = \alpha$$

und
$$M_{01} = \frac{1}{m} \sum_{i=1}^{k} \sum_{j=1}^{l} y_j m_{ij} = \frac{1}{m} \sum_{j=1}^{l} y_j v_j = \beta.$$

Es handelt sich also bei den ersten Momenten um die *Mittelwerte der beiden Merkmale x und y* auf Grund der einparametrigen Verteilungen mit den Häufigkeiten u_i bzw. v_j, die am Rande der Korrelationstabelle stehen.

Von den drei Momenten *zweiten Grades* betrachten wir zunächst die beiden rein quadratischen. Auch diese sind uns bereits wohl bekannt; es ist nämlich

$$M_{20} = \frac{1}{m} \sum_{i=1}^{k} \sum_{j=1}^{l} x_i^2 m_{ij} = \frac{1}{m} \sum_{i=1}^{k} x_i^2 u_i = \sigma^2 + \alpha^2$$

und
$$M_{02} = \frac{1}{m} \sum_{i=1}^{k} \sum_{j=1}^{l} y_j^2 m_{ij} = \frac{1}{m} \sum_{j=1}^{l} y_j^2 v_j = \tau^2 + \beta^2.$$

Es sind dies also im wesentlichen die *Streuungen der beiden Merkmale x und y* je für sich, die gleichfalls auf Grund der einparametrigen Häufigkeitsverteilungen der u_i bzw. v_j zu errechnen sind. Wir befinden uns noch immer erst am *Rande* der Korrelationstabelle.

In das Innere der Korrelationstabelle herein aber führt als erster Schritt die Berechnung des *gemischt quadratischen Moments*. Für dieses gilt

$$M_{11} = \frac{1}{m} \sum_{i=1}^{k} \sum_{j=1}^{l} x_i y_j m_{ij} = r\sigma\tau + \alpha\beta.$$

Hier läßt sich die Berechnung der Doppelsumme nicht vermeiden. Dafür gibt aber diese Rechnung Aufschluß über den Korrelationszusammenhang, der zwischen den beiden Merkmalen besteht.

Wir stellen die Formeln zusammen, die anschließend auszuwerten sind:

$$\alpha = M_{10}, \beta = M_{01}, \sigma^2 = M_{20} - \alpha^2, \tau^2 = M_{02} - \beta^2, r \cdot \sigma\tau = M_{11} - \alpha\beta. \quad (36)$$

Die dazu erforderliche Rechenarbeit ist bei weitem nicht so erheblich, als es zunächst den Anschein hat. Das rührt davon her, daß in der Korrelationstabelle nur kleine ganzzahlige x_i und y_j vorkommen. In Tabelle 29 sind für unser Beispiel 11 alle im Laufe dieser Rechnung vorkommenden Zahlen übersichtlich angeordnet zusammengestellt. Das sind vor allem im Mittelteil dieser Tabelle die $k \cdot l$-Produkte $x_i y_j m_{ij}$, deren Summe das m-fache gemischte Moment M_{11} liefert. Diese Größen sind durchweg kleine Zahlen, die man auf Grund der Tabelle 27 ohne weiteres im Kopf berechnen und eintragen kann. In der Spalte mit $x_i = 0$ und der Zeile mit $y_j = 0$ stehen lauter Nullen; rechts oben und links unten sind die Zahlen positiv, links oben und rechts unten negativ.

Tabelle 29. *Zur Auswertung der Verteilung nach Tabelle 27.*

y_j \ x_i	— 3	— 2	— 1	0	+ 1	+ 2	+ 3	Summe	$y_j v_j$	$y_j^2 v_j$
+ 4	0	0	0	0	0	8	0	8	4	16
+ 3	0	— 3	— 1.5	0	4,5	6	4,5	10,5	18	54
+ 2	0	0	— 4	0	9	10	6	21	24	48
+ 1	0	— 4	— 5,5	0	11	8	9	18,5	33	33
0	0	0	0	0	0	0	0	0	0	0
— 1	4,5	6	10,5	0	— 7,5	— 2	0	11,5	— 35	35
— 2	12	16	26	0	— 2	0	0	52	— 54	108
— 3	9	3	6	0	0	0	0	18	— 13,5	40,5
Summe	25,5	18	31,5	0	15	30	19,5	**139,5**	**—23,5**	**334,5**
$x_i u_i$	—13,5	— 27	—42,5	0	29,5	22	19,5	**— 12,0**		
$x_i^2 u_i$	40,5	54	42,5	0	29,5	44	58,5	**269,0**		

Am Rande des Mittelteils von Tabelle 29 rechts und unten stehen die Zeilen- bzw. die Spaltensummen der Größen $x_i y_j m_{ij}$. Für diese gilt

$$\sum_{i=1}^{k} x_i y_j m_{ij} = y_j \sum_{i=1}^{k} x_i m_{ij} \quad \text{und} \quad \sum_{j=1}^{l} x_i y_j m_{ij} = x_i \sum_{j=1}^{l} y_j m_{ij}.$$

Deren Summe wiederum beträgt $m \cdot M_{11} = 139{,}5$; also ist mit $m = 148$ $M_{11} = \frac{139{,}5}{148} = 0{,}9426$. Die noch außerdem rechts und unten angefügten beiden Spalten und Zeilen dienen zur Berechnung der linearen und der reinquadratischen Momente. Um diese Teile des Rechenschemas auszufüllen muß auf die Werte der v_j und u_i nach Tabelle 27 zurückgegriffen werden. Die verlangten Produkte kann man im Kopfe bilden und hinschreiben. Endlich ist dann noch Summierung dieser Spalten und Zeilen erforderlich. Mit den erhaltenen Summen bekommt man

$$M_{10} = \frac{-12{,}0}{148} = -0{,}081 = \alpha; \qquad M_{20} = \frac{269{,}0}{148} = 1{,}8176 \quad \text{und}$$

$$M_{01} = \frac{-23{,}5}{148} = -0{,}159 = \beta; \qquad M_{02} = \frac{334{,}5}{148} = 2{,}2601.$$

Hiermit sind die Unterlagen gewonnen, um auch noch die beiden Streuungen und den Korrelationskoeffizienten r auszurechnen. Es ist zu erwähnen, daß man zweckmäßig an den beiden Momenten M_{20} und M_{02} die SHEPPARDsche Korrektur (siehe S. 25) anbringt. Diese beträgt, da hier $\Delta x = \Delta y = 1$ ist, für beide Veränderliche übereinstimmend $-\frac{1}{12}$. Also ist genauer

$$M_{20} = 1{,}8176 - 0{,}0833 = 1{,}7343; \quad M_{02} = 2{,}2601 - 0{,}0833 = 2{,}1768.$$

Für das gemischte Moment M_{11} dagegen ist keine Korrektur erforderlich. Nun geschieht endgültig die Berechnung von σ, τ und r nach Gleichung (36). Es ist

$\sigma^2 = M_{20} - \alpha^2 = 1{,}7343 - 0{,}081^2 = 1{,}728$ und daraus folgt $\sigma = 1{,}315$,

$\tau^2 = M_{02} - \beta^2 = 2{,}1768 - 0{,}159^2 = 2{,}152$ „ „ „ $\tau = 1{,}467$,

$r \cdot \sigma\tau = M_{11} - \alpha\beta = 0{,}9426 - 0{,}081 \cdot 0{,}159 = 0{,}930$ „ „ $r = 0{,}482$.

Die Korrelation zwischen den Froschgewichten und der tödlichen Dosis ist also nicht erheblich. Zwar vertragen die größeren Tiere im allgemeinen auch höhere Dosen, wie groß aber im Einzelfall die tödliche Dosis ist, wird nur zu etwa ein Viertel durch das Gewicht bestimmt, während es zu drei Viertel von anderen Faktoren abhängt, die mit dem Gewicht nichts zu tun haben.

Es bleibt noch übrig, die erhaltenen Mittelwerte und Streuungen auf ihre tatsächlichen Beträge umzurechnen. Zu diesem Zwecke entnimmt man am besten der Tabelle 27, daß zu $x = 0$ als Mittelwert der betreffenden Gewichtsklasse 31,0 g gehört und ebenso zu $y = 0$ die Dosis $10{,}25 \cdot 10^{-6}$ g. Außerdem entspricht $\Delta x = 1$ einer Gewichtsdifferenz von 3 g und $\Delta y = 1$ einer Dosisdifferenz vom Betrag 1,5. Die Umrechnungsformeln lauten also

$$\text{Froschgewicht (in g)} = 31{,}0 + 3x,$$
$$\text{tödliche Dosis (in } 10^{-6}\text{ g)} = 10{,}25 + 1{,}5y.$$

Nun ergibt sich für die BEHRENSsche Versuchsreihe

Mittleres Froschgewicht (in g): $31{,}0 - 3 \cdot 0{,}08 =$ **30,76**, Streuung: **3,94**.

Mittlere tödliche Dosis (in 10^{-6} g): $10{,}25 - 1{,}5 \cdot 0{,}16 =$ **10,0**, Streuung: **2,20**.

Die Beziehungslinien ohne Streuungsglieder lauten nach Gleichung (23) S. 68 in x und y ausgedrückt für den mittleren Zusammenhang zwischen

Dosis und Gewicht: $\frac{y + 0{,}16}{1{,}467} = 0{,}482 \cdot \frac{x + 0{,}08}{1{,}315}$ und zwischen

Gewicht und Dosis: $\frac{x + 0{,}08}{1{,}315} = 0{,}482 \cdot \frac{y + 0{,}16}{1{,}467}$.

Diese beiden Geraden sind in Abb. 38 und Abb. 40 eingezeichnet worden. Sie schneiden sich im Schwerpunkt der Punktwolke bei dem Gewicht 30,8 g und der Dosis $10{,}0 \cdot 10^{-6}$ g.

Man kann leicht ausrechnen, daß dort die Neigung der erstgenannten Regressionslinie so beschaffen ist, daß einer Gewichtszunahme von 1% eine Zunahme der tödlichen Dosis um etwa 0,8% entspricht. Dies deutet darauf hin, daß bei einem zu vermutetenden Potenzgesetz für die Abhängigkeit der mittleren tödlichen Dosis vom Gewicht der Exponent 0,8 auftritt. Ein Exponent dieser Größe erscheint glaubwürdig, denn würde die Widerstandsfähigkeit gegen das Gift mit der Körper*masse* zusammenhängen, so wäre der Exponent 1, würde sie aber mit der Körper*oberfläche* zusammenhängen, so wäre der Exponent zwei Drittel zu erwarten. In Wirklichkeit mögen Abwehrreaktionen beider Art im Spiele sein, so daß ein dazwischenliegender Exponent durchaus zu vermuten ist.

Oben wurde festgestellt, daß die Berechnung des gemischten Moments M_{11} ein erster Schritt ist, bei dem man nicht mehr am Rande der Korrelationstabelle stehenbleibt, sondern in ihr Inneres eindringt. Es kann jedoch die Angabe dieser einen Größe nur ein sehr summarisches Urteil über den Korrelationszusammenhang liefern, und dasselbe gilt auch für den aus M_{11} hergeleiteten Korrelationskoeffizienten r. Handelt es sich darum, über den Zusammenhang der beiden Merkmale der Korrelationstabelle 28 etwas mehr zu erfahren, so liegt es nahe, nachzusehen, wie groß im Durchschnitt die Werte des Merkmals x in der j-ten Zeile und die Werte des Merkmals y in der i-ten Spalte sind. Es ist

$$\bar{x}_j = \frac{\sum_{i=1}^{k} x_i m_{ij}}{\sum_{i=1}^{k} m_{ij}} = \frac{\sum_{i=1}^{k} x_i m_{ij}}{v_j}; \qquad \bar{y}_i = \frac{\sum_{j=1}^{l} y_j m_{ij}}{\sum_{j=1}^{l} m_{ij}} = \frac{\sum_{j=1}^{l} y_j m_{ij}}{u_i}. \tag{37}$$

Für die Berechnung dieser Größen ist es wichtig, daß fast alles in Tabelle 29 bereitsteht. Die in der ersten Spalte rechts vom Mittelteil jener Tabelle aufgeführten Summen sind nämlich das y_j-fache des Zählers in der Formel für $\bar{x}_j$, und ebenso sind die unterhalb des Mittelteils stehenden Summen das x_i-fache des Zählers für $\bar{y}_i$. Die mit den gleichen Faktoren vervielfachten Nenner, also die Größen $y_j v_j$ und $x_i u_i$ stehen aber in Tabelle 29 unmittelbar daneben bzw. darunter. Man hat also nur die Quotienten dieser in Tabelle 29 aufgeführten Zahlen zu bilden, um die $\bar{x}_j$ und $\bar{y}_i$ zu erhalten. Dieses Verfahren versagt natürlich für die Zeile und Spalte, die mit lauter Nullen besetzt ist. Hierfür ist auf Tabelle 27 zurückzugreifen und die Berechnung nach Gleichung (37) ausführlich zu machen.

$$\bar{x}_0 = \frac{6 + 4 + 7{,}5 - 11{,}5 - 14 - 3}{40{,}5} = \frac{-11}{40{,}5} = -0{,}272;$$

$$\bar{y}_0 = \frac{-7 - 9 + 4 + 3 + 6}{29{,}5} = \frac{-3}{29{,}5} = -0{,}102.$$

In Tabelle 30 sind die Werte $\bar{x}_j$ zusammen mit den zugehörigen y_j und die Werte $\bar{y}_i$ zusammen mit den zugehörigen x_i aufgeführt. Wir wollen die gebrochenen Linien, die dadurch entstehen, daß man die Punkte $\bar{x}_j(y_j)$ bzw. die Punkte $\bar{y}_i(x_i)$ durch Geradenstücke miteinander verbindet, als die *Beziehungslinien* oder Regressionslinien der in Rede stehenden Verteilung im weiteren Sinne bezeichnen.

Tabelle 30. *Punkte der Regressionslinien im weiteren Sinn.*

y_j	— 3	— 2	— 1	— 0	+ 1	+ 2	+ 3	+ 4
$\bar{x}_j$	— 1,33	— 0,96	— 0,33	— 0,10	+ 0,56	+ 0,88	+ 0,58	+ 2,00

x_i	— 3	— 2	— 1	0	+ 1	+ 2	+ 3
$\bar{y}_i$	— 1,89	— 0,67	— 0,74	— 0,27	+ 0,51	+ 1,36	+ 1,00

In Abb. 41 sind senkrecht die Größen $\bar{y}_i$ über den x_i und waagerecht die Größen $\bar{x}_j$ zu den y_j aufgetragen. Die gestrichelt eingezeichneten Beziehungslinien zeigen von geringen Schwankungen abgesehen, im ganzen geradlinigen Verlauf. Nun entscheidet ganz allgemein die Geradlinigkeit dieser detaillierten Beziehungslinien darüber, ob das summarische Urteil über die Enge des Korrelationszusammenhangs, das aus der Kenntnis des Korrelationskoeffizienten r fließt, stichhaltig ist oder nicht. Sind nämlich die Beziehungslinien nach Abb. 41 wesentlich gewölbt, so kommt stets r^2 bei der Rechnung kleiner heraus, als es der tatsächlichen Enge des Zusammenhangs zwischen den Größen x und y entspricht. Es besteht also die Ge-

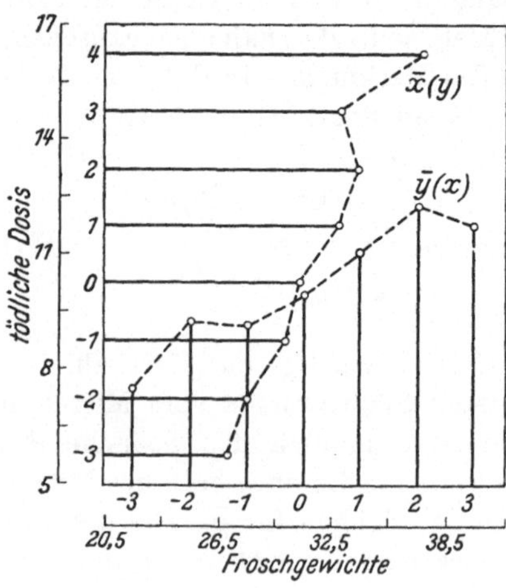

Abb. 41. Beziehungslinien zu Beispiel 11.

fahr, daß bei schematischer Anwendung des Korrelationskoeffizienten r ein stochastischer Zusammenhang unterschätzt wird[1]. (Vgl. auch Beispiel 13 S. 117, wo das Versagen des Korrelationskoeffizienten bei nichtliniearen Beziehungslinien eindrucksvoll gezeigt wird.)

Die Methode, nach welcher die Beziehungslinien berechnet werden, ist eng verwandt mit der Ausgleichsrechnung. Indem das eine Merkmal zunächst als feststehend betrachtet wird, errechnet man die mittlere Größe des anderen Merkmals. Da aber hier im Gegensatz zu dem bei der Ausgleichsrechnung vorliegenden Sachverhalt (vgl. Beispiel 7, S. 59) keines der beiden streuenden Merkmale vor dem anderen ausgezeichnet ist, kann einmal von dem einen, das andere Mal vom anderen Merkmal ausgegangen werden. Auch steht das jeweilige Ausgangsmerkmal selbst nicht fest, sondern kann bald eine Plus-, bald eine Minusvariante sein. Dadurch erklärt sich das Zustandekommen *zweier* gleichberechtigter Beziehungslinien. Zum Schluß sei nochmals auf die hieraus folgende Nichtumkehrbarkeit der Zuordnung zwischen beiden Merkmalen hingewiesen. (Vgl. auch S. 70.) Man kann z. B. aus Abb. 40 ablesen, daß die tödliche Dosis für die 38 g schweren Frösche im Durchschnitt etwa 12 betrug. Umgekehrt wogen aber die Frösche, die an der Dosis 12 starben, im Durchschnitt nicht 38 g, sondern nur etwa 33 g.

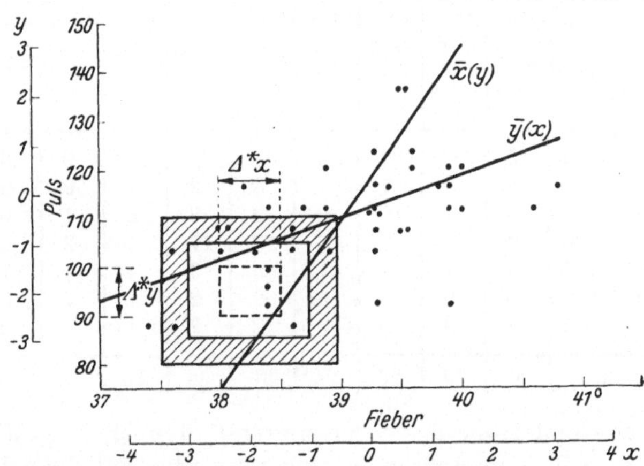

Abb. 42. Punktwolke für den Zusammenhang zwischen Fieber und Puls nach Tabelle 21, Beispiel 8.

Einige kurze Bemerkungen sind noch über die Anwendung der *gleitenden Durchschnitte* bei der Bearbeitung zweiparametriger Häufigkeitsverteilungen zu machen. Wir wählen als Beispiel nochmals die zusammengehörigen Fieber- und Pulsmessungen bei einem Fall von Pneumonie nach Tabelle 21, S. 64. In Abb. 42 sind diese 44 Wertepaare als Punktwolke gezeichnet; diese Darstellung stimmt bis auf die Maßstäbe mit Abb. 29 überein.

---

[1] Näheres siehe GEBELEIN, „Zahl und Wirklichkeit", 2. Aufl. Heidelberg (1949), S. 366ff.

Besonders bei einer Aufnahme mit einer verhältnismäßig geringen Zahl von Beobachtungen erweist es sich nach den Ausführungen der Abschnitte II und III als zweckmäßig, von der Methode der gleitenden Durchschnitte Gebrauch zu machen, um die Form der Häufigkeitsverteilung besser herauszuarbeiten. Entsprechend dem Vorgang an Hand von Abb. 8 geht dies im Falle einer zweiparametrigen Verteilung folgendermaßen vonstatten: Mittels eines Fensters werden Bereiche der Punktwolke herausgeblendet und jeweils die Zahl der erfaßten Punkte gezählt. Das Fenster selbst wird in waagerechter und senkrechter Richtung um gleichmäßige Schritte $\Delta^* x$ und $\Delta^* y$ weitergerückt und auf diese Weise die ganze Punktwolke abgetastet. Das Ergebnis wird in einer Korrelationstabelle zusammengestellt, deren Zeilen und Spalten die einzelnen Lagen des Fensters kennzeichnen. So gehört die in Abb. 42 eingezeichnete Stellung des Fensters zum Feld der Tabelle 31 mit $x = -2$ und $y = -2$.

Tabelle 31. *Mit Schiebefenster gewonnene Korrelationstabelle nach Abb. 42.*

Temperatur x_i / Puls y_j		37—37,5	37,5—38	38—38,5	38,5—39	39—39,5	39,5—40	40—40,5	40,5—41	41—41,5	Summe
		— 4	— 3	— 2	— 1	0	+ 1	+ 2	+ 3	+ 4	
80— 90	— 3	2	2	2	2	1	2	1	0	0	12
90—100	— 2	3	4	7	7	3	3	1	0	0	28
100—110	— 1	1	4	10	9	9	9	3	1	0	46
110—120	0	0	3	6	5	13	17	7	2	1	54
120—130	+ 1	0	1	1	1	6	9	4	1	1	24
130—140	+ 2	0	0	0	0	2	2	1	1	0	6
140—150	+ 3	0	0	0	0	2	2	1	1	0	6
Summe		6	14	26	24	36	44	18	6	2	176

Da Breite und Höhe des Schiebefensters doppelt so groß sind wie die Schritte in beiden Achsenrichtungen, werden auf diese Weise alle Punkte von Abb. 42 vierfach gezählt. Demgemäß beträgt in Tabelle 31 die Summe $4 \cdot 44 = 176$. Für statistische Schlüsse ist natürlich zu beachten, daß nach wie vor in Wirklichkeit die Zahl der statistischen Elemente nur $m = 44$ ist. Die Auswertung der Korrelationstabelle geht in der oben beschriebenen Weise vor sich. Es ist zunächst

$$M_{10} = -0{,}2045; \quad M_{01} = -0{,}4773; \quad M_{20} = 3{,}136; \quad M_{02} = 2{,}091 \quad \text{und} \quad M_{11} = 1{,}182.$$

Die SHEPPARDsche Korrektur ist hier mit $\Delta x = 2$ bzw. $\Delta y = 2$ zu berechnen, da die Größe des Fensters in beiden Richtungen zwei Einheiten beträgt. Ihr Betrag $\frac{\Delta x^2}{12} = \frac{1}{3}$ ist von M_{02} und M_{20} abzusetzen, während M_{11} keine Korrektur erfährt. Verbessert sind also diese beiden Größen

$$M_{20} = 3{,}136 - 0{,}333 = 2{,}803; \; M_{02} = 2{,}091 - 0{,}333 = 1{,}758.$$

Die weitere Rechnung nach den Formeln (36) liefert für den Korrelationskoeffizienten den Wert $\boldsymbol{r = 0{,}526}$. Dieses Ergebnis steht in befriedigendem Einklang mit dem S. 68 mitgeteilten Wert $r = 0{,}56$. Die hier angewandte Berechnungsart ist aber mit sehr viel weniger Arbeit verbunden.

XI. Bemerkungen über den Gebrauch der einfachsten Korrelationstabellen mit 2 oder 3 Spalten und Zeilen.

Zunächst wird der Fall der sogenannten BERNOULLIschen Korrelation besprochen, wo für jedes Merkmal nur zwei Möglichkeiten bestehen. Da in der Praxis oft ein solcher Entscheid sich nicht treffen läßt, wird die Aufgliederung nach drei Klassen empfohlen. Es zeigt sich, daß auch mit Korrelationstabellen mit je drei Zeilen und Spalten sich angenehm arbeiten läßt. Dies wird ausführlich an Beobachtungsmaterial von REINOEHL über die Begabung von Eltern und Kindern vorgeführt.

Der einfachste Fall einer zweiparametrigen Verteilung liegt dann vor, wenn für jedes der beiden Merkmale nur zwei Befunde möglich sind. Man bezeichnet diesen Fall als „Doppelalternative" und spricht in diesem Zusammenhang von BERNOULLI*scher Korrelation.* Ohne Beschränkung der Allgemeinheit kann man annehmen, daß die beiden Merkmale x und y entweder Null oder Eins betragen. Die allgemeine Korrelationstabelle vereinfacht sich dadurch auf

Tabelle 32. BERNOULLI*sche Korrelation.*

y_i \ x_i	0	1	Summe
0	m_{11}	m_{21}	v_1
1	m_{12}	m_{22}	v_2
Summe	u_1	u_2	m

Die hier zu errechnenden Momente aber betragen

$$M_{10} = \frac{u_2}{m}, \; M_{01} = \frac{v_2}{m}, \; M_{20} = \frac{u_2}{m}, \; M_{02} = \frac{v_2}{m} \text{ und } M_{11} = \frac{m_{22}}{m}.$$

Damit wird weiter nach den Gleichungen (36)

$$\sigma^2 = M_{20} - M_{10}^2 = \frac{u_2}{m} - \frac{u_2^2}{m^2} = \frac{(u_1 + u_2)\,u_2 - u_2^2}{m^2} = \frac{u_1 u_2}{m^2},$$

$$\tau^2 = M_{02} - M_{01}^2 = \frac{v_2}{m} - \frac{v_2^2}{m^2} = \frac{(v_1 + v_2)\,v_2 - v_2^2}{m^2} = \frac{v_1 v_2}{m^2}, \quad \text{und}$$

$$r\sigma\tau = M_{11} - M_{10}M_{01} = \frac{m_{22}}{m} - \frac{u_2 v_2}{m^2}$$

$$= \frac{(m_{11} + m_{12} + m_{21} + m_{22})\,m_{22} - (m_{21} + m_{22})\,(m_{12} + m_{22})}{m^2}$$

$$= \frac{m_{11}m_{22} - m_{12}m_{21}}{m^2};$$

und endlich folgt für den Korrelationskoeffizienten r das Ergebnis

$$r = \frac{m_{11}m_{22} - m_{12}m_{21}}{\sqrt{u_1 u_2 v_1 v_2}}. \tag{38}$$

Der Aufbau dieser Formel ist sehr bemerkenswert: Um den Zähler zu bilden, sind die vier Besetzungszahlen in der sogenannten Vierfachtafel Tabelle 32 über kreuz zu multiplizieren und die Produkte voneinander abzuziehen; der Ausdruck unter der Quadratwurzel im Nenner aber ist das Produkt der vier Zeilen- und Spaltensummen, die bereits am rechten und unteren Rand der Korrelationstabelle aufgeführt sind. Vollkommene Abhängigkeit zwischen den beiden Merkmalen besteht dann, wenn entweder

$$m_{12} = m_{21} = 0 \qquad \text{oder} \qquad m_{11} = m_{22} = 0$$

ist. Im ersteren Fall ergibt sich $r = +1$, im zweiten $r = -1$. Dagegen sind die beiden Merkmale voneinander unabhängig, wenn der Zähler des Ausdrucks für r verschwindet, wenn also infolge der Gleichung

$$m_{11}m_{22} = m_{12}m_{21}$$

die Proportionen

$$\frac{m_{11}}{m_{12}} = \frac{m_{21}}{m_{22}} \qquad \text{bzw.} \qquad \frac{m_{11}}{m_{21}} = \frac{m_{12}}{m_{22}}$$

gelten. Diese Gleichungen drücken aus, daß in jeder Klasse des einen Merkmals die beiden Befunde des anderen Merkmals im gleichen Verhältnis verteilt vorkommen.

Betrachten wir als Beispiel den Fall der Doppelalternative

„männlich — weiblich“ und „blond — dunkel“.

Falls keine Korrelation zwischen Geschlecht und Haarfarbe besteht, muß sich dies so äußern, daß einerseits der gleiche Anteil der Männer wie der Frauen blond bzw. dunkel ist, anderseits das Geschlechtsverhältnis bei den blonden Personen mit dem bei den dunklen übereinstimmt.

Bestätigen sich jedoch diese jedem Kinde geläufigen Proportionen nicht, so deutet dies darauf hin, daß die beiden Merkmale nicht unabhängig voneinander sind. Es erhebt sich aber dann die Frage, wie umfangreich das Beobachtungsmaterial sein muß, damit als ausgeschlossen gelten kann, daß die Abweichungen von diesen Proportionen nur auf einem Zufall beruhen. Auf diese bei der statistischen Forschung immer wiederkehrende Frage, „ist dies ein Zufall ?“, kommen wir im folgenden noch ausführlich zu sprechen. (Vgl. Beispiel 19, S. 175.)

Es lassen sich vom Standpunkt der praktischen beschreibenden Statistik aus schwere Bedenken gegen das Verlangen nach einer Alternativentscheidung geltend machen. Die Fälle sind nämlich selten, in denen wie bei den Begriffspaaren „männlich — weiblich“ oder „lebendig — tot“ ein unbestreitbarer Entscheid zwischen zwei einander ausschließenden, den Sachverhalt erschöpfenden Möglichkeiten getroffen werden kann. Bereits bei der Alternative „gesund — krank“ ist es in vielen Fällen außerordentlich schwer, eine befriedigende Entscheidung zu treffen. Wer aber sollte in der Lage sein, bei Begriffspaaren wie „gut — schlecht“, „begabt — unbegabt“, „nützlich — schädlich“ usw., wo ebenfalls die Übergänge fließend sind und mancherlei Mischungen eintreten können, alle Elemente einer statistischen Masse in *nur* zwei Klassen einzuteilen ? Es ist meistens notwendig, eine dritte Klasse zuzulassen, in welche die Mittelstufen sowie die gemischten und die noch nicht klar ausgeprägten Fälle einzureihen sind. ***Einteilung in drei Klassen ist nicht nur leichter als in zwei Klassen, sondern auch befriedigender und, was das Ergebnis betrifft, zuverlässiger.*** Dagegen fallen, wenn es sich um allgemeine qualitative Beurteilung und nicht etwa um Messung handelt, die etwaigen Vorzüge einer noch weiteren Aufgliederung etwa in vier oder fünf Klassen nicht mehr so sehr ins Gewicht. Es soll nun gezeigt werden, daß der Übergang zu drei Klassen auch für die Rechnung keine Erschwerung mit sich bringt.

Liegt eine Korrelationstabelle mit drei Zeilen und drei Spalten vor, so wird man zweckmäßig die Merkmale mit — 1, 0 und + 1 beziffern. Dabei bedeutet + 1 die positive Variante (+), — 1 die negative Variante (—) und 0 die unausgeprägte Mittelklasse (μ). Die in Rede stehende sogenannte Neunfachtafel lautet

Tabelle 33. *Korrelationstabelle mit 3 × 3 Feldern.*

y_i \ x_i	— 1	0	+ 1	Summe
— 1	m_{11}	m_{21}	m_{31}	v_1
0	m_{12}	m_{22}	m_{32}	v_2
+ 1	m_{13}	m_{23}	m_{33}	v_3
Summe	u_1	u_2	u_3	m

Für die Momente ersten und zweiten Grades gelten die einfachen Formeln

$$M_{10} = \alpha = \frac{u_3 - u_1}{m}, \quad M_{01} = \beta = \frac{v_3 - v_1}{m},$$

$$M_{20} = \sigma^2 + \alpha^2 = \frac{u_1 + u_3}{m}, \quad M_{02} = \tau^2 + \beta^2 = \frac{v_1 + v_3}{m}, \tag{39}$$

$$M_{11} = r\sigma\tau + \alpha\beta = \frac{m_{11} + m_{33} - m_{13} - m_{31}}{m}.$$

Man beachte, daß in den Gleichungen (39) die Besetzungszahlen der Mittelklassen explizit überhaupt nicht vorkommen; sie wirken sich nur als Bestandteile der Gesamtzahl m aus, die im Nenner dieser Brüche steht. Es ist hier nicht lohnend, wie oben bei der BERNOULLIschen Korrelation die Ausdrücke für σ^2, τ^2 und $r\sigma\tau$ allgemein auszurechnen, indem man auf die Besetzungszahlen zurückgreift. Man rechnet vielmehr mit den Momenten nach Gleichung (39) weiter und erhält mit deren Hilfe wie stets

$$\sigma^2 = M_{20} - M_{10}^2, \quad \tau^2 = M_{02} - M_{01}^2, \quad r = \frac{M_{11} - M_{10}M_{01}}{\sqrt{M_{20} - M_{10}^2} \cdot \sqrt{M_{02} - M_{01}^2}}. \tag{39a}$$

Beispiel 12: Vererbung der Intelligenz (Zahlenangaben nach REINÖHL)[1]. Es wurden in Württemberg durch Rundfrage bei den Volksschulen die Fälle gesammelt, in denen für die Eltern der Schulkinder die Begabungsstufe noch festgestellt werden konnte. Das Ergebnis für rund 10000 Kinder beiderlei Geschlechts lautet folgendermaßen:

Tabelle 34. *Begabungsstufen von Eltern und Kindern.*

Eltern / Kinder	+ +	μ μ	— —	+ —	Summe
+	1817	733	61	824	3435
μ	645	2637	388	1056	4726
—	78	571	677	584	1910
Summe	2540	3941	1126	2464	10071

In der Originalarbeit sind die Kinder nach dem Geschlecht unterschieden, und es wird dort vor allem gezeigt, daß die Begabung auf Knaben und Mädchen in gleicher Weise vererbt wird. Die geringfügigen Unterschiede zwischen den entsprechenden relativen Häufigkeiten bei Knaben und Mädchen liegen durchweg im Streubereich der zufälligen Schwankungen (vgl. S. 149). Daher können wir hier, wo es sich um den stochastischen Zusammenhang zwischen den Begabungsstufen von Eltern und Kindern handelt, von der Unterscheidung des Geschlechts absehen.

[1] Archiv f. Rassen- und Gesellschafts-Biologie 29 (1935) S. 28ff.

Wir betrachten zunächst die 7607 Kinder, deren Eltern nach Tabelle 34 derselben Begabungsstufe angehören; die Kinder aus (hinsichtlich der Begabungsstufe) inhomogenen Ehen lassen wir vorläufig beiseite. Allgemein müssen wir unterscheiden zwischen der Begabung x des Vaters, y der Mutter und z des Kindes. Jedem dieser drei Merkmale wird einer der drei Werte $+1$, 0 und -1 zugesprochen, je nachdem von überdurchschnittlicher, von mittelmäßiger oder von unterdurchschnittlicher Begabung berichtet wird. Im Falle der homogenen Ehen, die in Tabelle 35 für sich verzeichnet sind, ist demnach $x = y$; es besteht zwischen x und y die Korrelation $r_{xy} = 1$.

Tabelle 35. *Begabung der Kinder aus homogenen Ehen.*

Kinder z \ Eltern $x=y$	+ 1	0	— 1	Summe
+ 1	**1817**	**733**	**61**	**2611**
0	**645**	**2637**	**388**	**3670**
— 1	**78**	**571**	**677**	**1326**
Summe	**2540**	**3941**	**1126**	**7607**

Die Auswertung dieser Tabelle nach (39) ergibt

$$M_{10} = \frac{2540 - 1126}{7607} = 0{,}1859, \qquad M_{20} = \frac{2540 + 1126}{7607} = 0{,}4819,$$

$$M_{01} = \frac{2611 - 1326}{7607} = 0{,}1689, \qquad M_{02} = \frac{2611 + 1326}{7607} = 0{,}5175,$$

$$M_{11} = \frac{1817 + 677 - 78 - 61}{7607} = 0{,}3096;$$

und hieraus folgt nach Gleichung (39a)

$$r_{xz} = \frac{0{,}3096 - 0{,}1859 \cdot 0{,}1689}{\sqrt{0{,}4819 - 0{,}1859^2} \cdot \sqrt{0{,}5175 - 0{,}1689^2}} = \frac{0{,}2782}{\sqrt{0{,}4475 \cdot 0{,}4891}} = \mathbf{0{,}594}.$$

Die Frage ist nun die nach dem allgemeinen Zusammenhang zwischen x, y und z ohne die einschränkende Bedingung $x = y$. Um hierauf eine Antwort zu finden, greifen wir auf die erste der Beziehungsgleichungen (30) S. 80 zwischen drei Beobachtungsreihen zurück. Sie lautet, mit den nach (28) normierten Merkmalen ξ, η und ζ geschrieben,

$$\zeta = \frac{r_{xz} - r_{xy}\, r_{yz}}{1 - r_{xy}^2}\, \xi + \frac{r_{yz} - r_{xy}\, r_{xz}}{1 - r_{xy}^2}\, \eta \pm \sqrt{\frac{\Delta}{1 - r_{xy}^2}}$$

$$\text{mit } \Delta = 1 - r_{xy}^2 - r_{xz}^2 - r_{yz}^2 + 2\, r_{xy}\, r_{xz}\, r_{yz}.$$

Von dieser mathematischen Gestalt muß also die bestimmte stochastische Beziehung sein, die wohl ohne Zweifel zwischen der Begabung von Vater, Mutter und Kind besteht. Infolge der durch die Erfahrung bestätigten

Gleichberechtigung der Geschlechter darf man aber hier weiterhin annehmen, daß $r_{xz} = r_{yz} = r$ ist, daß also zwischen Vätern und Kindern und zwischen Müttern und Kindern der stochastische Zusammenhang gleich eng ist. Die hingeschriebene Gleichung vereinfacht sich dadurch erheblich. Es wird mit $r_{xz} = r_{yz} = r$ in diesem (symmetrischen) Fall

$$\frac{r_{xz} - r_{xy}\, r_{yz}}{1 - r_{xy}^2} = \frac{r\,(1 - r_{xy})}{1 - r_{xy}^2} = \frac{r}{1 + r_{xy}} \text{ und ebenso } \frac{r_{yz} - r_{xy}\, r_{xz}}{1 - r_{xy}^2} = \frac{r}{1 + r_{xy}},$$

sowie $\triangle = 1 - r_{xy}^2 - r_{xz}^2 - r_{yz}^2 + 2\, r_{xy}\, r_{xz}\, r_{yz} = 1 - r_{xy}^2 - 2\, r^2\,(1 - r_{xy})$

und damit
$$\frac{\triangle}{1 - r_{xy}^2} = 1 - \frac{2r^2}{1 + r_{xy}}.$$

Die in Rede stehende Gleichung lautet also

$$\zeta = \frac{r}{1 + r_{xy}}(\xi + \eta) \pm \sqrt{1 - \frac{2r^2}{1 + r_{xy}}}. \tag{40}$$

Diese Gleichung ohne Streuungsglied stellt eine Ebene dar, welche über der x, y-Ebene schräg aufgespannt ist (vgl. Abb. 36, S. 85, und Abb. 37, S. 86) und von dieser aus gesehen mitten durch die räumliche Punktwolke aller Merkmalstripel x, y, z hindurchgeht. Die Punktwolke gibt den stochastischen Zusammenhang zwischen den drei Größen wieder.

Was an diesem Zusammenhang, der die Größe ζ in Abhängigkeit von ξ und η darstellt, als deterministisch angesprochen werden kann, wird durch Gleichung (40) ohne Streuungsglied, die die Gleichung der genannten Ebene ist, wiedergegeben. Es kann sein, daß im empirischen Befund manche xy-Kombinationen besonders häufig und andere besonders selten vorkommen. Das hat zur Folge, daß die Punktwolke, in Richtung z gesehen, Dichteunterschiede zeigt. Die Lage und Bedeutung der Beziehungsebene wird hiervon aber nicht berührt. Es ist stets

$$\zeta = \frac{r}{1 + r_{xy}}(\xi + \eta) = C \cdot (\xi + \eta) \text{ mit der Konstanten } C = \frac{r}{1 + r_{xy}}. \tag{40a}$$

Dagegen hängen die sich einstellenden Werte für r_{xy} und r davon ab, mit welcher Häufigkeit die möglichen Paarungen x, y vorkommen, und sekundär wird hierdurch auch die zu erwartende Streuung, allerdings nur schwach, beeinflußt. Daher sei nochmals hervorgehoben, allgemeingültig ist der Zusammenhang (40a), d. h. die Beziehung

$$r = C \cdot (1 + r_{xy}); \tag{40b}$$

die Korrelationskoeffizienten r und r_{xy} aber sind von Fall zu Fall möglicherweise verschiedene Konstanten. Da durch die Betrachtung der homogenen Ehen Tabelle 35 ein Wertepaar $r = 0{,}594$, $r_{xy} = 1$ gewonnen ist, kann man nun die Konstante C angeben. Sie beträgt bei der württembergischen Erhebung recht genau $C = \mathbf{0{,}30}$. Es mag sein, daß durch weiteres Beobachtungsmaterial dieser Wert sich noch etwas ändert. Auf keinen Fall kann er nach dem Satz von S. 81 1/2 oder mehr betragen (denn dann würde für ein $r_{xy} < 1$, das sich durchaus verwirklichen läßt, das Streuungsglied von Gleichung (40) verschwinden und damit der Zusammenhang aufhören, ein stochastischer zu sein, ganz im Widerspruch zur Erfahrung). Das empirische Ergebnis $C = 0{,}30$ drückt innerhalb der Gleichung (40a) folgendes aus: Vergleicht man Kinder miteinander, deren einer Elternteil gleich begabt ist, während der andere Elternteil jeweils um eine Notenstufe verschieden ist, so werden die Kinder sich im Durchschnitt um 30% dieser Notenstufe unterscheiden.

Es liegt der Wunsch nahe, diese Zusammenhänge an Hand der Beobachtungen nach Tabelle 34 noch weiter zu verfolgen und nach Möglichkeit zu bestätigen. Auch ist noch die Frage unbeantwortet, wie eng nun tatsächlich in der württembergischen Bevölkerung im ganzen die Korrelation zwischen Eltern und Kindern ist, und, was damit zusammenhängt, ob bei der Gattenwahl die Begabung eine große oder geringe Rolle spielt. Hierüber kann man nur durch Betrachtung der inhomogenen Ehen, die in der vierten Spalte von Tabelle 34 verzeichnet sind, einigermaßen Aufschluß erhalten. Leider sind diese Ehen nicht ausführlich aufgegliedert. Wollte man die Bezeichnung (+ —) wörtlich nehmen, so müßten unter den Männern und Frauen der Elterngeneration je 2540 + 1232 = 3772 überdurchschnittlich begabte Personen (+), 3941 mittelmäßige (μ) und 1126 + 1232 = 2358 unterdurchschnittliche (—) zu finden sein; die Mittelstufe wäre also viel zu schwach vertreten. Es ist also die Angabe (+ —) wohl nur so aufzufassen, daß bei den betreffenden Kindern ein auffallender Unterschied zwischen den Begabungsstufen beider Eltern bestanden hat. Im Einzelfall kann es sich dann noch um jede der drei Kombinationen (+ μ), (+ —) oder (μ —) handeln.

Um einen sinnvollen Vergleich zwischen Eltern und Kindern durchzuführen, kann man annehmen, daß in beiden Generationen gleiche Anteile den drei Klassen +, μ und — zugehörten. Wir haben also wie bei den Kindern nach Tabelle 34 auch bei den Vätern und Müttern mit 3435 überdurchschnittlichen, 4726 mittleren und 1910 unterdurchschnittlichen Begabungen zu rechnen. Nach Abzug der homogenen Ehen bleiben für die inhomogenen Ehen noch je 895 Partner der ersten, 785 Partner der zweiten und 784 Partner der dritten Klasse übrig. Wird endlich damit gerechnet, daß die symmetrischen Kombinationen gleich oft vorkommen, daß also gleich viele Männer wie Frauen in bestimmter Weise andere Partner haben, so gibt es nur *eine* mögliche Zuordnung von Vätern und Müttern, bei der die in Tabelle 34 genannte Anzahl inhomogener Ehen herauskommt. Sie lautet:

Tabelle 36. *Zuordnung der Väter und Mütter nach Tabelle 34.*

Väter x / Mütter y	+ 1	0	— 1	Summe
+ 1	2540	448	447	3435
0	448	3941	337	4726
— 1	447	337	1126	1910
Summe	3435	4726	1910	10071

Aus Tabelle 36 folgt nun

$$M_{10} = M_{01} = \frac{3435 - 1910}{10071} = 0{,}1514, \qquad M_{20} = M_{02} = \frac{3435 + 1910}{10071} = 0{,}5307,$$

$$M_{11} = \frac{2540 + 1126 - 2 \cdot 447}{10071} = 0{,}2752 \text{ und damit}$$

$$r_{xy} = \frac{0{,}2752 - 0{,}1514^2}{0{,}5307 - 0{,}1514^2} = \frac{0{,}2522}{0{,}5077} = \mathbf{0{,}497.}$$

Es stellt sich also heraus, daß mit $r_{xy} = 0{,}5$ bei der württembergischen Bevölkerung offenbar die Begabung bei der Gattenwahl ganz beachtlich mitspricht. Nach Gleichung (40b) ist nun endlich zu vermuten, daß bei dieser Bevölkerung zwischen Kindern und Eltern die Korrelation

$$r = 0{,}3 \cdot (1 + r_{xy}) = 0{,}3 \cdot (1 + 0{,}5) = 0{,}45$$

besteht. Die Frage ist, ob sich diese Voraussage an Tabelle 34 bestätigen läßt oder nicht.

Während nun die Aufgliederung der inhomogenen Ehen nach den drei Gruppen unter den dargelegten Annahmen eindeutig war, kann man die Verteilung der Kinder aus diesen Ehen auf die drei Gruppen nicht eindeutig ausrechnen. Es bleibt ein kleiner Spielraum für eine gewisse Willkür bei der Annahme der Besetzungszahlen in der folgenden Tabelle 37 bestehen. Vorgeschrieben sind für diese Tabelle erstens die Spaltensummen nach Tabelle 34, zweitens die Zeilensummen nach Tabelle 36, und drittens muß nach Gleichung (40b) gefordert werden, daß von Zeile zu Zeile der Durchschnittswert $\bar{z}$ um 0,30 zunimmt. Es wurde nun lediglich die Aufgliederung in der Mittelspalte mit 350, 456 und 250 aus dem Handgelenk vorgenommen, während die übrigen sechs Besetzungszahlen hinzuberechnet worden sind. Die Übersicht erscheint durchaus glaubwürdig und dürfte dem tatsächlichen Befund recht nahe kommen.

Tabelle 37. *Vermutliche Verteilung der Kinder auf die inhomogenen Ehen nach Tabelle 34.*

Kinder z / Eltern	+	μ	—	Summe
$(+\ \mu)$	440	350	106	896
$(+\ —)$	250	456	188	894
$(\mu\ —)$	134	250	290	674
Summe	824	1056	584	2464

Nachdem hiermit die erforderliche Ergänzung der Ausgangstabelle 34 bewerkstelligt ist, geht die restliche Untersuchung in wenigen Schritten vonstatten. Man mag versucht sein, derartige Überbrückungen, wie sie an diesem Beispiel ausführlich besprochen worden sind, geringschätzig zu betrachten. Gewiß wäre es auch schöner, wenn stets das Beobachtungsmaterial dem Zwecke angepaßt vollständig wäre. Jedoch spielen solche Aushilfen in der wissenschaftlichen Praxis eine erhebliche Rolle, und sie erfordern häufig mehr Sachkenntnis und Findigkeit als die schulmäßig zu erlernende eigentliche Rechnung, die nach Bereitstellung der ausreichenden Vorgaben viel eher Hilfskräften überlassen werden kann.

Es wird nun Tabelle 35 mittels Tabelle 37 ergänzt und auf diese Weise eine vermutliche Korrelationstabelle gewonnen, in der die Begabungsstufen sämtlicher Kinder und Eltern einander gegenübergestellt sind. Dies geht so vor sich, daß z. B. die Zahl 440 in Tabelle 37 oben links zur Hälfte den Vätern der Klasse $x = +1$ und zur anderen Hälfte denen der Klasse $x = 0$ zugezählt wird. Das Ergebnis ist folgende Übersicht:

Tabelle 38. *Vermutliche Zuordnung der Begabungsstufen der Väter und Kinder nach Tabelle 34*

Kinder z \ Väter x	+ 1	0	— 1	Summe
+ 1	2162	1020	253	3435
0	1048	2937	741	4726
— 1	225	769	916	1910
Summe	3435	4726	1910	10071

Hier ist wie bei Tabelle 36

$M_{10} = M_{01} = 0{,}1514, \; M_{20} = M_{02} = 0{,}5307$, aber

$$M_{11} = \frac{2162 + 916 - 225 - 253}{10071} = 0{,}2582 \text{ und damit}$$

$$r = \frac{0{,}2352}{0{,}5077} = \mathbf{0{,}463.}$$

Die Übereinstimmung mit dem vorausgesagten Wert $r = 0{,}45$ ist also voll befriedigend. Die Streuung endlich beträgt nach Gleichung (40) $\sqrt{1-2Cr} = \sqrt{1-0{,}6 \cdot 0{,}45} = \sqrt{0{,}73} = 0{,}85$. Das heißt, daß zwar im Durchschnitt mit jeder Begabungsstufe eines Elternteils die Begabung der Kinder um 30% dieser Stufe steigt, daß aber die Streuung hierbei gegenüber der allgemeinen Streuung nur unwesentlich verringert ist.

Schon wiederholt wurde betont, daß stochastische Zusammenhänge nicht in der Weise umkehrbar sind, wie man dies von der Schulzeit her an funktionalen Zusammenhängen gewohnt ist. Diese grundlegende Tatsache äußert sich bei der Frage der Begabungsvererbung in besonders merkwürdiger Weise. Betrachten wir als Beispiel eine Personengruppe mit überdurchschnittlicher Begabung um einen bestimmten Grad. Es drückt für sie die Tatsache, daß $r = 0{,}45$ beträgt, aus, daß einerseits ihre Eltern im Durchschnitt die Mittelstufe nur um 0,45 Grad überragten, anderseits, daß dasselbe auch ihre Kinder tun werden. Für die Großeltern und die Enkel beträgt diese Abweichung von der Norm gar nur noch $0{,}45^2 = 0{,}20$ usw. Wenn man diesen widerspruchsvoll scheinenden Sachverhalt nicht von der hier gewonnenen Warte aus betrachtet, kann die Deutung recht unterschiedlich lauten: Optimisten werden vielleicht im Hinblick auf die vorhergehenden Generationen an eine fortschreitende Höherentwicklung glauben, Pessimisten richten ihren Blick auf die jeweils folgende Generation und finden ihre Auffassung ebenfalls bestätigt. Aber auch das Absinken des Niveaus nach beiden Seiten ist ein Befund, der sich dem Betrachter aufdrängt, sobald er die Großen der Geschichte besonders ins Auge faßt. In Wirklichkeit sind die Widersprüche nur scheinbar, und sie beruhen darauf, daß immer wieder andere statistische Teilmassen zum Vergleich herangezogen werden. Das beschrieben Wechselspiel aber ist nichts anderes als die kennzeichnende Wirkung der unregelmäßig streuenden Schwankungen.

Die scheinbaren Widersprüche rühren von der gewohnten Betrachtungsweise auf der Mittelwertstufe her. Auf der Streuungsstufe erweisen sie sich als gegenstandslos.

XII. Zweiparametrige Normalverteilungen erster und zweiter Art.

Ebenso wie die Normalverteilungen erster und zweiter Art unter den einparametrigen Verteilungen eine ganz besondere Rolle spielen, tun dies auch deren Verallgemeinerung auf zwei und mehr Parameter, wenn es sich darum handelt, mehrparametrige Häufigkeitsverteilungen und die bei ihnen zwischen den verschiedenen Merkmalen bestehenden Korrelationszusammenhänge zu untersuchen. Wir betrachten hier nur den zweiparametrigen Fall. Für ihn werden die Normalverteilungen erster und zweiter Art einander gegenübergestellt, ihre Besonderheiten im Zusammenhang mit dem Korrelationsproblem dargelegt und für die Verteilungen zweiter Art mit Beispiel 13 (Zusammenhang zwischen Costa-Reaktion und Blutsenkung) ein bemerkenswerter Fall ausführlich dargestellt und besprochen.

---

a) Normalverteilungen 1. Art mit zwei Parametern.

Zeichnet man wie in Abb. 40 S. 94 Häufigkeitsverteilungen für zwei Merkmalsreihen x und y perspektivisch auf, so erhält man in vielen Fällen recht ebenmäßige Hügel, deren Grundgestalt durch eine zweiparametrige GAUSSsche Verteilung dargestellt wird. Während eine einparametrige GAUSSsche Verteilung durch die beiden statistischen Maßzahlen α und σ gekennzeichnet und festgelegt ist, stehen nun im zweidimensionalen Fall hierfür fünf Konstante zur Verfügung, nämlich die beiden Mittelwerte α und β, deren Streuungen σ und τ sowie der Korrelationskoeffizient r. Um die Formeln so einfach wie möglich zu halten, wollen wir sofort von den normierten Veränderlichen

$$\xi = \frac{x - \alpha}{\sigma} \quad \text{und} \quad \eta = \frac{y - \beta}{\tau}$$

Gebrauch machen und in Verallgemeinerung der Formel (10) S. 35 die *normierte zweiparametrige* GAUSS*sche Verteilung* mit der Gleichung

$$h(\xi, \eta) = \frac{1}{2\pi\sqrt{1 - r^2}} e^{-\frac{1}{2(1-r^2)}(\xi^2 - 2r\xi\eta + \eta^2)} \tag{41}$$

betrachten. Bei dieser Funktion liegt alles das ausgeprägt vor, was in den Abschnitten VIII und X auf Grund der Momente ersten und zweiten Grades über den Korrelationszusammenhang zwischen x und y festgestellt worden ist.

Vor allem sind die Beziehungslinien exakt geradlinig. Es gelten für sie mit Streuungsglied die Gleichungen (23) S. 68

$$\xi = r\eta \pm \sqrt{1 - r^2} \quad \text{bzw.} \quad r\xi\ \eta = \ \pm\sqrt{1 - r^2}.$$

Die beiden Geraden $\xi = r\eta$ und $\eta = r\xi$ schneiden sich im Schwerpunkt der Verteilung, der an der Stelle $\xi = \eta = 0$, d. h. $x = \alpha$, $y = \beta$ der Grundrißebene liegt. Besonders bemerkenswert ist für Gleichung (41) das Verhalten im Grenzfalle $r = 0$. Indem das gemischtquadratische Glied im Exponenten verschwindet, zerfällt die Funktion $h(\xi, \eta)$ in zwei Faktoren, die selbst nichts anderes sind als die normierten GAUSSschen Verteilungen nach Gleichung (10) für ξ und η je für sich. Es ist für $r = 0$

$$h(\xi, \eta) = \frac{1}{\sqrt{2\pi}} e^{-\frac{1}{2}\xi^2} \cdot \frac{1}{\sqrt{2\pi}} e^{-\frac{1}{2}\eta^2} = h(\xi) \cdot h(\eta).$$

Diese Beziehung von der Form $h(\xi, \eta) = h(\xi) \cdot h(\eta)$ ist aber nun die strenge Bedingung dafür, daß die beiden Merkmale wirklich ganz unabhängig voneinander sind, indem die Häufigkeit des Auftretens der verschiedenen möglichen Werte ξ gar nicht davon beeinflußt wird, welcher Wert η gerade vorliegt, und umgekehrt.

Bei einer zweiparametrigen Verteilung nach Gleichung (41) folgt also aus dem Verschwinden des Korrelationskoeffizienten r die stochastische Unabhängigkeit der beiden Größen x und y voneinander in aller Strenge. Bei dieser Verteilung ist, wie alle diese Feststellungen zeigen, die einfache Korrelationstheorie in geradezu idealer Weise verwirklicht, und es hat daher seinen guten Grund, wenn der Sachverhalt beim Vorliegen einer mehrparametrigen Normalverteilung erster Art gewöhnlich als Fall der „*Normalkorrelation*" bezeichnet wird.

Abb. 43 zeigt in Parallelprojektion den Häufigkeitshügel einer zweiparametrigen Normalverteilung erster Art mit mäßig großem positivem Korrelationskoeffizienten r. Die Niveaulinien dieses Hügels sind von oben gesehen homologe (d. h. ähnliche und ähnlich liegende) Ellipsen mit dem gemeinsamen Mittelpunkt in S, dem Schwerpunkt der Verteilung, der zugleich Projektionspunkt des Gipfels in die Grundrißebene

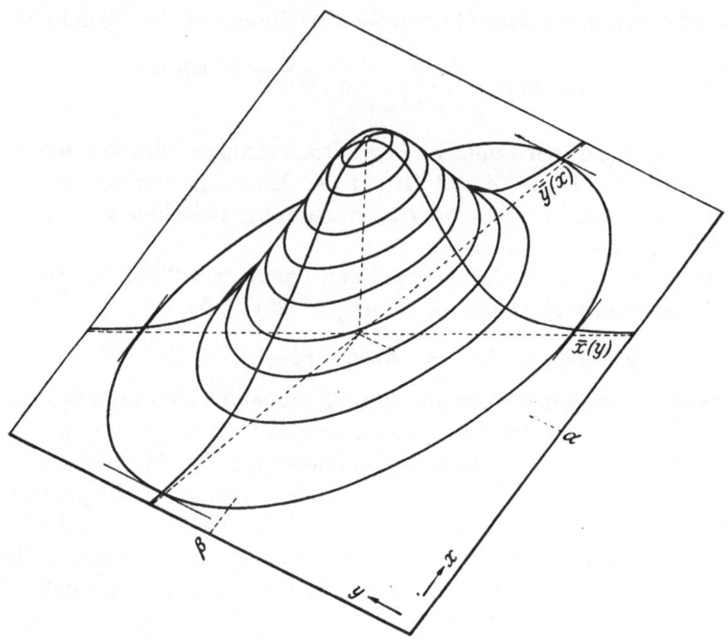

Abb. 43. Normalkorrelation — Häufigkeitshügel einer zweiparametrigen Gaußschen Verteilung.

ist. Werden diese Ellipsen aus Abszissen- bzw. Ordinatenrichtung betrachtet, so liegen ihre Mittellinien übereinander in zwei Lotebenen, welche die xy-Ebene in den beiden Beziehungsgeraden $\bar{x}\ (y)$ bzw. $\bar{y}\ (x)$ schneiden. Das Auseinanderklaffen dieser beiden Geraden mit dem Kreuzungspunkte S zeigt nach dem Vorgang von Abb. 39 S. 92 die Enge oder Weite des stochastischen Zusammenhangs zwischen x und y an.

Wegen späteren Gebrauchs sei noch erwähnt, daß bei einer zweiparametrigen Gaussschen Verteilung aus den Werten der Momente ersten und zweiten Grades, oder was dasselbe ist, aus den fünf statistischen Maßzahlen α, β, σ, τ und r die höheren Momente alle zwangsläufig folgen. Wir schreiben der Einfachheit halber nur für die normierten Größen ξ und η die ersten Formeln hin. Hierbei bedeutet $M_{\mu\nu}$ den Mittelwert des Produkts $\xi^{\mu} \cdot \eta^{\nu}$

auf Grund der Verteilung $h(\xi, \eta)$ nach Gleichung (41). Die ersten dieser Momente sind

$$M_{00} = 1; \; M_{10} = M_{01} = 0; \; M_{20} = M_{02} = 1 \quad \text{und} \quad M_{11} = r.$$

Allgemein ist für alle Potenzprodukte $\xi^\mu \cdot \eta^\nu$, für welche die Summe $\mu + \nu$ der Exponenten eine ungerade Zahl ist, $M_{\mu\nu} = 0$, also z. B.

$$M_{30} = M_{21} = M_{12} = M_{03} = 0.$$

Ist dagegen $\mu + \nu$ eine gerade Zahl, so ist $M_{\mu\nu}$ eine Funktion von r.

$$\begin{aligned} &M_{04} = M_{40} = 3; \; M_{13} = M_{31} = 3r; \; M_{22} = 1 + 2r^2; \\ &M_{06} = M_{60} = 15; \; M_{15} = M_{51} = 15r; \; M_{24} = M_{42} = 3\,(1 + 4r^2); \\ &M_{33} = 3r\,(3 + 2r^2). \end{aligned} \tag{41a}$$

Man findet das Wort „Normalkorrelation" manchmal auch in einem etwas allgemeineren Zusammenhang gebraucht, nämlich dann, wenn die Beziehungslinien im weiteren Sinn gemäß Abb. 41 S. 100 gerade sind. *Man kann nur in diesem Falle aussagen, daß der Korrelationskoeffizient r wirklich ein stichhaltiges Urteil über den stochastischen Zusammenhang ermöglicht*, während dies bei gewölbten Regressionslinien nicht der Fall ist, indem die Rechnung ein r ergibt, das wegen seines zu kleinen Wertes dem wirklichen Korrelationszusammenhang nicht entspricht. Wenn die Beziehungslinien gerade sind, ist es auch im allgemeinen nicht möglich, durch Verzerrung der x- und y-Skala den Häufigkeitshügel so abzuändern, daß ein noch größeres r herauskommt. In diesem Falle ist also r die sogenannte „*Maximalkorrelation*"[1].

b) Normalverteilungen 2. Art mit zwei Parametern.

Ein wichtiges Beispiel für den gegenteiligen Fall stellen die zweiparametrigen Normalverteilungen zweiter Art dar. Bei diesen treten zu den fünf Bestimmungsstücken einer zweiparametrigen GAUSSschen Verteilung noch zwei weitere hinzu, nämlich die beiden „Fluchtpunkte" für das Merkmal x und das Merkmal y. Kennzeichnend für diese mehr oder weniger stark unsymmetrischen Verteilungen ist, daß sie in Normalverteilungen erster Art übergehen, wenn man die Merkmale von den Fluchtpunkten aus gemessen logarithmisch aufträgt. Trotzdem lohnt es sich auch hier wie im einparametrigen Fall des Abschnitts VI, mit den unverzerrten Verteilungen zu arbeiten, weil dies ohne wesentliche Schwierigkeiten möglich ist, die charakteristischen Züge aber viel deutlicher dabei herauskommen.

Entsprechend den beiden Merkmalen treten hier zum Unterschied zu früher zwei Paare von Kenngrößen c_1, s_1 und c_2, s_2 auf. Entscheidend ist wiederum, daß die Momente beliebigen Grades für die Normal-

---

[1] GEBELEIN: Zahl und Wirklichkeit. 2. Auflage. Heidelberg 1950.

verteilung zweiter Art sich exakt berechnen lassen. Auch auf diese Rechnung gehen wir hier nicht näher ein, sondern beschränken uns darauf, die strengen Formeln für die interessierenden statistischen Maßzahlen mitzuteilen. Um diese Formeln in einfacher und handlicher Gestalt zu erhalten, empfiehlt es sich, von den Abkürzungen

$$\lambda_1 = e^{c_1^2 s_1^2}, \quad \lambda_2 = e^{c_2^2 s_2^2}, \quad \lambda_{12} = e^{R c_1 c_2 s_1 s_2} \tag{42}$$

Gebrauch zu machen. Die beiden Rechengrößen λ_1 und λ_2 entsprechen genau der früheren einzigen Größe λ nach Gleichung (12) S. 46. Der im Exponenten der dritten Größe λ_{12} vorkommende Faktor R ist die „Maximalkorrelation“ der zugeordneten Normalverteilung erster Art, die wohl von der Korrelation r der Häufigkeitsverteilung für x und y auseinanderzuhalten ist. In den folgenden Formeln werden die Absolutgrößen D, M und α jeweils vom Fluchtpunkt der betreffenden Größe x oder y aus gemessen. Es ist

der *Medianwert* für x bzw. y: $M_1 = \frac{1}{c_1}, \quad M_2 = \frac{1}{c_2},$ (43a)

der *häufigste Wert* für x bzw. y: $D_1 = \frac{1}{c_1 \lambda_1}, \quad D_2 = \frac{1}{c_2 \lambda_2},$ (43b)

der *Mittelwert* für x bzw. y: $\alpha = \frac{\sqrt{\lambda_1}}{c_1}, \quad \beta = \frac{\sqrt{\lambda_2}}{c_2}.$ (43c)

Weiter sind die *Streuungen* um α und β

$$\sigma = \alpha \sqrt{\lambda_1 - 1}, \quad \tau = \beta \cdot \sqrt{\lambda_2 - 1}, \tag{44}$$

und der *Korrelationskoeffizient* beträgt

$$r = \frac{\lambda_{12} - 1}{\sqrt{\lambda_1 - 1} \cdot \sqrt{\lambda_2 - 1}}. \tag{45}$$

Soweit der Zusammenhang der gebräuchlichen statistischen Maßzahlen mit den genannten Rechengrößen für eine zweiparametrige Normalverteilung zweiter Art.

Ist umgekehrt von einer solchen Verteilung bekannt, wo die Fluchtpunkte der beiden Veränderlichen x und y zu suchen sind, und liegen außerdem wie üblich die Größen α, β, σ, τ und r empirisch vor, so folgen die drei Rechengrößen (42) mittels der einfachen Formeln

$$\lambda_1 = 1 + \frac{\sigma^2}{\alpha^2}, \quad \lambda_2 = 1 + \frac{\tau^2}{\beta^2}, \quad \lambda_{12} = 1 + r\frac{\sigma\tau}{\alpha\beta}. \tag{46}$$

Hieraus lassen sich dann durch Logarithmieren der Gleichungen (42) leicht die Produkte cs berechnen sowie die Maximalkorrelation R. Die Größen c und s einzeln erhält man aber wie früher durch Zurückgreifen auf die Mittelwerte oder die Medianwerte. (Siehe auch Auswertung zu Beispiel 13.)

Dieser Sachverhalt sei an folgendem Beispiel genauer erläutert:

Beispiel 13: Gegenüberstellung von Costa-Reaktion und Blutkörper-Senkungsreaktion (Zahlenangaben nach HEITE und RAUSCH)[1]. Costareaktion x (in Minuten bis zum Eintritt der ersten Trübung) und Blutsenkung y (in mm nach einer Stunde) wurden bei Haut- und Geschlechtskranken 362mal gleichzeitig bestimmt. Das Ergebnis ist, aufgeteilt nach den angegebenen Klassen, in Tabelle 39 wiedergegeben:

Tabelle 39. *Korrelationstabelle für Costa- und Blutsenkungsreaktion.*

BSG \ Costa x_i	y_j	1,25—5,25	5,25—9,25	9,25—13,25	13,25—17,25	17,25—21,25	21,25—25,25	25,25—29,25	Summe ν_j
		—2	—1	0	+1	+2	+3	+4	
1,7—10,7	—2	2	3	25	59	28	13	5	135
10,7—20,7	—1	7	23	43	19	1	1	0	94
20,7—30,7	0	36	11	6	2	2	1	1	59
30,7—40,7	+1	21	6	5	1	0	0	0	33
40,7—50,7	+2	7	2	4	1	0	0	0	14
50,7—60,7	+3	3	6	2	0	0	0	0	11
60,7—70,7	+4	5	1	0	0	0	0	0	6
70,7—80,7	+5	4	1	0	1	0	0	0	6
80,7—90,7	+6	2	0	0	0	0	0	0	2
90,7—100,7	+7	1	0	0	0	0	0	0	1
100,7—110,7	+8	0	0	0	0	0	0	0	0
110,7—120,7	+9	1	0	0	0	0	0	0	1
Summe	u_i	89	53	85	83	31	15	6	362

(Die nicht ganzzahligen Klassengrenzen dieser Aufteilung wurden deshalb gewählt, damit keine Beobachtungspunkte auf die Klassengrenzen fallen.)

In Abb. 44 ist dieser Befund in der schon wiederholt benützten Weise perspektivisch dargestellt. Der sich andeutende Häufigkeitshügel hat hier eine ganz andere Form als bei einer zweidimensionalen GAUSSschen Normalverteilung. Auf keinen Fall sind die Höhenlinien wie in Abb. 43 Ellipsen. Der Häufigkeitshügel erinnert eher an einen Teil eines Ringgebirges. Dies kommt auch darin zum Ausdruck, daß die Beziehungslinien weit davon entfernt sind, Gerade zu sein. In Abb. 44 sind die Zeilenmittel $\bar{x}(y_j)$ und die Spaltenmittel $\bar{y}(x_i)$ als Polygonzüge analog Abb. 41 ebenfalls eingezeichnet worden. Die Tatsache dieser gekrümmten Beziehungslinien hat nach S. 100 zur Folge, daß hier der Korrelationskoeffizient r sich nicht dazu eignet, den stochastischen Zusammenhang

[1] Klin. Wschr. 1950 S. 401.

zwischen x und y zu beurteilen. Vielmehr fällt r absolut genommen kleiner aus, als dies dem wirklichen Korrelationszusammenhang entspricht. (Die an der Costaskala der Abb. 43 angebrachten Zeichen +++ usw. entsprechen der hierfür in der medizinischen Praxis gebräuchlichen Kennzeichnung des Reaktionsausfalls). Es seien nun noch die üblichen statistischen Maßzahlen dieser zweiparametrigen Häufigkeitsverteilung nach Tabelle 39 mitgeteilt. Sie betragen:

für die Costareaktion: Mittelwert $\alpha = 11{,}06$ Min., Streuung $\sigma = 6{,}0$ Min.

für die Senkungsreaktion: Mittelwert $\beta = 25{,}7$ mm, Streuung $\tau = 18{,}5$ mm,

dazu der gewöhnliche Korrelationskoeffizient $r = -0{,}57$.

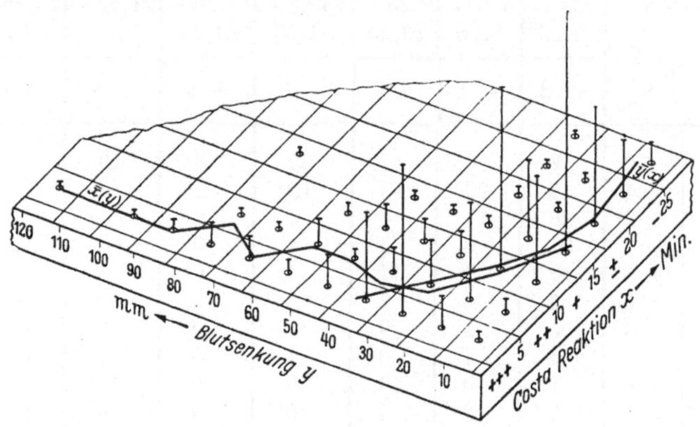

Abb. 44. Korrelation zwischen Costa- und Blutsenkungsreaktion als Beispiel für gekrümmte Beziehungslinien.

Nehmen wir nun an, die Verteilung für x und y sei eine zweidimensionale Normalverteilung zweiter Art, was durch die Existenz der unteren Grenzen Null beider Reaktionen als vermutliche Fluchtpunkte für x bzw. y nahegelegt wird, so hätte dies zur Folge, daß nach Gleichungen (42) und (46)

$$e^{c_1^2 s_1^2} = \lambda_1 = 1 + \left(\frac{\sigma}{\alpha}\right)^2 = 1 + \left(\frac{6{,}0}{11{,}06}\right)^2 = 1{,}294,$$

$$e^{c_2^2 s_2^2} = \lambda_2 = 1 + \left(\frac{\tau}{\beta}\right)^2 = 1 + \left(\frac{18{,}5}{25{,}7}\right)^2 = 1{,}520, \qquad (46)$$

$$e^{R c_1 s_1 c_2 s_2} = \lambda_{12} = 1 + r\frac{\sigma\tau}{\alpha\beta} = 1 - 0{,}57\,\frac{6{,}0 \cdot 18{,}5}{11{,}06 \cdot 25{,}7} = 1 - 0{,}222 = 0{,}778$$

ist. Daraus folgt (siehe Tafel für e^x im Anhang S. 187)

$c_1^2 s_1^2 = 0{,}258, \quad c_2^2 s_2^2 = 0{,}419, \quad R c_1 s_1 c_2 s_2 = -0{,}240$ und damit

$$R = \frac{-0{,}240}{\sqrt{0{,}258 \cdot 0{,}419}} = -0{,}73.$$

Diese Maximalkorrelation $R = -0{,}73$ würde den tatsächlich bestehenden Korrelationszusammenhang zwischen den beiden Reaktionen, dessen Beziehungslinien allerdings nicht linear sind, kennzeichnen. Der

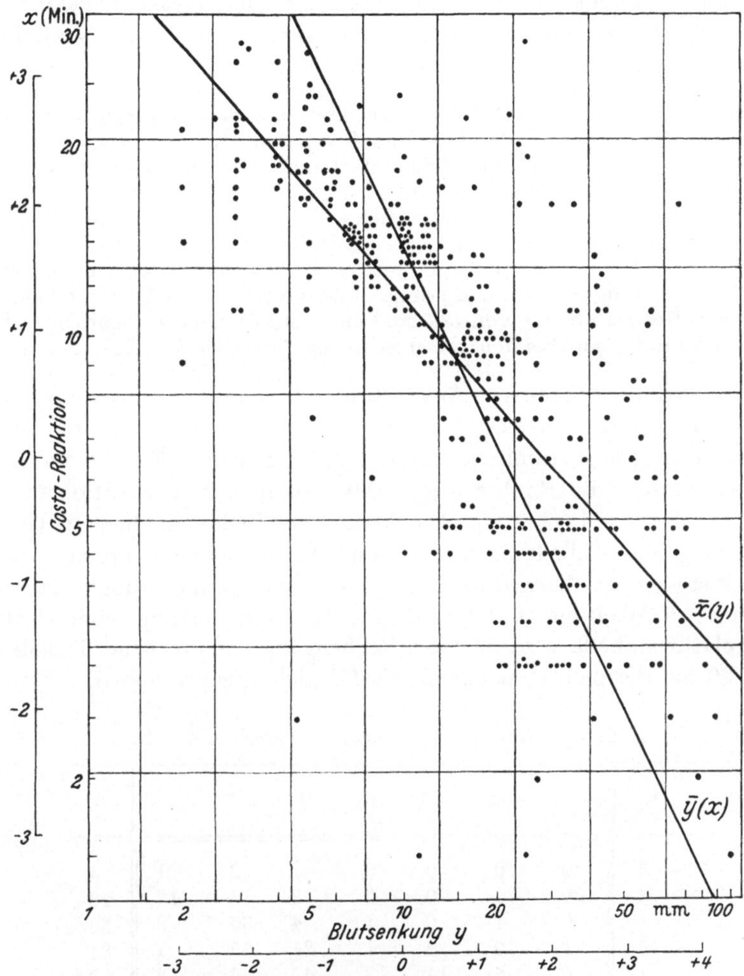

Abb. 45. Punktwolke für den Zusammenhang zwischen den Logarithmen von Costa- uud Blutsenkungswerten.

stochastische Zusammenhang dürfte also viel enger sein, als dies durch den gewöhnlichen Korrelationskoeffizienten $r = -0{,}57$ angezeigt wird, der wie oben dargelegt wurde, nur bei linearen Beziehungslinien zu einem brauchbaren Urteil führt.

Ob oder wie gut nun die Häufigkeitsverteilung des Beispiels 13 als eine zweiparametrige Normalverteilung zweiter Art angesprochen werden kann, zeigt sich am einfachsten, indem man das Beobachtungsmaterial hinsichtlich beider Merkmale logarithmisch aufzeichnet. Das ist in Abb. 45 unter Zurückgreifen auf die einzelnen Beobachtungspaare geschehen. In der Tat zeigt die erhaltene Punktwolke ungefähr die elliptische Form, die für eine zweidimensionale GAUSSsche Verteilung kennzeichnend ist.

Zum Zeichnen der Abb. 45 sei erwähnt, daß die erforderlich logarithmische Auftragung der Abszissen und Ordinaten für die einzelnen Punkte am bequemsten sich mit der Rechenschieberzunge ausführen läßt, die hierbei wie ein Zeichenlineal gehandhabt wird. Auf den handelsüblichen Rechenschiebern mit 25 cm Länge befindet sich als Grundskala eine logarithmische Einteilung mit der Länge 25 cm je Zehnerpotenz und als Quadratskala eine solche mit 12,5 cm Länge je Zehnerpotenz. Dazu kommt noch eine logarithmische Einteilung mit 6,25 cm Länge je Zehnerpotenz als Quadratskala der kleineren Rechenschieber von 12,5 cm Länge. Mit diesen drei logarithmischen Skalen kommt man bei den verschiedensten Aufgaben im allgemeinen aus.

Die weitere rechnerische Auswertung geht nun in der Weise vor sich, daß man, wie dies in Abb. 45 geschehen ist, ein geeignetes Rechteckgitter in die bilogarithmische Darstellung einzeichnet. Für die einzelnen Felder wurden die Punkte ausgezählt und in der Korrelationstabelle Tabelle 40 zusammengestellt. Die Spalten und Zeilen sind hier zur Unterscheidung von Tabelle 39 mit X_i und Y_j bezeichnet worden. Die X und Y stellen also Logarithmen der Costa- bzw. Blutsenkungswerte dar. Wegen der Wichtigkeit der zahlenmäßigen Auswertung einer solchen Korrelationstabelle wird hier der Rechengang entsprechend Tabelle 27 und 29 zu Beispiel 11 nochmals ausführlich wiedergegeben.

Tabelle 40. *Korrelationstabelle nach Abb. 44.*

Y_j \ X_i	—3	—2	—1	0	1	2	3	v_j
—3	0	0	0	0	1	2	1	4
—2	0	0	0	0	3	14	12	29
—1	0	1	0	1	4	35	9	50
0	1	0	2	1	21	55	1	81
1	0	2	14	13	43	6	2	80
2	2	10	31	15	8	5	1	72
3	0	5	11	6	11	1	0	34
4	2	3	5	1	0	1	0	12
u_i	5	21	63	37	91	119	26	**362**

Die für die weitere Rechnung erforderlichen Größen sind in der folgenden Tabelle 41 zusammengestellt. Insbesondere befinden sich im doppelt umrandeten Mittelteil die Produkte $m_{ij} \cdot X_i Y_j$.

Tabelle 41. *Zur Auswertung der Verteilung nach Tabelle 40.*

Y_j \ X_i	—3	—2	—1	0	1	2	3	Summe	$Y_j v_j$	$Y_j^2 v_j$
—3	0	0	0	—	—3	—12	—9	—24	—12	36
—2	0	0	0	—	—6	—56	—72	—134	—58	116
—1	0	2	0	—	—4	—70	—27	—99	—50	50
0	—	—	—	—	—	—	—	—	—	—
1	0	4	—14	—	43	12	6	43	80	80
2	—12	—40	—62	—	16	20	6	—72	144	288
3	0	—30	—33	—	33	3	0	—27	102	306
4	—24	—24	—20	—	0	8	0	—60	48	192
Summe	—36	—96	—199	—	79	—95	—96	—373	254	1068
$X_i u_i$	—15	—42	—63	—	91	238	78	287		
$X_i^2 u_i$	45	84	63	—	91	476	234	993		

Die weitere Zahlenrechnung analog S. 97 ergibt

$$\alpha = \frac{287}{362} = 0{,}7928;\ \sigma^2 = \frac{993}{362} - 0{,}7928^2 - \frac{1}{12} = 2{,}0313;\ \sigma = 1{,}426;$$

$$\beta = \frac{254}{362} = 0{,}7017;\ \tau^2 = \frac{1068}{362} - 0{,}7017^2 - \frac{1}{12} = 2{,}3746;\ \tau = 1{,}541;$$

$$r\sigma\tau = \frac{-373}{362} - 0{,}7928 \cdot 0{,}7017 = -1{,}5867;\ r = \frac{-1{,}5867}{1{,}426 \cdot 1{,}541} = -0{,}722.$$

Dieser Wert stimmt mit dem oben vorausgesagten $R = -0{,}73$ überein. Der auf Grund der Annahme einer Normalverteilung zweiter Art vermutete engere Korrelationszusammenhang bestätigt sich also sehr genau. Man hat daher guten Grund zu der Annahme, daß zwischen den Logarithmen der Costa- und Blutsenkungswerte Verhältnisse wie bei der Normalkorrelation (in der allgemeineren Fassung S. 115) vorliegen, so daß durch die bilogarithmische Verzerrung Maximalkorrelation eintritt. Es sei noch zum Schluß darauf hingewiesen, daß die hier erhaltenen quantitativen Verhältnisse nur für das in Beispiel 13 betrachtete Krankenmaterial Gültigkeit haben. In der Tat stellt sich heraus, daß bei anderem Krankengut andere Werte R auftreten.

Wir nehmen nach diesem Beispiel die Gegenüberstellung der zweidimensionalen Normalverteilungen erster und zweiter Art wieder auf, um sie noch etwas weiter zu verfolgen. Der Fall der Normalkorrelation, wie er bei den Normalverteilungen erster Art in reiner Ausprägung vorliegt, ist durch die beiden linearen Beziehungslinien gekennzeichnet, die sich im Schwerpunkt der Verteilung schneiden und in ihrer Richtung um so mehr voneinander abweichen, je geringer die Korrelation ist.

Bei den Normalverteilungen zweiter Art dagegen sind die Regressionslinien Potenzkurven, d. h. Funktionen des Typs $y = x^n$, wobei die beiden

Beziehungslinien sich *nicht* im Schwerpunkt der Verteilung schneiden. Letzterer liegt vielmehr um so weiter abseits von den Beziehungslinien, und zwar auf deren konkaver Seite, je mehr die Gestalt der Verteilung zweiter Art von einer solchen erster Art abweicht, und je stärker die Korrelation ist. Während bei einer Normalverteilung erster Art die Neigung der beiden Regressionslinien sich um so mehr voneinander unterscheidet, je geringer die Korrelation ausfällt, unterscheiden sich bei den Verteilungen zweiter Art die beiden Beziehungslinien in analoger Weise durch die Exponenten. Es ist mit den oben eingeführten Bestimmungsstücken c_1, s_1, c_2, s_2 und R sowie mit hier nicht weiter interessierenden Proportionalitätsfaktoren:

$$\bar{y}(x) = \text{const} \cdot x^{R\frac{c_2 s_2}{c_1 s_1}} \text{ und } \bar{x}(y) = \text{const} \cdot y^{R\frac{c_1 s_1}{c_2 s_2}}$$

Im Falle des Beispiels 13 ist nach S. 118

$$R\,\frac{c_2 s_2}{c_1 s_1} = -0{,}73 \cdot \sqrt{\frac{0{,}419}{0{,}258}} = -0{,}930$$

$$\text{und } R\,\frac{c_1 s_1}{c_2 s_2} = -0{,}73 \cdot \sqrt{\frac{0{,}258}{0{,}419}} = -0{,}572.$$

Daher ist

$$\bar{y}(x) = \text{const} \cdot x^{-0{,}930} \quad \text{und} \quad \bar{x}(y) = \text{const} \cdot y^{-0{,}572}.$$

Die erstere Beziehungslinie ist nahezu vom Typ $y = x^{-1} = \frac{1}{x}$. Es muß also die Beziehungslinie $y(x)$ sich den beiden Koordinatenachsen ziemlich genau in gleicher Weise asymptotisch nähern, wie dies die gleichseitige Hyperbel $y = \frac{1}{x}$ tut. Die andere Beziehungslinie dagegen ist etwa vom Typ $x = y^{-1/2} = \frac{1}{\sqrt{y}}$ oder $y = \frac{1}{x^2}$, d. h. sie nähert sich der x-Achse viel rascher als der y-Achse. Beides ist an den Regressionslinien der Abb. 44 deutlich zu erkennen.

c) Reduktion auf einen einzigen Parameter.

Wir haben nun noch gewisse Reduktionen zweiparametriger Verteilungen auf eindimensionale zu betrachten. Solche Reduktionen sind uns bereits begegnet, wenn die Zeilen oder Spalten einer Korrelationstabelle zusammengefaßt worden sind. Das Ergebnis waren die beiden einparametrigen Verteilungen der Häufigkeiten u_i für die Größen x_i bzw. der Anzahlen v_j für die Größen y_j (siehe rechten bzw. unteren Rand der Tabelle 28, S. 95). Dieser Vorgang läßt sich so auffassen, daß ein Häufigkeitshügel wie in Abb. 43 S. 114 in gleich dicke Scheiben parallel zur x-Achse oder parallel zur y-Achse geschnitten worden sei und die Verteilung der Masse des Hügels auf die durchnumerierten Scheiben ins Auge gefaßt wird. Auf diese Weise entstanden die wiederholt benützten einparametrigen Häufigkeitsverteilungen für die Größen x bzw. y allein, die jeweils am unteren und rechten Rand der Korrelationstabellen stehen.

Man kann nun diesen Vorgang in der Weise verallgemeinern, daß die Schnitte nicht parallel zu den Koordinatenachsen geführt werden, sondern entlang den Kurven einer Kurvenschar. Dabei sind die erhaltenen Scheiben im allgemeinen von veränderlicher Dicke und nicht eben. Es lassen sich bekanntlich die einzelnen Kurven einer Kurvenschar in der xy-Ebene darstellen durch eine Gleichung der Form $f(x, y) = \text{const.}$, wobei für jede Kurve die Konstante einen anderen Wert besitzt. Daher ist der Wert der Konstanten als Merkmal z zur Kennzeichnung der jeweiligen Kurve geeignet. Die gestellte Aufgabe läuft darauf hinaus, die Verteilung der Masse des Häufigkeitshügels in Abhängigkeit von z darzustellen. Wir bringen die Lösung dieser Fragestellung jedoch nicht allgemein, sondern betrachten nur zwei charakteristische Fälle, die eng mit den beiden Arten Normalverteilungen zusammenhängen.

Es ist eine Besonderheit der zweidimensionalen Normalverteilungen erster Art, daß man für z ebenfalls eine GAUSSsche Verteilung erhält, wenn $z = f(x, y)$ eine lineare Funktion, also

$$z = Ax + By + C \tag{47}$$

ist; und ebenso erhält man im Falle einer zweiparametrigen Normalverteilung zweiter Art für z wiederum eine solche, wenn $z = f(x, y)$ ein Potenzprodukt ist von der Form

$$z = C \cdot x^{\mu} y^{\nu}. \tag{48}$$

Es gelten hierfür folgende Beziehungen:

1. Liegt eine Normalverteilung erster Art vor mit den Mittelwerten α_1 und α_2, den Streuungen σ_1 und σ_2 und dem Korrelationskoeffizienten r für den Zusammenhang zwischen x und y, so gilt für die Größe z nach Gleichung (47) eine einparametrige GAUSSsche Verteilung mit dem *Mittelwert*

$$\alpha = A \cdot \alpha_1 + B \cdot \alpha_2 + C \tag{47a}$$

und der *Streuung* gemäß

$$\sigma^2 = A^2\sigma_1^2 + 2AB \cdot r\sigma_1\sigma_2 + B^2\sigma_2^2 \tag{47b}$$

(vgl. Gleichung 27a S. 72).

2. Liegt aber eine zweidimensonale Normalverteilung zweiter Art vor, bei der die Merkmalswerte x und y von ihren Fluchtpunkten aus gemessen werden, und deren Kenngrößen c_1, s_1, c_2, s_2 und R betragen, so daß

$$\lambda_1 = e^{c_1^2 s_1^2}, \ \lambda_2 = e^{c_2^2 s_2^2} \text{ und } \lambda_{12} = e^{R c_1 s_1 c_2 s_2}$$

sind, so besteht auch für die Größe z nach Gleichung (48) eine einparametrige Normalverteilung zweiter Art mit dem Fluchtpunkt bei $z = 0$ und den Kenngrößen c und s bzw. $\lambda = e^{c^2 s^2}$, die nach den Formeln

$$c = \frac{1}{C} c_1^{\mu} c_2^{\nu}; \qquad \lambda = \lambda_1^{\mu^2} \lambda_{12}^{2\mu\nu} \lambda_2^{\nu^2} \tag{48a}$$

zu berechnen sind. Wie stets (siehe S. 46) folgt dann hieraus

$$\alpha = \frac{\sqrt{\lambda}}{c}, \quad M = \frac{1}{c}, \quad D = \frac{1}{c\lambda} \text{ sowie } \sigma = \alpha\sqrt{\lambda - 1} \text{ usw.}$$

Wie man mit diesen Beziehungen arbeiten kann, sei an folgender Anwendung erläutert.

Beispiel 11 (Fortsetzung): Gewicht und tödliche Strophanthindosis bei Fröschen. Auf S. 98 war errechnet worden:
für die Froschgewichte x: $\alpha_1 = 30{,}76$ g, $\sigma_1 = 3{,}94$ g,
für die tödliche Dosis (je Tier) y: $\alpha_2 = 10{,}0 \cdot 10^{-6}$ g, $\sigma_2 = 2{,}20 \cdot 10^{-6}$ g,
Korrelation zwischen beiden Größen $r = 0{,}482$.

Es soll nun aus diesen Daten die Häufigkeitsverteilung der tödlichen Strophanthindosis pro Gewichtseinheit Frosch $\frac{y}{x}$ ausgerechnet werden. Diese Aufgabe würde man in herkömmlicher Weise durch Zurückgreifen auf die einzelnen Paare von Meßwerten in Angriff nehmen. Wenn man aber die Verteilung für x und y als eine Normalverteilung zweiter Art mit den Fluchtpunkten $x = 0$ und $y = 0$ betrachtet, so kann man das Ergebnis ohne lange Rechnung hinschreiben. Es ist nach dem Vorgang bei Beispiel 13 S. 118:

$$\lambda_1 = 1 + \left(\frac{\sigma_1}{\alpha_1}\right)^2 = 1{,}0164 \text{ und daraus } c_1^2 s_1^2 = 0{,}0163;$$

$$\lambda_2 = 1 + \left(\frac{\sigma_2}{\alpha_2}\right)^2 = 1{,}0484 \quad \text{,,} \quad \text{,,} \quad c_2^2 s_2^2 = 0{,}0474;$$

$$\lambda_{12} = 1 + r\,\frac{\sigma_1 \sigma_2}{\alpha_1 \alpha_2} = 1{,}0136 \quad \text{,,} \quad \text{,,} \quad R c_1 s_1 c_2 s_2 = 0{,}0136.$$

Außerdem ist

$$c_1 = \frac{\sqrt{\lambda_1}}{\alpha_1} = \frac{\sqrt{1{,}0164}}{30{,}76} = 0{,}0328, \quad c_2 = \frac{\sqrt{\lambda_2}}{\alpha_2} = \frac{\sqrt{1{,}0484}}{10{,}0} = 0{,}1024.$$

Hiermit ergibt sich für die Maximalkorrelation der Wert

$$R = \frac{0{,}0136}{\sqrt{0{,}0163 \cdot 0{,}0474}} = 0{,}488$$

gegenüber $r = 0{,}482$. Der Unterschied fällt also nicht ins Gewicht. Dies rührt davon her, weil infolge der weit abstehenden Fluchtpunkte die Verteilung nahezu symmetrisch ist.

Für die gestellte Aufgabe ist die zu untersuchende Kennfunktion $z = \frac{y}{x}$; es ist also in den Gleichungen (48) $C = 1$, $\mu = -1$ und $\nu = +1$ zu setzen. Damit wird

$$c = \frac{c_2}{c_1} = \frac{0{,}1024}{0{,}0328} = 3{,}12 \text{ und } \lambda = \frac{\lambda_1 \lambda_2}{\lambda_{12}^2} = \frac{1{,}0164 \cdot 1{,}0484}{1{,}0136^2} = 1{,}0376.$$

Also folgt für die Verteilung der tödlichen Dosen pro Gewichtseinheit Frosch

$$M = \frac{1}{c} = \frac{1}{3{,}12} = 0{,}321, \quad \alpha = M\sqrt{\lambda} = 0{,}321 \cdot \sqrt{1{,}0376} = 0{,}327,$$

$$\frac{\sigma}{\alpha} = \sqrt{\lambda - 1} = 0{,}194, \quad \sigma = 0{,}327 \cdot 0{,}194 = 0{,}0635.$$

Demgegenüber ergab die unmittelbare Auswertung des empirischen Materials von BEHRENS in guter Übereinstimmung

$$\alpha_{emp} = 0{,}326 \text{ und } \sigma_{emp} = 0{,}0658.$$

Auf S. 99 findet sich die Bemerkung, daß die Regressionslinie, welche die mittlere tödliche Dosis je Frosch in Abhängigkeit vom Gewicht angibt, darauf hindeutet, daß die Dosis mit der 0,8-ten Potenz des Gewichts ansteigt. Führt man dieselbe Rechnung wie oben für $\frac{y}{x}$ auch für die Größe $z = y/x^{0,8}$ durch, so erhält man für z wiederum eine Normalverteilung zweiter Art mit dem Fluchtpunkt bei $z = 0$, hier jedoch mit anderen Kennzahlen c und λ. Es ist in diesem Fall

$$c = c_2/c_1^{0,8} = 0{,}1024 / 0{,}0328^{0,8} = 2{,}50 \text{ und mit}$$

$$c^2 s^2 = c_1^2 s_1^2 - 2r\, c_1 s_1 c_2 s_2 \cdot 0{,}8 + c_2^2 s_2^2 \cdot 0{,}64 = 0{,}0249$$

der Wert

$$\lambda = e^{c^2 s^2} = e^{0{,}0249} = 1{,}0252.$$

Hieraus folgt insbesondere für die relative Streuung

$$\frac{\sigma}{\alpha} = \sqrt{\lambda - 1} = 0{,}159.$$

Während für das Verhältnis Dosis zu Gewicht die relative Streuung 19,4% betrug, ist sie hier also nur noch 15,9%. Der etwas engere Zusammenhang zwischen Dosis und der 0,8-ten Potenz des Gewichtes zeigt sich also daran, daß die übrig bleibende Streuung relativ geringer geworden ist.

XIII. Die Methode der Prüffunktionen.

In diesem und den folgenden Abschnitten werden nicht mehr allein empirische statistische Aufnahmen beschrieben, sondern auch durch theoretische Überlegungen erhaltene statistische Massen untersucht. Dabei richtet sich in diesem Abschnitt das Augenmerk vornehmlich auf die Bereitstellung geeigneter Prüfgrößen, die eng mit Mittelwerten und Streuungen zusammenhängen, und auf die Kenntnis der für diese geltenden Verteilungen. Es wird gezeigt, wie die Prüfgrößen und Prüffunktionen dazu dienen, auf statistische Massen zu schließen, die nicht beobachtet worden sind.

Im vorhergehenden Abschnitt wurde dargelegt, wie auf Grund zweiparametriger Normalverteilungen erster und zweiter Art, sogar mit Korrelation, für gewisse Größen $z = f(x, y)$ sich die Häufigkeitsverteilung gewinnen läßt. Am Beispiel $z = \frac{y}{x}$, angewandt auf den Fall der tödlichen Strophanthindosis bei Fröschen, wurde vorgeführt, wie dieses theoretische Ergebnis mit den Daten auf Grund direkter Auswertung des empirischen Versuchsmaterials übereinstimmt. Nehmen wir nun an, die Berechnung der statistischen Maßzahlen für z durch direkte Auswertung habe an einem anderen Versuchsmaterial stattgefunden als die theoretische Berechnung, so läge es nahe, durch Vergleich beider Ergebnisse ein Urteil darüber zu gewinnen, ob die beiden statistischen Befunde miteinander in Einklang stehen oder nicht. Dieser Gedanke liegt der Methode der Prüffunktionen zugrunde.

Allerdings sind es andere Prüfgrößen z als die im letzten Abschnitt betrachteten, die sich bei der genannten Aufgabe besonders bewährt haben. Wie zur Beschreibung von statistischen Massen eignen sich nämlich auch zu deren Prüfung am besten Mittelwerte, Streuungen und gewisse Kombinationen beider. Man kann natürlich mit dem Mittelwert nur zweier Größen x und y nicht viel anfangen, sondern fragt sofort nach dem Mittelwert vieler Größen $x_1, x_2, \ldots x_n$. Daher kommt man auch nicht mit einer zweidimensionalen Verteilung aus, sondern muß mit vielen Parametern rechnen. Es treten aber gegenüber dem im vorigen Abschnitt behandelten Fall auch wesentliche Vereinfachungen ein, indem erstens für jedes x_i, allein für sich betrachtet, dieselbe Verteilung besteht und zweitens die x_i alle untereinander stochastisch unabhängig sind. Wir betrachten nun der Reihe nach die wichtigsten Prüfgrößen und ihre Eigenschaften.

a) Mittelwert α.

Wir denken uns eine statistische Masse, bestehend aus unübersehbar vielen Elementen mit dem Mittelwert a und der Streuung s Aus dieser Masse werden wahllos n Elemente herausgegriffen, deren Merkmale $x_1, x_2 \ldots x_n$ betragen mögen. Diese n Elemente bilden eine gedachte statistische Aufnahme, deren Mittelwert a die hier in Rede stehende Prüfgröße z ist. Es ist also

$$z = \frac{1}{n}(x_1 + x_2 + \cdots + x_n) = \frac{x_1}{n} + \frac{x_2}{n} + \cdots + \frac{x_n}{n} = a. \qquad (49)$$

Nach Voraussetzung sind in der Ausgangsmasse die statistischen Elemente untereinander verschieden. Daher muß auch die Größe z immer wieder etwas anders ausfallen, je nachdem *welche* Elemente $x_1 \ldots x_n$ zufällig beim Herausgreifen erfaßt worden sind. Folglich gibt es auch für die Größe z eine Häufigkeitsverteilung, die kennenzulernen die gestellte Aufgabe ist. Wie üblich ist diese Häufigkeitsverteilung für z durch ihre statistischen Maßzahlen zu beschreiben, in erster Linie durch Mittelwert und Streuung. Der Mittelwert gibt an, welche Größe für z im Durchschnitt zu „erwarten" ist. Zum Unterschied zu den empirischen Durchschnittswerten hat sich für diesen theoretischen Mittelwert der Ausdruck „Erwartungswert von z" (geschrieben $E(z)$) eingebürgert. Ergänzt wird diese Aussage über den Erwartungswert von z wie stets durch die Angabe, wie eng sich die verschiedenen Werte z um diesen Mittelwert scharen. Das Maß hierfür ist die „Streuung von z", für die in diesem Zusammenhang die Abkürzung $Str(z)$ gebraucht wird. Es stehen das Quadrat der Streuung $Str^2(z)$ und der Erwartungswert $E(z)$ in derselben Beziehung zueinander wie σ^2 und a; es gilt also in Analogie zu Gleichung (3c) S. 16 die wichtige Gleichung

$$Str^2(z) = E(z^2) - E^2(z). \qquad (50)$$

Ein Beispiel für diesen hiermit eingeführten Begriff des Erwartungswertes ist bereits die oben über die Ausgangsmasse mitgeteilte Angabe, daß der Mittelwert der statistischen Elemente a betragen und deren Streuung s sein soll. Es ist demnach für beliebige x, also für x_1 sowohl wie für $x_2, x_3, \ldots x_n$ der Erwartungswert $E(x) = a$ und die zugehörige Streuung $Str(x) = s$.

Wir können bereits, ohne vorerst auf die besondere Form der in Rede stehenden Verteilungskurven einzugehen, $E(z)$ und $Str(z)$ auf Grund früherer Kenntnisse (vgl. S. 72) zusammensetzen. Es ist zum Beispiel

$$E\left(\frac{x_1}{n}\right) = \frac{a}{n} \quad \text{und} \quad Str^2\left(\frac{x_1}{n}\right) = \frac{s^2}{n^2}$$

und daher

$$E(z) = \underbrace{\frac{a}{n} + \frac{a}{n} + \cdots + \frac{a}{n}}_{n \text{ Glieder}} = a; \; Str^2(z) = \underbrace{\left(\frac{s}{n}\right)^2 + \left(\frac{s}{n}\right)^2 + \cdots + \left(\frac{s}{n}\right)^2}_{n \text{ Glieder}} = \frac{s^2}{n}.$$

Also gilt für den Mittelwert α als Prüfgröße z

$$E(z) = a, \quad Str(z) = \frac{s}{\sqrt{n}}. \tag{49a}$$

Sind hiermit Mittelwert und Streuung der Häufigkeitsverteilung $h(z)$ für die Prüfgröße $z = \alpha$ bekannt, so erhebt sich noch die Frage nach der Gestalt dieser Verteilungskurve im ganzen.

Um diese Frage zu beantworten, müßte man auf die erwähnte vielparametrige Häufigkeitsverteilung für das gleichzeitige Auftreten von x_1, $x_2, \ldots x_n$ zurückgreifen. Da die Veränderlichen x_i nach Voraussetzung voneinander stochastisch unabhängig sind, ist die vorliegende vieldimensionale Verteilung recht einfach gebaut. Sie lautet

$$h(x_1, x_2, \ldots x_n) = h(x_1) \cdot h(x_2) \cdot \ldots h(x_n), \tag{51}$$

wobei jeder der Faktoren $h(x_i)$ mit der Ausgangsverteilung $h(x)$ identisch ist (vgl. S. 113). Um diese Multiplikation der Häufigkeiten h etwas besser zu veranschaulichen, sei noch an das Beispiel eines Würfels erinnert, bei dem ebenfalls die verschiedenen Wurfergebnisse stochastisch voneinander unabhängig sind. Bei einem guten Würfel beträgt die Häufigkeit für das Auftreten jeder Augenzahl $\frac{1}{6}$, d. h.

$$h(1) = h(2) = h(3) = \ldots = h(6) = \frac{1}{6}.$$

Wenn nun zum Beispiel gefragt wird, wie häufig es vorkommt, daß von drei aufeinanderfolgenden Würfen der erste das Ergebnis 1, der zweite das Ergebnis 5 und der dritte das Ergebnis 4 liefert, so lautet nach Gleichung (51) die Antwort:

$$h(1;5;4) = h(1) \cdot h(5) \cdot h(4) = \frac{1}{6^3} = \frac{1}{216}.$$

Wohl zu unterscheiden hiervon ist der andere Fall, wenn die Reihenfolge der Wurfergebnisse 1; 5; 4 nicht interessiert. Die drei Zahlen können sechsmal in anderer Reihenfolge erscheinen, daher ist dann die Häufigkeit des in Rede stehenden Resultats $\frac{6}{216} = \frac{1}{36}$. Es kann auch sein, daß nur die Summe (oder auch der Durchschnittswert) der drei Augenzahlen betrachtet werden soll. Dann sind noch mehr Möglichkeiten in Rechnung zu stellen und deren Häufigkeiten zu addieren. Nach diesem Vorgang ist aus Gleichung (51) die Verteilung $h(z)$ der Prüfgröße z zu gewinnen.

Wir teilen nur das Ergebnis dieser Reduktion der vielparametrigen Verteilung auf die einparametrige für die Größe z mit. Wie bei dem S. 123 behandelten Fall ist die Verteilung für z exakt eine Normalverteilung erster Art, wenn die Ausgangsverteilung $h(x)$ eine solche ist. Aber auch dann, wenn diese Voraussetzung nicht zutrifft, unterscheidet sich die Verteilung $h(z)$ mit wachsendem n immer weniger von einer Normalverteilung erster Art. Man beachte, daß diese durch Mittelwert $E(z)$ und Streuung $Str(z)$ nach Gleichung (49a) wohlbestimmte Verteilung $h(z)$ bei gleichem Mittelwert a viel höher und schmäler geformt ist als die Ausgangsverteilung $h(x)$. Wird z. B. angenommen, die Ausgangsverteilung sei die flach verlaufende Glockenkurve für $\sigma = 2$ in Abb. 14 S. 34, so stimmt die Verteilung für die Durchschnitte z aus $n = 4$ x-Werten mit der mittleren Kurve ($\sigma = 1$) von Abb. 14 überein, die Verteilung der Durchschnitte aus $n = 16$ x-Werten mit der Kurve steilen $\left(\sigma = \frac{1}{2}\right)$.

Die Prüfgröße z nach Gleichung (49) ist geeignet zur Beurteilung von Durchschnitten. Um einen ersten Begriff davon zu geben, wie mit einer solchen Prüfgröße z gearbeitet wird, greifen wir zurück auf:

Beispiel 2 und 3 (Forts.): Froschgewichte der BEHRENSschen Versuchsreihe. Bei sämtlichen 148 Fröschen betrug das Durchschnittsgewicht 30,8 g und die Streuung $\pm$ 4,0 g; andererseits wurden die Gewichte einer Teilmenge von 25 Fröschen ausgewertet, und dabei das Durchschnittsgewicht von 29,5 g errechnet. Ist dieser etwas abweichende Wert verwunderlich?

Um die Prüfung mittels der Kenngröße z durchführen zu können, nehmen wir an, daß die an 148 Fröschen festgestellten Daten als Werte a und s für unsere Rechnung brauchbar seien (obwohl hierzu eigentlich ein viel umfangreicheres Beobachtungsmaterial erforderlich wäre). Ist $a = 30{,}8$ und $s = 4{,}0$, so folgt nach Gleichung (49a) für den Mittelwert einer Menge von 25 Fröschen

$$E(\alpha) = 30{,}8, \quad Str(\alpha) = \frac{4{,}0}{\sqrt{25}} = 0{,}8.$$

Es wäre also in etwa zwei Drittel der Fälle zu erwarten, daß der empirische Mittelwert von 25 Froschgewichten in den Grenzen $30{,}8 \pm 0{,}8$, d. h. zwischen 30,0 und 31,6 liegt. Der beobachtete Wert $\alpha_{\text{emp}} = 29{,}5$ fällt zwar etwas aus diesem einfachen Streuungsbereich heraus, nämlich um das $Q = \frac{30{,}8 - 29{,}5}{0{,}8} = 1{,}6$fache der Streuung. Eine Abweichung dieser Größenordnung ist aber nicht verwunderlich, denn nach Tabelle 13 S. 40 liegen bei einer GAUSSschen Verteilung immer noch mehr als 10% aller statistischen Elemente außerhalb dieses Bereiches. Erst von etwa der doppelten Streuung an kann eine Abweichung als auffallend gelten, und als beweiskräftig erst dann, wenn sie sich der dreifachen Streuung nähert oder sie gar überschreitet. Wären die Befunde über die mittleren Froschgewichte um das dreifache der Streuung voneinander verschieden, so würde das darauf hinweisen, daß entweder die Beobachtungen nicht aus dem gleichen Material stammen, oder wenn ihnen wie hier tatsächlich das gleiche Material zugrunde liegt, daß die

Auswahl nicht zufällig ohne Rücksicht auf die Gewichte geschehen sein kann. Es könnte dabei durchaus nach einem anderen Merkmal ausgewählt worden sein als dem Gewicht; das Auswahlprinzip müßte nur mit dem Gewicht in Korrelation stehen.

b) Die Streuung σ.

Es liegt nahe, aus den Werten $x_1, x_2 \ldots x_n$ nicht nur den Durchschnittswert α, sondern auch die Streuung σ der einzelnen x_i um diesen Mittelwert zu berechnen. Dies geschieht nach der Formel

$$z = \frac{1}{n} \sum_{i=1}^{n} (x_i - \alpha)^2 = \frac{1}{n} \sum_{i=1}^{n} x_i^2 - \alpha^2 = \sigma^2. \qquad (52)$$

Man kann übrigens diese Größe auch auf ganz andere Weise berechnen, ohne auf den Mittelwert Bezug zu nehmen, indem man die Differenzen aller möglichen Paare der x_i bildet, sie ins Quadrat erhebt und summiert. Dies ist besonders dann von Vorteil, wenn man, wie dies unten bei Beispiel 14 (S. 138) vorkommt, aus nur wenigen Werten x_i die Streuung zu berechnen hat, während der Durchschnittswert nicht interessiert. Es gibt bei n Beobachtungswerten $\frac{n(n-1)}{2}$ solche Paare zur Berechnung von Differenzen. Deren Quadratsumme liefert $n^2\sigma^2$.

Zahlenbeispiel: In dem unten S. 138 behandelten Beispiel 14 (Mehrfachbestimmung des Blutcalcium-Spiegels) wird als letzte Mehrfachbestimmung eine solche mit folgenden fünf Meßwerten mitgeteilt:

11,27; 11,36; 11,09; 11,16; 11,47 mg%.

Die Differenzen werden erhalten, indem jede Größe der Reihe nach mit allen folgenden verglichen wird. Das Ergebnis ist

$$n^2\sigma^2 = 25\,\sigma^2 = 0{,}09^2 + 0{,}18^2 + 0{,}11^2 + 0{,}20^2 + 0{,}27^2 + 0{,}20^2 + 0{,}11^2 +$$
$$+ 0{,}07^2 + 0{,}38^2 + 0{,}31^2 = 0{,}4630; \quad \sigma^2 = \frac{0{,}4630}{25} = \mathbf{0{,}0185}$$

und $\sigma = \mathbf{0{,}136}$.

Die Berechnung auf die übliche Weise über den hier nicht interessierenden Mittelwert α und die Quadratsumme $\Sigma\,(x_i - \alpha)^2$ führt natürlich zum gleichen Ergebnis. Mit Differenzen zu rechnen, empfiehlt sich für kleine Anzahlen bis $n = 5$; für größere n dagegen ist die übliche Berechnungsmethode kürzer.

Das Streuungsquadrat σ^2 dient also als weitere Prüfgröße z. Es ist nicht schwierig, den Erwartungswert $E(\sigma^2)$ anzugeben. Man erinnere sich daran, daß $n^2\sigma^2$ die Summe von $\frac{1}{2}\,n\,(n-1)$ Gliedern der Form $(x_i - x_j)^2$ ist. Jedes dieser Glieder hat den Erwartungswert

$$E(x_i - x_j)^2 = E(x_i^2 - 2\,x_i x_j + x_j^2) = E(x_i^2) - 2\underbrace{E(x_i x_j)}_{=0} + E(x_j^2) = 2s^2;$$

daher ist $$E(n^2\sigma^2) = n\,(n-1)s^2 \text{ oder } E(\sigma^2) = \frac{n-1}{n}s^2.$$

Dieses Ergebnis
$$E(\sigma^2) = \frac{n-1}{n}s^2 \tag{52a}$$

gibt zu einer wichtigen Folgerung Anlaß: Wenn man Mittelwert a und Streuung s der Größen x in der Ausgangsverteilung feststellen will, muß man möglichst viele Exemplare dieser Größe wahllos herausgreifen und aus ihnen Mittelwert α und Streuung σ berechnen. Dabei besagt Gleichung (49a), daß α im Durchschnitt mit a übereinstimmt. Bei σ^2 dagegen ist dies nach Gleichung (52a) nicht der Fall. *Es fällt vielmehr σ^2, wenn es aus n Beobachtungen errechnet wird, systematisch um den Faktor $\frac{n-1}{n}$ zu klein aus.* Will man daher, so gut es geht, aus σ^2 auf s^2 zurückschließen, so ist Multiplikation der Größe z nach Gleichung (52) mit $\frac{n}{n-1}$ erforderlich, was darauf hinausläuft, daß die Summe der Abweichungsquadrate vom Durchschnittswert nicht durch n, sondern durch $n-1$ zu dividieren ist, also

$$s^2 = \frac{1}{n-1}\sum_{i=1}^{n}(x_i-\alpha)^2. \tag{52b}$$

Im statistischen Schrifttum kommen für die Streuungsquadrate beide Formeln mit dem Nenner n und $n-1$ vor, werden aber nicht immer sorgfältig genug auseinandergehalten. Handelt es sich *nur um die Beschreibung* eines Befundes, so besteht der Nenner n zu Recht, weshalb wir bis an diese Stelle ausschließlich so gerechnet haben. Erst wenn man über die Beschreibung des beobachteten Materials hinaus auf die zugrunde liegende statistische Gesamtheit schließt, ein Sachverhalt, der vom anderen begrifflich scharf zu trennen ist, muß mit dem Nenner $n-1$ gerechnet werden. Es begegnet uns hier bei den Prüfverfahren zum erstenmal das wichtige Problem der statistischen Schlüsse, wobei es darauf ankommt, aus den beobachteten auf nichtbeobachtete statistische Massen zu schließen. Bereits der Fall der Streuung zeigt, daß bei der Übertragung empirischer Ergebnisse auf andere statistische Massen nicht nur mit Abweichungen durch zufällige Schwankungen zu rechnen ist, sondern daß auch systematische Verzeichnungen vorkommen können.

Wesentlich umständlicher ist die Berechnung von $Str(\sigma^2)$, weshalb wir uns hier auf die Mitteilung des Ergebnisses beschränken[1]. Will man wie die bisher betrachteten Erwartungswerte und Streuungen auch $Str(\sigma^2)$ ohne

[1] Siehe Ärztl. Forschung 1950 S. I. 291.

einschränkende Voraussetzungen über die Gestalt der Ausgangsverteilung berechnen, so muß man über Mittelwert a und Streuung s hinaus auch deren Schiefe ϱ und Exzeß ε in Betracht ziehen. Dabei zeigt die genaue Rechnung, daß die Schiefe ϱ sich forthebt, wohl aber der Exzeß ε im Endergebnis vorkommt. Es ist

$$Str(\sigma^2) = \frac{n-1}{n} s^2 \sqrt{\frac{2}{n-1} + \frac{\varepsilon}{n}} = E(\sigma^2) \cdot \sqrt{\frac{2}{n-1} + \frac{\varepsilon}{n}}. \qquad (52c)$$

Während für den Durchschnittswert α (siehe S. 128) unter recht allgemeinen Voraussetzungen mit dem Eintreten einer exakten GAUSSschen Verteilung gerechnet werden kann, ist dies bei der Verteilung für die Prüfgröße $z = \sigma^2$ nicht der Fall. Es kann hier gar keine Normalverteilung erster Art vorliegen, weil die Größe z nicht negativ ausfallen kann, und daher die Verteilung für z den Punkt 0 als wohlbestimmte Grenze besitzt, wie die Normalverteilung zweiter Art ihren Fluchtpunkt.

Die Verteilungsfunktionen zwar nicht für z selbst, sondern für die Größe

$$\chi^2 = \frac{n z}{s^2} = \frac{n \sigma^2}{s^2} \qquad (52d)$$

wurden von KARL PEARSON erforscht und tabellenmäßig berechnet, allerdings unter der einschränkenden Voraussetzung einer GAUSSschen Normalverteilung für die Ausgangsmasse. Wie man an den Gleichungen (52a) und (52c) mit $\varepsilon = 0$ sofort abliest, ist

$$E(\chi^2) = n - 1; \; Str(\chi^2) = \sqrt{2(n-1)} = E(\chi^2) \sqrt{\frac{2}{n-1}}. \qquad (52e)$$

Da in diesen Formeln immer $(n - 1)$ vorkommt, liegt es nahe, bei den χ^2-Verteilungen mit dem Parameter $n - 1 = N$ zu arbeiten.

Zur Ergänzung sei noch vermerkt, daß für die Schiefe der χ^2-Verteilung die einfache Formel $\varrho = \sqrt{\frac{8}{n-1}} = \sqrt{\frac{8}{N}}$ gilt, woran man ersieht, daß die Unsymmetrie mit zunehmendem n immer geringer wird.

Infolge der Definitionsgleichung (52d) für χ^2 stimmt die Größe χ selbst bis auf einen konstanten Faktor mit σ überein; daher geben die Verteilungsfunktionen für χ auch Auskunft über die möglichen Verteilungen der Streuung σ. Diese Funktionen sind nach PEARSON vom Formeltyp

$$h(\chi) = \text{const.}\; \chi^{n-2} e^{-\frac{1}{2}\chi^2}.$$

In Abb. 46 sind diese Häufigkeitskurven für $n = 2$ bis 15 aufgezeichnet. An Abb. 46 erkennt man wieder, daß mit wachsendem n die Form der GAUSSschen Verteilung rasch angenähert wird. Bemerkenswert ist aber, daß es so elegante Formeln wie Gleichung (52e) für $E(\chi)$ und $Str(\chi)$ nicht gibt. Es ist z. B. für $n = 2$, 3, 4 und 5

$$E(\chi_2) = \sqrt{\frac{2}{\pi}} = 0{,}798; \quad E(\chi_3) = \sqrt{\frac{\pi}{2}} = 1{,}252; \quad E(\chi_4) = 2\cdot\sqrt{\frac{2}{\pi}} = 1{,}596$$

und
$$E(\chi_5) = \frac{3}{2}\sqrt{\frac{\pi}{2}} = 1{,}88.$$

Bei einer GAUSSschen Verteilung liegen (siehe Tabelle 14, S. 43) außerhalb des Bereichs $\alpha \pm 3\sigma$ zusammen 0,27% aller statistischen Elemente, also auf jeder Seite 0,135%. Wie schon oben (S. 43) dargelegt, hat es sich eingebürgert, diese 3σ-Grenzen der Normalverteilung erster Art als Grenze des „Zufallsbereichs“ aufzufassen und auch allgemein bei irgendwelchen Häufigkeitsverteilungen jene Bereiche an beiden Enden, die noch 0,135% der statistischen Elemente umfassen, als nicht mehr zufallsbedingt zu betrachten. Bei Verteilungen, die von einer GAUSSschen abweichen, stimmen diese Zufallsgrenzen mit $\alpha \pm 3\sigma$

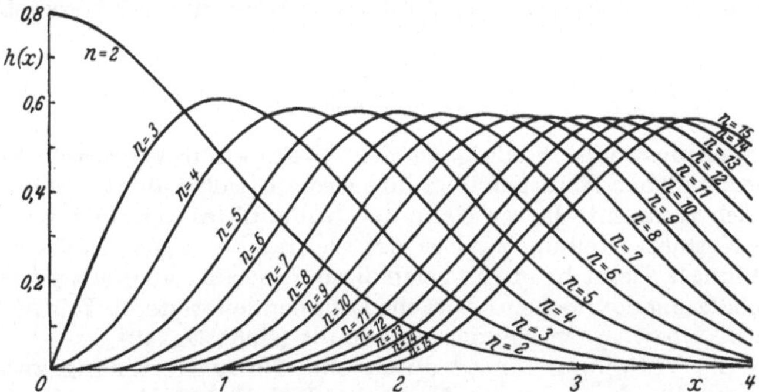

Abb. 46. Verteilungskurven für die Streuung aus n Beobachtungen.

im allgemeinen nicht genau überein, sondern werden mittels $\alpha \pm 3\sigma$ nur mehr oder weniger gut abgeschätzt. Diese exakten Zufallsgrenzen bezeichnet man dann im Hinblick auf eine GAUSSsche Verteilung folgerichtig als die 3σ-Äquivalente der betreffenden Häufigkeitsverteilung. Diese 3σ-Äquivalente wurden für die wichtigsten in der mathematischen Statistik vorkommenden Funktionen von S. KOLLER tabellenmäßig und graphisch in übersichtlicher Weise zusammengestellt[1].

Im Falle der χ^2-Verteilungen erhält man nach Gleichung (52e) eine rohe Abschätzung der 3σ-Äquivalente mittels der Formel

$$\chi^2_{\pm 3\sigma} = E(\chi^2) \pm 3\,Str(\chi^2) = N \pm 3\sqrt{2N} = N \pm 4{,}24\sqrt{N}.$$

Gewöhnlich werden wie bei KOLLER nur die oberen dieser Grenzen betrachtet. (Wir werden S. 183 sehen, daß das Überschreiten der oberen

[1] S. KOLLER, Graphische Tafeln zur Beurteilung statistischer Zahlen. Verlag Steinkopf, Leipzig und Dresden (1943).

Zufallsgrenze den Nachweis übernormaler Dispersion im Sinne der LEXISschen Theorie bedeutet, während durch das Unterschreiten der unteren Zufallsgrenze der weniger häufige Fall unternormaler Dispersion angezeigt wird.) Die genauen oberen 3σ-Äquivalente der χ^2-Verteilungen sind für einige Werte N in Tabelle 42 zusammengestellt. Eine brauchbare empirische Formel zur Berechnung dieser „Zufallsgrenzen" (ausgenommen für $N = 1$ und $N = 2$) lautet

$$\chi^2_{3\sigma} = N + 4\sqrt{N} + 4{,}25. \tag{53}$$

Tabelle 42. *3σ-Äquivalente der χ^2-Verteilungen.*

$N =$ 1	2	3	4	5	6	7	8
$\chi^2_{3\sigma} =$ 9,0	11,8	14,2	16,3	18,2	20,1	21,8	23,6

Es liegt nahe, die χ^2-Verteilungen durch Normalverteilungen zweiter Art mit dem Fluchtpunkt bei Null näherungsweise wiederzugeben. Für diese ist

$$\lambda = 1 + \frac{\sigma^2}{\alpha^2} = 1 + \frac{2}{n-1} = \frac{n+1}{n-1} \quad \text{und} \quad \alpha = n - 1.$$

Diese näherungsweise Wiedergabe der χ^2-Funktion vermittelt nicht nur einen anschaulichen Eindruck über ihre Gestalt (wobei allerdings für kleine n der Bereich in unmittelbarer Nähe des Nullpunktes auszunehmen ist, weil dort die Normalverteilung zweiter Art viel rascher gegen Null geht als die χ^2-Verteilung). Vielmehr erweist sich diese Näherung auch als praktisch bei der Abschätzung der noch zur Sprache kommenden weiteren Prüffunktionen, bei denen χ^2 bzw. χ im Nenner vorkommt (siehe S. 140).

Wird die Verteilung für χ^2 durch eine Normalverteilung zweiter Art ersetzt, so folgt daraus nach Abschnitt XII S. 123 für χ ebenfalls eine Normalverteilung zweiter Art als Näherung. Deren Kenngrößen lauten

$$\lambda = \sqrt[4]{\frac{n+1}{n-1}} \quad \text{und} \quad \alpha = \sqrt{n-1}\,\sqrt[8]{\frac{n-1}{n+1}}.$$

Hieraus folgt für $n = 2$, 3, 4 und 5

$$E(\chi_2) = 0{,}873; \quad E(\chi_3) = 1{,}300; \quad E(\chi_4) = 1{,}62; \quad E(\chi_5) = 1{,}90.$$

Man sieht, daß die Übereinstimmung mit den oben angegebenen exakten Werten recht gut ist. Die etwas größere Abweichung im Falle $n = 2$ ist mit Rücksicht auf die besondere Gestalt dieser Kurve (siehe Abb. 46) nicht verwunderlich.

Es kommt bei der Arbeit mit der χ^2-Funktion vor allem darauf an, den richtigen Wert für den Parameter N zu benutzen. Wird nach PEARSON mit der Voraussetzung einer GAUSSschen Verteilung als Ausgangsverteilung gerechnet, so ist beim Vorliegen von n Beobachtungswerten x_i jene χ^2-Funktion für die Streuung maßgeblich, deren Erwartungswert $N = n - 1$ beträgt. Im Schrifttum ist es üblich, dieses $N = n - 1$ als „Zahl der Freiheitsgrade" zu interpretieren, indem man erklärt, daß eine der n Dimensionen des Beobachtungsmaterials für die Berechnung des Mittelwerts a „verbraucht“ werde, so daß nur $n-1$ Dimensionen für die Bestimmung der Streuung verbleiben. Es wird auch gezeigt, wie bei komplizierteren Fragestellungen die ebenfalls auf die χ^2-Verteilung führen, die „Zahl der Freiheitsgrade“ auf Grund der Aufgabenstellung ermittelt werden kann [siehe S. 138 und Gleichung (79b) S. 181]. Der Unterschied zwischen einem Fall mit vielen und einem solchen mit wenigen Freiheitsgraden besteht darin, daß bei vielen Freiheitsgraden sich die Abweichungen mehr und mehr gegenseitig kompensieren, so daß die Gesamtstreuung relativ kleiner wird.

Etwas Ähnliches muß aber auch dann eintreten, wenn in der Ausgangsverteilung die großen Abweichungen im Vergleich zu einer GAUSSschen Verteilung abnorm häufig oder abnorm selten vorkommen, d. h. wenn ein positiver oder negativer Exzeß ε vorliegt. Es ist zu erwarten, daß der Fall eines positiven Exzesses in der Wirkung auf die Unsicherheit der resultierenden Streuung auf dasselbe hinausläuft wie eine Verringerung der Zahl der Freiheitsgrade und entsprechend umgekehrt. Nun ist aber nach Gleichung (52e) die

$$\text{„Zahl der Freiheitsgrade“}: N = 2\,\frac{E^2(\chi^2)}{Str^2(\chi^2)} = 2\,\frac{E^2(\sigma^2)}{Str^2(\sigma^2)} = n-1; \qquad (54)$$

wobei die letztere Umformung deshalb gilt, weil der konstante Faktor, der nach Gleichung (52d) χ^2 und σ^2 unterscheidet, sich bei der Division forthebt. Diese Beziehung gilt natürlich nur, wenn der Exzeß $\varepsilon = 0$ ist. Ist bei einer beliebigen Ausgangsverteilung mit einem von Null verschiedenen ε zu rechnen, so muß man auf Gleichung (52c) zurückgreifen und erhält hiermit für die äquivalente

$$\text{Zahl der Freiheitsgrade}: N = 2\,\frac{E^2(\sigma^2)}{Str^2(\sigma^2)} = \frac{n-1}{1+\frac{\varepsilon}{2}\cdot\frac{n-1}{n}}. \qquad (54\text{a})$$

Wie es sein muß, liefert diese Gleichung für $\varepsilon = 0$ wieder das alte Ergebnis $n-1$. Ein etwaiger positiver Exzeß wirkt vermindernd auf den Parameter, mit dem bei Anwendung der χ^2-Verteilung gerechnet werden muß. Auch fällt N im allgemeinen nicht ganzzahlig aus. Bei Abschätzung der Zufallsgrenzen mittels der 3σ-Äquivalente nach Tabelle 42 (S. 134) scheint uns die Hauptunsicherheit darin zu bestehen, daß bei nichtnormaler Ausgangsverteilung man sich in der Wahl der richtigen χ^2-Verteilung erheblich vergreifen kann, wenn man sich auf die Zahl der Freiheitsgrade festlegt.

Beispiel 2 und 3 (Fortsetzung): Froschgewichte der BEHRENSschen Versuchsreihe. Ebenso wie oben (S. 129) der Mittelwert der 25 herausgegriffenen Frösche mit dem Ergebnis an der ganzen Versuchsreihe verglichen und mit ihm im Einklang stehend befunden wurde, liegt es nahe, die entsprechende Prüfung auch für die empirische Streuung vorzunehmen, die sich für die 25 Frösche zu $\pm$ 3,65 g ergeben hatte (S. 17). Bei sämtlichen 148 Fröschen war die Streuung $\pm$ 4,00 festgestellt worden. Die Korrektur mit dem Nenner $(n - 1)$ statt n liefert hier keine nennenswerte Änderung; wir können also mit $s^2 = 16{,}0$ rechnen. Mit diesem Wert und mit $n = 25$ ergibt sich nach Gleichung (52d)

$$\chi^2 = \frac{25}{16}\sigma^2 = 1{,}562\sigma^2,$$

wobei σ die Streuung von 25 Froschgewichten bedeutet. Da der Mittelwert $E(\chi^2) = n - 1 = 24$ beträgt und $Str(\chi^2) = \sqrt{2(n-1)} = \sqrt{48} = 6{,}94$ ist, gilt

$$E(\sigma^2) = \frac{16}{25}24 = 15{,}36 \text{ und } Str(\sigma^2) = \frac{16}{25}6{,}94 = 4{,}43.$$

Es ist also in etwa zwei Drittel der Fälle zu erwarten, daß σ^2 in den Grenzen $15{,}36 \pm 4{,}43$, also zwischen 19,79 und 10,93 liegt. Der tatsächlich gemessene Wert $\sigma^2_{\text{emp}} = 3{,}65^2 = 13{,}3$ liegt sogar ziemlich in der Mitte dieses Bereichs. Der Ausfall der Streuung ist also keineswegs auffallend; die Streuung könnte sogar noch viel mehr von ihrem Erwartungswert abweichen, ohne daß der Befund verwunderlich wäre. Wäre aber die Streuung so auffallend groß oder klein, daß sie sich der 3σ-Grenze nähert, so würde dies auf eine systematische Auswahl der 25 Frösche nach sehr gleicher oder sehr unterschiedlicher Größe hinweisen.

c) Anwendung der χ^2-Funktion zur Fehlerbeurteilung an Hand von Doppel- und Mehrfachbestimmungen.

Soll ein Urteil über die Genauigkeit einer Meßmethode gewonnen werden, so geht man üblicherweise so vor, daß man die Messung einer und derselben Größe x unter gleichen Bedingungen häufig wiederholen läßt, um aus den etwas voneinander abweichenden Ergebnissen x_1, $x_2 \ldots x_n$ die Streuung des Meßverfahrens zu ermitteln (vgl. S. 18). Die Durchführung solcher vielfachen Bestimmungen würde aber bei zahlreichen klinisch bedeutsamen Untersuchungsmethoden eine ärztlich nicht vertretbare Belastung des Patienten mit sich bringen oder sich aus anderen Gründen verbieten. Andererseits ist für die Beurteilung der Änderung einer solchen Größe während eines Krankheitsablaufes es dringend erforderlich, über die Fehlerbreite des angewandten Meßverfahrens im Bilde zu sein. Es bedeutet aber weder für die Laboratoriumskräfte noch für den Patienten eine wesentliche Mehrbelastung, wenn Doppelbestimmungen durchgeführt werden, wie dies bei zahlreichen insbesondere blutchemischen Messungen ohnedies üblich ist. Solche laufend anfallenden und zum Teil in erheblicher Anzahl vorliegenden Doppel- und gegebenenfalls auch Drei- und Mehrfachbestimmungen sind aber ein geeignetes Rohmaterial, um ein Urteil über die Genauigkeit des Meßverfahrens zu gewinnen, und auch, um die Sorgfalt der Laboratoriumskräfte laufend zu überprüfen.

Wir nehmen für diese Aufgabe an, daß bei der jeweils herausgegriffenen Gruppe von m-Doppel- bzw. Mehrfachbestimmungen die Fehlerstreuung s gleich groß sei, auch wenn die Mittelwerte sich unterscheiden. Es ist also auf Grund jeder der m-Mehrfachbestimmungen ein σ_j^2 zu berechnen und aus diesen m Größen σ_j^2 ist so gut als möglich auf s^2 zu schließen. Es liegt nahe, zu diesem Zwecke alle Einzelstreuungen σ_j^2 zu einer Gesamtstreuung σ^2 zusammenzufassen. Hierzu muß man jede Einzelstreuung σ_j^2 so stark in Rechnung setzen, wie die Anzahl n_j der in sie eingegangenen Beobachtungen angibt. Diese Vorschrift lautet

$$\sigma^2 = \frac{1}{n} \sum_{j=1}^{m} n_j \sigma_j^2 \quad \text{mit} \quad \sum_{j=1}^{m} n_j = n. \tag{55}$$

In der Tat liefert gerade die Mittelbildung mit diesen Gewichten n_j denjenigen Mittelwert, dessen Streuung, wie es nach S. 16 sein muß, am kleinsten ausfällt[1].

Für die Gesamtstreuung nach Gleichung (55) gilt

$$E(\sigma^2) = \frac{1}{n} \sum_{j=1}^{m} (n_j - 1) s^2 = \frac{n - m}{n} s^2. \tag{55a}$$

Diese Beziehung ist die Verallgemeinerung der obigen Gleichung (52a) (S. 131). Der Unterschied besteht nur darin, daß hier die Zahl m der Mehrfachbestimmungen an die Stelle der 1 im früheren Falle einer einzigen Versuchsreihe tritt. Gleichung (55a) besagt, daß σ^2 gegenüber s^2 im Durchschnitt systematisch um den Faktor $\frac{n-m}{n}$ zu klein ausfällt. Die nun folgende Rechnung verläuft wie oben. Wir setzen $\chi^2 = n\sigma^2/s^2$ und erhalten $E(\chi^2) = n - m$, sowie im Falle $\varepsilon = 0$, auf den wir uns hier beschränken,

$$Str(\chi^2) = \sqrt{2(n-m)} = E(\chi^2) \cdot \sqrt{\frac{2}{n-m}}.$$

---

[1] GEBELEIN und HEITE: Ärztl. Forschung 1950 S. I. 294.

Es ist also $n - m$ hier die „Zahl der Freiheitsgrade" der für das Problem maßgeblichen χ^2-Verteilung. Wollen wir, so gut es geht, von σ^2 auf s^2 schließen, so muß dies nach der Vorschrift

$$s^2 = \frac{n}{n - m}\sigma^2 \tag{55b}$$

geschehen, wobei wir feststellen, daß die relative Streuung der so erhaltenen Größe $\sqrt{\frac{2}{n - m}}$ beträgt.

Beispiel 14: Genauigkeit der Blutcalciumbestimmung auf Grund von Doppel- und Mehrfachmessungen[1]. Von 13 Patienten liegen folgende Messungen des Blutcalciumgehaltes vor, und zwar als Doppel- bis Fünffachbestimmungen:

Tabelle 43. *Auswertung von 13 Doppel- und Mehrfachbestimmungen.*

Patient Nr.	Zahl n_j	x_1	x_2	x_3	x_4	x_5	$n_j^2\sigma_j^2$	$n_j\sigma_j^2$
1	2	11,24	11,59	—	—	—	0,1225	0,0612
2	2	8,26	8,31	—	—	—	0,0025	0,0013
3	2	8,91	8,22	—	—	—	0,4761	0,2381
4	2	9,11	9,17	—	—	—	0,0036	0,0018
5	2	8,55	8,55	—	—	—	0,0000	0,0000
6	2	10,59	10,75	—	—	—	0,0256	0,0128
7	3	9,78	9,78	9,34	—	—	0,3872	0,1291
8	3	10,82	10,59	10,76	—	—	0,0854	0,0285
9	3	7,91	7,71	7,34	—	—	0,5018	0,1573
10	3	12,34	12,56	12,28	—	—	0,1304	0,0435
11	4	8,65	8,84	8,84	9,00	—	0,2459	0,0615
12	4	10,29	10,09	10,48	10,18	—	0,4203	0,1051
13	5	11,27	11,36	11,09	11,16	11,47	0,4630	0,0926

Summe $n = 37$ Summe: **0,9428**

Es ist nun nach Gleichung (55) $\sigma^2 = \frac{0{,}9428}{37} = 0{,}0255$ und mit $n - m = 24$ nach Gleichung (55b)

$$s^2 = \frac{37}{24}\sigma^2 = \frac{0{,}9428}{24} = 0{,}0393; \quad s = \mathbf{0{,}20}.$$

Das heißt, aus den bei diesen Beobachtungen vorkommenden Abweichungen läßt sich folgern, daß das Streuungsquadrat der Meßwerte im Durchschnitt bei 0,0393 liegt. Der Genauigkeitsgrad der vorliegenden Blutcalciumbestimmungen ist demnach $s = \pm 0{,}20$ mg-%. Es ist zu

[1] Zahlenangaben aus der Universitätshautklinik Münster.

erwarten, daß im allgemeinen bei irgendeinem Meßwert x_i bei dieser Bestimmungsart der „wahre Wert" in etwa zwei Drittel der Fälle im Bereich $x_i \pm 0{,}20$ zu suchen ist.

Allerdings können wir uns wegen der geringen Zahl von nur 13 Mehrfachbestimmungen auf diese Zahlenangabe 0,20 nicht sehr versteifen. Die relative Streuung des Schätzungswertes für s^2 beträgt $\sqrt{\frac{2}{n-m}} = \sqrt{\frac{1}{12}} = 0{,}29$ oder 29%. Daher beträgt seine absolute Streuung

$$0{,}29 \cdot 0{,}0393 = 0{,}0113.$$

In zwei Drittel der denkbaren Fälle solcher Genauigkeitsbeurteilungen wird man damit rechnen können, daß das Streuungsquadrat in den Grenzen $0{,}0393 \pm 0{,}0113$, also zwischen 0,0280 und 0,0506 liegt, d. h. s selbst zwischen 0,17 und 0,23.

Nach diesem Verfahren kann man beim Vorliegen von Doppel- und Mehrfachbestimmungen die Zuverlässigkeit der die Messung ausführenden Personen laufend kontrollieren.

d) Prüfgröße $\frac{\alpha}{\sigma}$:

Die statistische Urteilsbildung läuft immer wieder darauf hinaus, daß Abweichungen einer Größe von ihrem Erwartungswert mit der Streuung als Maßeinheit verglichen werden. Wir haben aber gesehen, daß man die Streuung s in der Ausgangsverteilung nur abschätzen kann; daher erhebt sich die Frage, wie durch Unsicherheiten in der Angabe der Streuung das Urteil verfälscht bzw. wie solchen Verfälschungen vorgebeugt werden kann. Zu diesem Zwecke ist eine gesonderte Untersuchung des Quotienten $\frac{\alpha}{\sigma}$ als Prüfgröße z erforderlich.

Diese Frage nach der Verteilung für $z = \frac{\alpha}{\sigma}$ entspricht weitgehend der S. 125 behandelten Aufgabe, bei der die Verteilung der Größe $\frac{y}{x}$ festzustellen war. Wie dort, ist zunächst zu klären, welches die Verteilungen für Zähler bzw. Nenner für sich allein sind und welcher Korrelationszusammenhang zwischen beiden besteht. Das erstere wurde für die beiden Größen α und σ unter a) und b) dieses Abschnitts geklärt. Zur Frage der Korrelation zwischen α und σ ist folgendes zu sagen: Ist die Grundverteilung, aus der die x_i entnommen werden, mit Schiefe ϱ und Exzeß ε behaftet, so besteht zwischen den aus n wahllos herausgegriffenen Elementen zu errechnenden α und σ^2 die Korrelation

$$r = \frac{\varrho}{\sqrt{2 + \varepsilon + \frac{2}{n-1}}}\,. \tag{56}$$

Im Falle einer symmetrischen Ausgangsverteilung, insbesondere einer GAUSSschen Verteilung sind also α und σ^2 voneinander stochastisch unabhängig, da dann die Schiefe $\varrho = 0$ ist. Im Falle einer schiefen Ausgangsverteilung dagegen besteht eine Korrelation gemäß Gleichung (56). Wir beschränken uns jedoch im folgenden auf den einfachen Fall $r = 0$, zumal die klassische Theorie der hier in Rede stehenden Prüffunktion (t-Funktion von W. S. GOSSET, Pseudonym „Student") grundsätzlich auf der Voraussetzung der GAUSSschen Verteilung beruht.

Sind a und s Mittelwert und Streuung der statistischen Elemente x_i in der Ausgangsverteilung, so kann man ohne Einschränkung der Allgemeinheit die Werte x_i von a aus als Nullpunkt messen und erhält auf diese Weise für α eine Normalverteilung erster Art mit dem Erwartungswert $E(\alpha) = 0$ und der Streuung $Str(\alpha) = \frac{s}{\sqrt{n}}$.

Für das Quadrat des Nenners σ^2 gilt eine Verteilung vom Typ der χ^2-Verteilungen.

Wir ersetzen sie für die folgende Abschätzung durch eine Normalverteilung zweiter Art mit

$$\lambda_1 = \frac{n+1}{n-1} \text{ (siehe S. 134)}, \quad E(\sigma^2) = \frac{n-1}{n} s^2 = E_1 \text{ und } c_1 = \frac{\sqrt{\lambda_1}}{E_1}.$$

Für $\frac{1}{\sigma}$ gilt unter dieser Annahme ebenfalls eine Normalverteilung zweiter Art, nämlich mit

$$\lambda_2 = \lambda_1^{1/4}, \quad c_2 = \frac{1}{\sqrt{c_1}},$$

woraus für Mittelwert und Streuung die Ausdrücke

$$E\left(\frac{1}{\sigma}\right) = \frac{\sqrt{\lambda_2}}{c_2} \text{ und } Str\left(\frac{1}{\sigma}\right) = \frac{\sqrt{\lambda_2}}{c_2}\sqrt{\lambda_2 - 1}$$

folgen.

Nun gilt allgemein für Erwartungswert und Streuung des Produkts zweier Größen x und y, die stochastisch unabhängig voneinander sind,

$$\begin{aligned} E(xy) &= E(x) \cdot E(y), \\ Str^2(xy) &= E^2(x) Str^2(y) + E^2(y) Str^2(x) + Str^2(x) \cdot Str^2(y). \end{aligned} \tag{57}$$

Daher ist in unserem Falle

$$E\left(\frac{\alpha}{\sigma}\right) = \underbrace{E(\alpha)}_{=0} \cdot E\left(\frac{1}{\sigma}\right) = 0 \quad \text{und}$$

$$Str^2\left(\frac{\alpha}{\sigma}\right) = \underbrace{E^2(\alpha)}_{=0} Str^2\left(\frac{1}{\sigma}\right) + E^2\left(\frac{1}{\sigma}\right) Str^2(\alpha) + Str^2\left(\frac{1}{\sigma}\right) Str^2(\alpha)$$

$$= Str^2(\alpha)\left(E^2\left(\frac{1}{\sigma}\right) + Str^2\left(\frac{1}{\sigma}\right)\right) = \frac{s^2}{n}\left(\frac{\lambda_2}{c_2^2} + \frac{\lambda_2}{c_2^2}(\lambda_2 - 1)\right) =$$

$$= \frac{s^2}{n}\frac{\lambda_2^2}{c_2^2} = \frac{s^2}{n} c_1 \sqrt{\lambda_1} = \frac{s^2}{n}\frac{\lambda_1}{E_1} = \frac{n+1}{(n-1)^2}.$$

Ebenso wie nun nach Gleichung (52d) χ^2 das nach der Vorschrift $\frac{n}{s^2}\sigma^2$ normierte Streuungsquadrat ist, wird hier nach STUDENT der Mittelwert α entsprechend durch den Faktor $\frac{\sqrt{n}}{s}$ normiert und als Größe t eingeführt. Es ist

$$t = \frac{\alpha}{s}\sqrt{n} = \frac{\alpha}{\sigma}\sqrt{n-1}\,. \tag{58}$$

Das soeben ausgerechnete Ergebnis besagt, daß die Verteilung für t symmetrisch ist mit dem Mittelwert 0 und einer Streuung, die näherungsweise

$$Str(t) \approx \sqrt{\frac{n+1}{n-1}} \qquad \text{für } n = 2,\ 3,\ \ldots \tag{58a}$$

beträgt.

Die exakte Theorie der t-Verteilung liefert eine Schar von Verteilungskurven vom Typ

$$h(t) = \text{const.}\left(1 + \frac{t^2}{n}\right)^{-\frac{n+1}{2}}$$

Für diese beträgt die Streuung genau

$$Str(t) = \sqrt{\frac{n}{n-2}} \qquad \text{für } n = 3, 4, \ldots$$

Vor allem aber nähern sich für kleine n die beiden Seitenstücke dieser symmetrischen Glockenkurven der Abszissenachse nur wesentlich langsamer, als dies bei einer GAUSSschen Verteilung der Fall ist. Die Folge ist, daß sehr große Werte viel häufiger vorkommen als bei einer solchen, was sich rechnerisch im Vorliegen eines positiven Exzesses äußert. Dieser beträgt

$$\varepsilon = \frac{6}{n-4} \qquad \text{für } n = 5, 6, \ldots$$

Dieses abnorm häufige Auftreten großer t-Werte rührt von der Division durch sehr kleine σ her. Besonders im Falle kleiner n sind diese gar nicht so selten, wie dies Abb. 46 S. 133 erkennen läßt, und vor allem sind sie häufiger, als es die für die Näherungsrechnung benützte Normalverteilung zweiter Art angibt. Die Verbreiterung der t-Verteilung gegenüber einer GAUSSschen Verteilung ist so stark, daß für $n = 1$ und für $n = 2$ die Streuung unendlich groß wird, und für den Exzeß dasselbe sogar bis herauf zu $n = 4$ gilt.

In Abb. 47 sind die t-Verteilung für $n = 3$ und diejenige für $n = \infty$, das ist die GAUSSsche Verteilung, einander gegenübergestellt. Der Unterschied fällt im Mittelteil nicht ins Gewicht. Man erkennt aber, daß sich die t-Verteilung für niedriges n in den Außenteilen der Abszissenachse bei weitem nicht so rasch nähert wie die GAUSSsche Verteilung dies tut. Um dies zu veranschaulichen sind in Abb. 47 diejenigen Außenbereiche durch Schraffur hervorgehoben, in denen sich 5% der statistischen Elemente (auf jeder Seite 2,5%) befinden. Nach Tabelle 14 (S. 43) ist bei der GAUSSschen Verteilung dies der Bereich außerhalb $\pm 2\sigma$. Bei der t-Verteilung mit $n = 3$ dagegen liegt der äquivalente Bereich weiter außerhalb, nämlich erst jenseits von $t = \pm 3{,}18$.

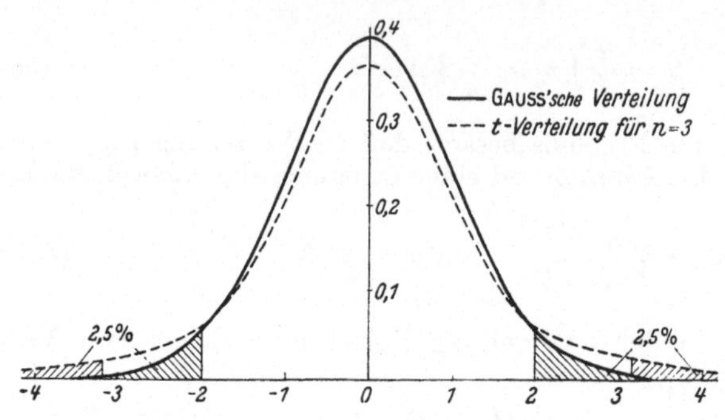

Abb. 47. t-Verteilung für $n = 3$ verglichen mit Gaußscher Verteilung.

Aus dem gleichen Grunde werden bei den t-Verteilungen auch die 3σ-Äquivalente durch Angabe der Werte $\pm 3\sigma$ unterschätzt, so daß bei schematischer Arbeit mit den 3σ-Grenzen Fehlbeurteilungen eintreten könnten. In Tabelle 44 sind für die ersten n die 3σ-Äquivalente mitgeteilt. Von $n = 8$ aufwärts dürfte es ausreichen, sie nach der empirischen Formel

$$t_{3\sigma} = 3 + \frac{10}{n} \tag{58b}$$

abzuschätzen.

Tabelle 44. *3σ-Äquivalente der t-Verteilungen.*

$n =$	2	3	4	5	6	7	8
$t_{3\sigma} =$	19,21	9,22	6,62	5,51	4,90	4,53	4,27

e) Anwendung der t-Funktion auf die sogenannte „signifikante Differenz".

Es handelt sich hier um den Vergleich zweier Mittelwerte α_1 und α_2. Man bezeichnet den Unterschied $\alpha_2 - \alpha_1$ dann als „signifikant", wenn er so groß ist, daß er nicht mehr als zufällig betrachtet werden kann. Um darüber Aufschluß zu gewinnen, welche zufälligen Schwankungen vorkommen können, nehmen wir an, einer sehr großen statistischen Masse, deren Elemente den Mittelwert a und die Streuung s aufweisen, werden wahllos einerseits n_1 Elemente entnommen, die den Mittelwert α_1 und die Streuung σ_1 ergeben, und andererseits n_2 Elemente mit α_2 und σ_2. Es ist

$$E(\alpha_1) = E(\alpha_2) = a, \quad \text{sowie} \quad Str(\alpha_1) = \frac{s}{\sqrt{n_1}}\,; \quad Str(\alpha_2) = \frac{s}{\sqrt{n_2}}\,.$$

Daher ist für die Differenz $z = \alpha_2 - \alpha_1$ der Erwartungswert $E(z) = 0$ und

$$Str^2(z) = \frac{s^2}{n_1} + \frac{s^2}{n_2} = \frac{n_1 + n_2}{n_1 \cdot n_2} s^2 . \tag{59}$$

Um mit dieser Streuung die Abweichungen $z = \alpha_2 - \alpha_1$ zu vergleichen, hat man den Quotienten

$$Q = \frac{z}{Str(z)} = \frac{\alpha_2 - \alpha_1}{s} \sqrt{\frac{n_1 \cdot n_2}{n_1 + n_2}}$$

zu bilden.

Es ist jetzt nur noch die Streuung s in der Ausgangsverteilung mittels der empirischen Werte σ_1 und σ_2 abzuschätzen. Dies geschieht nach Gleichung (55) und (55b), in diesem Falle mit $m = 2$. Hiernach ist

$$s^2 = \frac{n}{n-2} \sigma^2 = \frac{n_1 \sigma_1^2 + n_2 \sigma_2^2}{n_1 + n_2 - 2} .$$

Setzt man diesen Wert in obige Gleichung für den Quotienten Q ein, so erhält man

$$Q = \frac{\alpha_2 - \alpha_1}{\sqrt{\frac{\sigma_1^2}{n_2} + \frac{\sigma_2^2}{n_1}}} \sqrt{\frac{n-2}{n}} \approx \frac{\alpha_2 - \alpha_1}{\sqrt{\frac{\sigma_1^2}{n_2} + \frac{\sigma_2^2}{n_1}}} . \tag{60}$$

Diese Größe ist von der Art der oben eingeführten Prüfwerte t, wobei der Parameter $n - 1$ der zugehörigen t-Funktion $n_1 + n_2 - 1$ beträgt. Es ist daher, wenn man die Zufallsgrenzen entsprechend dem 3σ-Wert einer GAUSSschen Verteilung festlegt, mit

$$Q \approx 3 + \frac{10}{n} = 3 + \frac{10}{n_1 + n_2} . \tag{60a}$$

als Grenze des Zufallsbereiches zu rechnen.

Beispiel 15: Entfieberung von Pneumoniekranken (Zahlenangaben nach de CANNIERE)[1]. In Tabelle 43 sind neben den 54 Pneumoniekranken von Beispiel 1 (erste Zeile) noch weitere 14 mit Eubasin behandelte Patienten (zweite Zeile) aufgeführt, die an den angegebenen Tagen entfieberten.

Tabelle 45. *Fieberdauer von Pneumoniekranken ohne und mit Behandlung mittels Eubasin.*

Krankheitstage bis zur Entfieberung	2	3	4	5	6	7	8	9	10	11	Summe
Zahl der Fälle *ohne* Eubasin	—	1	2	6	9	13	12	6	2	3	54
Zahl der Fälle *mit* Eubasin	2	7	2	2	1	—	—	—	—	—	14

[1] Münch. Med. Wchschr. (1941) S. 1015.

Die erste Gruppe der $n_1 = 54$ Patienten ohne Eubasin entfieberten im Durchschnitt nach $\alpha_1 = 7{,}20$ Tagen; Streuung $\sigma_1 = 1{,}76$ Tage (siehe S. 15). Bei der zweiten Gruppe von $n_2 = 14$ Patienten errechnet sich ein Durchschnitt von $\alpha_2 = 3{,}50$ Tagen und dazu die Streuung $\sigma_2 = 1{,}12$ Tage. Könnte die offenbar unter Eubasin beobachtete kürzere Fieberdauer in Anbetracht der geringen Patientenzahl auf einem Zufall beruhen?

Wir errechnen mittels der Näherungsformel Gleichung (60) für den vorliegenden Fall

$$Q = \frac{7{,}20 - 3{,}50}{\sqrt{\frac{1{,}76^2}{14} + \frac{1{,}12^2}{54}}} = \frac{3{,}70}{\sqrt{0{,}221 + 0{,}023}} = \frac{3{,}70}{0{,}244} = \mathbf{7{,}50}\,.$$

Die Zufallsgrenze ist anzusetzen nach Gleichung (60a) bei

$$Q = 3 + \frac{10}{54 + 14} = \mathbf{3{,}15}\,.$$

Wären die beiden Beobachtungsreihen für 54 bzw. 14 Patienten gleichartig hinsichtlich der Fieberdauer, so könnten zwar auch gewisse Abweichungen der beiden Mittelwerte voneinander vorkommen. Das daraus zu errechnende Q aber würde extrem selten, nämlich nur in 0,27% aller denkbaren Fälle den Wert 3,15 erreichen. Noch außerordentlich viel seltener jedoch wäre ein Wert $Q = 7{,}50$, so daß der Gedanke als abwegig gelten kann, daß der vorliegende Unterschied zwischen α_1 und α_2 auf einem Zufall beruhen könne. Man bezeichnet einen solchen Befund als statistisch gesichert. Im vorliegenden Fall ist demnach der statistische Beweis erbracht, daß die Fieberdauer durch Eubasin tatsächlich abgekürzt wird.

f) Prüfgröße $\left(\frac{\sigma_1}{\sigma_2}\right)^2$.

Der Vollständigkeit halber sei zum Schluß noch erwähnt, daß man beim Vergleich zweier Streuungen statt mit deren Differenz, wie S. 136, auch mit ihren Quotienten arbeiten kann. Es bedeute σ_1 die Streuung einer ersten Beobachtungsreihe mit n_1 Elementen und σ_2 jene aus einer zweiten Beobachtungsreihe mit n_2 Elementen, wobei beide Reihen von Elementen wahllos aus einer sehr großen statistischen Ausgangsmasse mit Mittelwert a und Streuung s herausgegriffen worden seien. Der Quotient $\left(\frac{\sigma_1}{\sigma_2}\right)$ schwankt natürlich zufallsartig, je nach den Elementen, die herausgegriffen worden sind. Wiederum ist es die Frage, welche Schwankungen der Prüfgröße $z = \left(\frac{\sigma_1}{\sigma_2}\right)^2$ durch Zufall erklärt werden können und welches die abnormen Werte sind, die auf wesentliche Unterschiede zwischen beiden Beobachtungsreihen hindeuten. Es ist also die Häufigkeitsverteilung der Größe z zu untersuchen.

Im vorliegenden Fall sind Zähler und Nenner voneinander deshalb stochastisch unabhängig, weil sie aus verschiedenen Elementen bestehen. Man könnte Zähler und Nenner durch Normalverteilungen zweiter Art abschätzen und auf diese Weise leicht über die Verteilung des in Rede stehenden Quotienten z Übersicht gewinnen. Wir wollen jedoch hierauf nicht näher eingehen, sondern uns nur auf den Hinweis beschränken, daß unter der Voraussetzung einer GAUSSschen Verteilung für die statistische Ausgangsmasse die Theorie der Prüfgröße z von R. A. FISHER exakt entwickelt worden ist (FISHERsche z-Funktion). Die zugehörigen 3σ-Äquivalente sind bei KOLLER[1] zusammengestellt. Um befriedigend mit der z-Funktion arbeiten zu können, sollte man allerdings die ausführlicheren Tabellen FISHERS zur Verfügung haben[2].

XIV. Die drei kombinatorischen statistischen Schlüsse und ihre Anwendung.

Im folgenden wird von einer statistischen Masse *endlichen* Umfangs auf eine andere *endliche* Masse geschlossen und, je nachdem, in welcher Beziehung die beiden Massen zueinander stehen, werden drei verschiedene Schlußweisen eingeführt; Inklusionsschluß, Repräsentationsschluß, Transponierungsschluß[3]. Die wichtigsten Rechenformeln für Erwartungswerte und für Streuungen der Einzelhäufigkeiten und der statistischen Maßzahlen auf Grund dieser Schlußweisen werden mitgeteilt, ihre Anwendung wird an Beispielen erläutert und die daraus fließenden statistischen Urteile werden besprochen.

Bei allen bisher besprochenen Beispielen handelte es sich um wirkliche Beobachtungen, wobei die angegebenen Zahlen durch Zählung oder Messung gewonnen worden sind. Vor allem in den ersten Abschnitten ging es ausschließlich darum, die Fülle des anfallenden Zahlenmaterials zu ordnen und durch Angabe einiger weniger charakteristischer Zahlenwerte kennzeichnend zu beschreiben. Dies ist die Aufgabe der sogenannten „beschreibenden Statistik"; sie bedient sich zu diesem Zwecke der statistischen Maßzahlen, von denen wir vor allem Mittelwert a, Streuung σ, Schiefe ϱ und Korrelationskoeffizient r in vielfältiger Anwendung kennengelernt haben. Mit dieser Beschreibung ist aber die Aufgabe der Statistik durchaus nicht erschöpft. Es ist vielmehr eine bemerkenswerte Tatsache, daß die Statistik in der Lage ist, auch Aussagen über statistische Massen zu machen, die nicht oder noch nicht ausgezählt worden sind. Häufigkeitsaussagen über solche nicht ausgezählten Massen könnte man

---

[1] Siehe KOLLER: Graphische Tafeln zur Beurteilung statistischer Zahlen. Dresden und Leipzig 1943, S. 64.

[2] Siehe R. A. FISHER, Statistical Methods for Research Workers, London-Edinburgh, Oliver and Boyd, 8th ed. 1941.

[3] Ausführliche Theorie siehe H. GEBELEIN, „Zahl und Wirklichkeit" Heidelberg, Quelle und Meyer, 2. Aufl. 1949.

als „unechte“ statistische Aussagen bezeichnen zum Unterschied zu den „echten“ statistischen Aussagen, die durch wirkliche Beobachtung entstanden sind. Das Mittel, mit dem unechte statistische Aussagen gewonnen werden, sind die statistischen Schlüsse. Es ist erforderlich, beschreibende und Schlüsse ziehende Statistik begrifflich klar zu trennen. Um Verwechslungen vorzubeugen, bedienen wir uns in beiden Fällen unterschiedlicher mathematischer Bezeichnungen.

Wir betrachten den für die statistischen Schlüsse kennzeichenden Sachverhalt sogleich an einem Beispiel. Nach den primitiven Regeln der von der Schule her geläufigen Dreisatzrechnung kommt man zu folgender Feststellung: „Wenn unter 1000 Einwohnern sich 280 blauäugige befinden, dann werden unter 100 deren 28 und unter 10000 deren 2800 anzutreffen sein.“ Dies sind zwei typische „unechte“ statistische Aussagen auf der Mittelwertstufe (vgl. S. 72); denn weder die Menge von 100 noch die von 10000 Personen wurde ausgezählt. Würde man z. B. die erwähnten 100 Personen durchmustern, so könnte man sich nicht wundern, wenn statt genau 28 ein paar Blauäugige mehr oder weniger angetroffen würden. Die Feststellung eines statistischen Schlusses unterscheidet sich von einer echten statistischen Aussage demnach dadurch, daß sie keine sichere Aussage über die statistische Masse ist, auf die geschlossen wird, und daher noch einen Zusatz durch ein Adverb wie „etwa“ oder „vermutlich“ erfordert.

Trotzdem ist diese Aussage nicht sinnlos, sondern als Richtlinie durchaus brauchbar. Wenn immer das Ergebnis einer wirklichen Zählung erheblich vom errechneten Wert abweicht, wird man mit gutem Grunde sich wundern. Da aber kleine Abweichungen nicht erstaunlich sind, wohl dagegen große, so liegt die Frage nahe, wo die Grenze liegt, bei der man anfangen soll, sich zu wundern. Es bedarf also die Dreisatzrechnung einer Ergänzung. Ihre Aussage allein kann höchstens mitteilen, was man im Durchschnitt zu erwarten hat; ihre Ergänzung aber muß darin bestehen, daß festgestellt wird, welche Schwankungsbreite als noch nicht verwunderlich gelten kann; das ist eine Aussage auf der Streuungsstufe. Wir haben wiederholt gesehen, daß der analoge Tatbestand in der beschreibenden Statistik durch das Begriffspaar Mittelwert und Streuung gekennzeichnet wird. Das geschieht auch hier, wobei aber zum Unterschied zur beschreibenden Statistik statt a und σ die im vorhergehenden Abschnitt S. 127 bereits angewandten Symbole E und Str verwendet werden. (Abkürzung der Worte „Erwartungswert“ und „Streuung um den Erwartungswert“.)

Der immer wiederkehrende Sachverhalt bei den statistischen Schlüssen ist folgender: Gegeben ist eine durch Erhebung gewonnene statistische Masse mit m statistischen Elementen. Diese sogenannte „*Subjektmasse*“, von der aus geschlossen wird, sei in k unterschiedliche, einander ausschließende Klassen (mit Indexziffer i numeriert) aufgegliedert, wobei die Besetzungszahlen m_i betragen. Geschlossen wird auf eine andere statistische Masse verwandter Art, die sogenannte „*Objektmasse*", deren Umfang mit n und deren Einzelhäufigkeiten mit n_i bezeichnet werden sollen. Entscheidend für die Schlußweise ist es nun, in welchem Zusammenhang Subjekt- und Objektmasse zueinander stehen.

Damit überhaupt die beabsichtigte Schlußweise Sinn hat, müssen Subjekt- und Objektmasse aus begrifflich gleichartigen statistischen Elementen bestehen. Es ist selbstverständlich, daß man nicht aus der Größenverteilung der 148 Frösche von Beispiel 3 auf Tiere einer anderen Art schließen kann; wohl aber kann man Schlüsse ziehen auf die Größenverteilung in einer anderen Gruppe des gleichen Froschmaterials. Dies vorausgesetzt bestehen dann folgende Möglichkeiten (siehe Abb. 48):

a) Die Objektmasse n ist ein Teil der Subjektmasse m. Notwendigerweise ist also $m > n$. Wir bezeichnen diesen Schluß von einem Ganzen

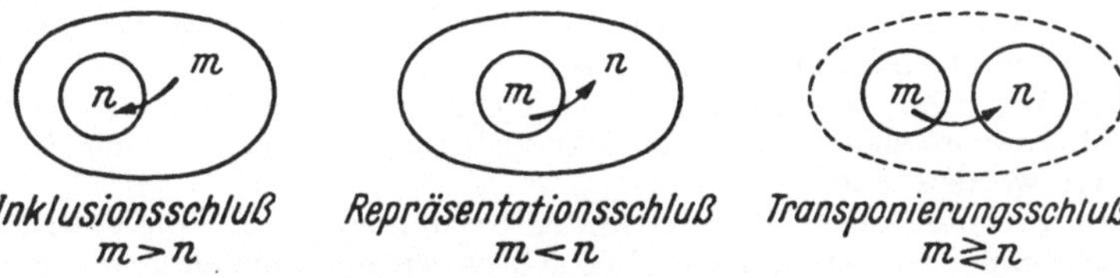

Abb. 48. Veranschaulichung der Beziehungen zwischen Subjekt- und Objektmasse bei den drei statistischen Schlüssen.

auf einen Teil als *Inklusionsschluß*. Besondere Beachtung verdient der Fall, wenn die Teilmasse wahllos, d. h. nach irgendeinem Zufallsmechanismus aus der Gesamtheit herausgegriffen wird. Es ist ein wichtiger Gesichtspunkt für die Beurteilung eines Befundes, ob sich etwa Anzeichen dafür herausstellen, daß diese Bedingung nicht erfüllt ist.

b) Der umgekehrte Fall liegt dann vor, wenn die Subjektmasse m ein Teil der Objektmasse n, also $m < n$ ist. Der Teil m, von dem aus auf das Ganze geschlossen wird, repräsentiert die unbekannte Gesamtheit; wir bezeichnen daher diese Schlußweise als *Repräsentationsschluß*. Voraussetzung für die Brauchbarkeit des Teiles zu diesem repräsentativen Zwecke ist, daß seine Elemente wahllos der Gesamtheit entnommen wurden. Greift man unter dieser Bedingung einen Teil heraus, so spricht man von einer *Stichprobe*. Es ist ein Kunstfehler, wenn sich in eine Stichprobe bewußt oder unbewußt für den Auswählenden irgendwelche systematischen Züge einschleichen, ein Vorkommnis, für das sich neuerdings die Bezeichnung „Bias" einbürgert (aus dem Engl. bias = Tendenz, Vorurteil).

c) Der logische Mechanismus, dem man am häufigsten begegnet, liegt jedoch noch etwas anders. Man möchte über einen Teil einer statistischen

Gesamtheit etwas aussagen, die selbst dem Umfang nach unbekannt ist und, wie man zeigen kann, auch nicht bekannt zu sein braucht. Jedoch soll von dieser umfassenden statistischen Gesamtheit eine Stichprobe bereits vorliegen, die aus lauter anderen Elementen besteht als die Menge, auf die geschlossen wird. Der statistische Schluß vollzieht sich hier also zwischen zwei einander fremden Teilmassen der Gesamtheit, die einander gleichberechtigt sind und über deren Größe keinerlei einschränkende Annahmen gemacht werden müssen. Diese Schlußweise, die wohl erstmalig 1905 vom Engländer GREENWOOD[1] vorgeschlagen worden ist, bezeichnen wir als *Transponierungsschluß*. Auch hierbei ist die zufällige Auswahl beider Teilmassen als Stichproben ohne Bias von besonderer Bedeutung.

In der Überschrift dieses Abschnittes sind diese drei Schlußweisen deshalb als „kombinatorische" statistische Schlüsse bezeichnet worden, weil ihre einfachste mathematische Darlegung sich der Hilfsmittel der sogenannten Kombinatorik bedient. Dies ist jener Zweig der Mathematik, der Fragen beantwortet wie zum Beispiel: „Wie oft könnte man aus fünf verschiedenen Kugeln unterschiedliche Kugelpaare zusammenstellen?" Die Antwort lautet: Auf zehn verschiedene Weisen (vgl. S. 130, wo entsprechend aus fünf Meßwerten zehn quadrierte Differenzen zur Berechnung der Streuung gebildet worden sind).

Um von der Anwendungsweise der Kombinatorik auf die statistischen Schlüsse einen Begriff zu geben, betrachten wir ein ganz einfaches Beispiel. Es sei die Subjektmasse die Menge von $m = 5$ Kugeln, unter denen sich $m_1 = 3$ weiße und $m_2 = 2$ schwarze befinden. Nun soll nach dem Inklusionsschluß auf Teilmengen mit $n = 2$ Kugeln geschlossen werden. Was läßt sich über diese Teilmengen aussagen? Man kann in diesem Falle auf zehn verschiedene Weisen zwei Kugeln herausgreifen und erhält dabei

in 1 Fall	2 schwarze Kugeln,
in 6 Fällen	1 schwarze und 1 weiße Kugel,
in 3 Fällen	2 weiße Kugeln.

Die relative Häufigkeit der drei unterschiedlichen Befunde in den Objektmengen beträgt also $\frac{1}{10}$, $\frac{6}{10}$ und $\frac{3}{10}$. Man kann diese drei Vorkommnisse durch die Zahl der weißen Kugeln kennzeichnen. Es ist also die Häufigkeit des Auftretens von

$n_1 = 0$ weißen Kugeln	0,1,
$n_1 = 1$ weiße Kugel	0,6,
$n_1 = 2$ weiße Kugeln	0,3.

Diese Häufigkeiten sind es, die für ganz allgemeine Anzahlen und für die drei statistischen Schlüsse durch die kombinatorische Theorie bereitgestellt werden[2]. Wir gehen jedoch hier auf die kombinatorischen Häufigkeitsverteilungen selbst nicht näher ein, sondern teilen

---

[1] BIOMETRICA 9 69—90 (1913).

[2] Siehe GEBELEIN, Zahl und Wirklichkeit, S. 177ff.

nur die aus ihnen folgenden Erwartungswerte und Streuungen der wichtigsten statistischen Prüfgrößen mit. Dabei muß unterschieden werden, mit welcher Schlußweise jeweils gearbeitet wird. Dies geschieht durch Anbringen des Index $_I$ an den Formeln des Inklusionsschlusses, des Index $_{II}$ beim Repräsentationsschluß und $_{III}$ beim Transponierungsschluß.

a) Urteilsbildung über die absoluten und relativen Häufigkeiten mittels der drei Schlußweisen.

Die wichtigste Frage bei den drei Schlüssen ist, welche Anzahlen n_i man in der Objektmasse durchschnittlich erwarten kann, und wie groß die Streuungen um diese Erwartungswerte sind. Es ist manchmal bequemer, anstatt mit den absoluten Häufigkeiten m_i bzw. n_i mit den relativen Häufigkeiten

$$\frac{m_i}{m} = p_i \quad \text{bzw.} \quad \frac{n_i}{n} = q_i \tag{61}$$

zu rechnen. Nun ist es eine Eigentümlichkeit des Repräsentations- und des Transponierungsschlusses, daß bei ihnen auch etwas abgeänderte relative Häufigkeiten vorkommen, die man dadurch erhält, daß man die im Nenner stehenden Gesamtzahlen m bzw. n um die Zahl k der Klassen erhöht, und die im Zähler stehende Einzelhäufigkeit m_i bzw. n_i um 1 vergrößert. Wir bezeichnen diese abgeänderten Häufigkeiten mit einem Stern, also

$$\frac{m_i + 1}{m + k} = p_i^* \quad \text{bzw.} \quad \frac{n_i + 1}{n + k} = q_i^* \,. \tag{61a}$$

Für Erwartungswert und Streuung der relativen Häufigkeiten gelten folgende Beziehungen:

a) *Inklusionsschluß*:

$$E_I(q_i) = p_i, \quad Str_I(q_i) = \zeta_I \sqrt{p_i(1 - p_i)} \quad \text{mit} \quad \zeta_I^2 = \frac{m - n}{n(m - 1)};$$

b) *Repräsentationsschluß*:

$$E_{II}(q_i^*) = p_i^*, \quad Str_{II}(q_i^*) = \zeta_{II} \sqrt{p_i^*(1 - p_i^*)}$$

$$\text{mit} \quad \zeta_{II}^2 = \frac{n - m}{(n + k)(m + k + 1)}; \tag{62}$$

c) *Transponierungsschluß*:

$$E_{III}(q_i) = p_i^*, \quad Str_{III}(q_i) = \zeta_{III} \sqrt{p_i^*(1 - p_i^*)}$$

$$\text{mit} \quad \zeta_{III}^2 = \frac{m + n + k}{n(m + k + 1)}.$$

Man beachte bei den Formeln (62), daß links und rechts beim Inklusionsschluß die ungesternten relativen Häufigkeiten nach Gleichung (61), beim Repräsentationsschluß dagegen die gesternten Größen nach Gleichung (61a) vorkommen, und daß beim Transponierungsschluß rechts die gesternten, links die ungesternten Größen auftreten. Außerdem ist bemerkenswert, daß die Faktoren ζ der Streuungen nur von m, n und ggf. auch von k abhängen, nicht aber von den Einzelhäufigkeiten m_i und n_i. Für sehr große m oder n nähern sich die Faktoren ζ folgenden Grenzwerten:

$$\begin{aligned} &\text{für } m \to \infty \qquad \lim_{m\to\infty} \zeta_I = \lim_{m\to\infty} \zeta_{III} = \frac{1}{\sqrt{n}}, \\ &\text{für } n \to \infty \qquad \lim_{n\to\infty} \zeta_{II} = \lim_{n\to\infty} \zeta_{III} = \frac{1}{\sqrt{m+k+1}}. \end{aligned} \tag{62a}$$

Wie die Arbeit mit diesen Schlüssen vor sich geht, zeigen wir an folgendem

Beispiel 16: Vergleich zweier endlicher statistischer Massen. Aus einer großen statistischen Gesamtheit seien zwei Teilmassen A und B herausgegriffen und ausgezählt worden. Teilmasse A umfaßt 200 Elemente, darunter 120 einer bestimmten Eigenschaft „X" und die übrigen 80 mit der Eigenschaft „Nicht-X". Die andere Teilmasse B umfaßt 50 Elemente, darunter 20 mit „X" und 30 mit „Nicht-X". Stehen diese beiden Ergebnisse in Einklang oder in Widerspruch miteinander bzw. in welchem Maße tun sie dies?

Die Antwort kann mit Hilfe der drei statistischen Schlüsse auf recht verschiedene Weise gegeben werden, jedoch mit übereinstimmendem Ergebnis. Wir betrachten die Möglichkeiten der Reihe nach.

1. Transponierungsschluß von A auf B:

In diesem Falle ist $m = 200$, $m_0 = 120$, $n = 50$, $n_0 = 20$ und $k = 2$. Daraus folgt

$$\zeta_{III}^2 = \frac{200 + 50 + 2}{50\,(200 + 2 + 1)} = \frac{252}{50 \cdot 203}, \quad \zeta_{III} = 0{,}158,$$

und für die Häufigkeiten der Eigenschaft X gilt

$$p^* = \frac{m_0 + 1}{m + 2} = \frac{121}{202} = 0{,}599, \quad q = \frac{n_0}{n} = \frac{20}{50} = 0{,}400.$$

Nun ist nach Gleichung (62)

$$E_{III}(q) = p^* = 0{,}599; \quad Str_{III}(q) = 0{,}158 \cdot \sqrt{0{,}599 \cdot 0{,}401} = 0{,}0775.$$

Dem Erwartungswert der relativen Häufigkeit in der n-Menge $E_{III}(q) = 0{,}599$ steht also der empirische Wert $q_{\text{emp}} = 0{,}400$ gegenüber. Die

Differenz beider Werte beträgt 0,199, das ist das 2,57fache der Streuung. In Formeln

$$Q = \frac{E(q) - q_{\text{emp}}}{Str(q)} = \frac{0{,}599 - 0{,}400}{0{,}0775} = 2{,}57\,.$$

Ausdrücke von der Form

$$Q = \frac{E(z) - z_{\text{emp}}}{Str(z)}, \tag{63}$$

wobei z die gerade in Rede stehende Prüfgröße bedeutet, kommen bei der statistischen Urteilsbildung immer wieder vor. Die Größe dieses Quotienten Q zeigt an, ob und wie sehr ein Befund verwunderlich ist.

Wir wollen nun zunächst zeigen, daß man zum selben Ergebnis kommt, wenn man auf andere Weisen schließt.

2. Transponierungsschluß von B auf A:

Es ist $m = 50$, $m_0 = 20$, $n = 200$, $n_0 = 120$ und $k = 2$. Daraus folgt

$$\zeta_{III}^2 = \frac{252}{200 \cdot 53}, \quad \zeta_{III} = 0{,}154\,, \quad p^* = \frac{21}{52} = 0{,}404\,, \quad q = \frac{120}{200} = 0{,}600\,,$$

endlich

$$E_{III}(q) = 0{,}404, \quad Str_{III}(q) = 0{,}154 \cdot \sqrt{0{,}404 \cdot 0{,}596} = 0{,}0755\,.$$

$$\textit{Urteil}:\ Q = \frac{E(q) - q_{\text{emp}}}{Str(q)} = \frac{0{,}404 - 0{,}600}{0{,}0755} = -2{,}57\,.$$

3. Inklusionsschluß von (A + B) auf A:

Will man statt des Transponierungsschlusses den Inklusionsschluß anwenden, so muß von der Summe beider Teilmassen als Subjektmasse m ausgegangen werden. Es ist dann $m = 250$, $m_0 = 140$, $n = 200$, $n_0 = 120$, $(k = 2)$.

$$\zeta_I = \sqrt{\frac{50}{200 \cdot 249}} = 0{,}0317, \quad p = \frac{140}{250} = 0{,}560, \quad q = \frac{120}{200} = 0{,}600\,.$$

Daraus

$$E_I(q) = 0{,}560, \quad Str_I(q) = 0{,}0317 \cdot \sqrt{0{,}560 \cdot 0{,}440} = 0{,}0157\,.$$

$$\textit{Urteil}:\ Q = \frac{E(q) - q_{\text{emp}}}{Str(q)} = \frac{0{,}560 - 0{,}600}{0{,}0157} = -2{,}55\,.$$

4. Inklusionsschluß von (A + B) auf B:

$$m = 250, \quad m_0 = 140, \quad n = 50, \quad n_0 = 20, \quad (k = 2)\,.$$

Daraus

$$\zeta_I = \sqrt{\frac{200}{50 \cdot 249}} = 0{,}127, \quad p = 0{,}560, \quad q = 0{,}400\,,$$

$$E_I(q) = 0{,}560, \quad Str_I(q) = 0{,}127 \cdot \sqrt{0{,}560 \cdot 0{,}440} = 0{,}0631\,.$$

$$\mathit{Urteil}\colon\ Q = \frac{E(q) - q_{\text{emp}}}{Str(q)} = \frac{0{,}560 - 0{,}400}{0{,}0631} = \mathbf{2{,}54}\,.$$

5. Repräsentationsschluß von A auf (A + B):

$$m = 200, \quad m_0 = 120, \quad n = 250, \quad n_0 = 140, \quad (k = 2)\,.$$

Daraus folgt

$$\zeta_{II} = \sqrt{\frac{50}{252 \cdot 203}} = 0{,}0313, \quad p^* = \frac{121}{202} = 0{,}5990, \quad q^* = \frac{141}{252} = 0{,}5595\,.$$

$$E_{II}(q^*) = 0{,}5990, \quad Str_{II}(q^*) = 0{,}0313 \cdot \sqrt{0{,}599 \cdot 0{,}401} = 0{,}01532\,.$$

$$\mathit{Urteil}\colon\ Q = \frac{E(q^*) - q^*_{\text{emp}}}{Str(q^*)} = \frac{0{,}5990 - 0{,}5595}{0{,}01532} = \mathbf{2{,}57}\,.$$

6. Repräsentationsschluß von B auf (A + B):

$$m = 50, \quad m_0 = 20, \quad n = 250, \quad n_0 = 140, \quad (k = 2)\,.$$

Daraus folgt

$$\zeta_{II} = \sqrt{\frac{200}{252 \cdot 53}} = 0{,}1225, \quad p^* = \frac{21}{52} = 0{,}4038, \quad q^* = \frac{141}{252} = 0{,}5595\,.$$

$$E_{II}(q^*) = 0{,}4038, \quad Str_{II}(q^*) = 0{,}1225 \cdot \sqrt{0{,}404 \cdot 0{,}596} = 0{,}0601\,.$$

$$\mathit{Urteil}\colon\ Q = \frac{E(q^*) - q^*_{\text{emp}}}{Str(q^*)} = \frac{0{,}4038 - 0{,}5595}{0{,}0601} = \mathbf{-\,2{,}58}\,.$$

Man ersieht also, daß bei Anwendung der drei kombinatorischen Schlüsse große Bewegungsfreiheit besteht und man immer wieder zum gleichen Ergebnis gelangt. Um die bei diesen Vergleichen gewonnenen Urteilszahlen nach Gleichung (63) zu deuten, erinnern wir zunächst an die Verhältnisse, wie sie bei einer GAUSSschen Normalverteilung bestehen. *Liegen die Abweichungen innerhalb des 2σ-Bereichs, so ist dies nichts Auffallendes; im Falle eines Vergleichs kann man von Übereinstimmung sprechen. Wird die 2σ-Grenze überschritten, so darf man anfangen, sich zu wundern. Wird aber das dreifache der Streuung angenähert oder gar überschritten, so kann man allmählich annehmen, daß die vorliegende Abweichung kein Zufall mehr ist.* Hinsichtlich Beispiel 16 sei noch erwähnt, daß außerhalb des 2,57fachen der Streuung, das die Rechnung immer wieder ergab, bei einer GAUSSschen Verteilung nur 1,0% der statistischen Elemente (auf jeder Seite 0,5%) liegen (siehe

Tabelle 13, S. 40). Eine Abweichung dieser Größenordnung kommt also bereits recht selten vor; es ist daher ziemlich unwahrscheinlich, daß bei wirklich wahllosem Herausgreifen zwei so unterschiedliche Stichproben erhalten werden. Die Abweichung der beiden Stichproben des Beispiels 16 ist auffällig, jedoch noch nicht so groß, als daß man ein zufälliges Zustandekommen als ausgeschlossen betrachten kann.

Daß in Beispiel 16 das zahlenmäßige Urteil bei allen sechs Berechnungen so gut übereinstimmt, dürfte davon herrühren, daß die bei den sechs Schlußweisen auftretenden kombinatorischen Häufigkeitsverteilungen alle nahezu die gleiche Form haben, nämlich die einer GAUSSschen Normalverteilung. Es nähern sich nämlich die bei den statistischen Schlüssen vorkommenden theoretischen Verteilungsfunktionen mit wachsendem m und n und für nicht allzu kleine m_i recht schnell GAUSSschen Normalverteilungen, so daß man meist die von dorther bekannten Zahlenbeziehungen für die Vielfachen der Streuung zur Urteilsbildung heranziehen darf.

Sind jedoch die Zahlen m und n sehr klein oder kommen unter den relativen Häufigkeiten p_i solche vor, die nahezu 0 oder 1 betragen, so weichen die bei den verschiedenen Betrachtungsweisen von Beispiel 16 auftretenden kombinatorischen Häufigkeitsverteilungen ihrer Gestalt nach erheblich voneinander und von einer GAUSSschen Verteilung ab. Es ist dann nicht mehr zu erwarten, daß die Urteilsquotienten so gut miteinander übereinstimmen wie bei Beispiel 16. In solchen Fällen ist Vorsicht mit dem 3σ-Kriterium geboten. Man kann zwar noch die Faustregel (siehe S. 43) benutzen, wonach innerhalb der einfachen Streuungsgrenzen etwa zwei Drittel der statistischen Elemente zu suchen sind; man kann auch bei der Richtlinie bleiben, daß man beim Überschreiten der 2σ-Grenze beginnen soll, sich zu wundern; um aber die Möglichkeit eines Zufalls auszuschließen, empfiehlt es sich, um sicher zu gehen, nicht mit 3σ zu rechnen, sondern mit dem 3,5- oder 4-fachen der Streuung (vgl. VAN DER WAERDEN)[1].

Zu betonen ist, daß Urteilsquotienten nach Gleichung (63) nur angeben können, *ob* und *wie sehr* man sich wundern soll, nicht jedoch *worüber*. Bei der Interpretation eines auffallenden Ergebnisses dieser Art muß man im wesentlichen zwei Möglichkeiten ins Auge fassen: Erstens kann es sein, daß die Teilmenge nicht wahllos aus der Gesamtheit herausgegriffen wurde, also nicht als wirkliche Stichprobe gelten kann. Zweitens besteht die Möglichkeit, daß die Teilmenge in Wirklichkeit aus einer anderen oder auch inzwischen veränderten Gesamtmasse stammt. Welche dieser beiden Möglichkeiten vorliegt, kann nicht die Rechnung entscheiden, sondern ist durch kritische Betrachtung des vorliegenden Sachverhalts zu klären.

---

[1] Klin. Wschr. 1936, II 1718. Über die richtige Auswertung von Erfolgsstatistiken.

Nach dem etwas abstrakten Beispiel 16 soll nun an einem anderen Beispiel gezeigt werden, wie sich das statistische Urteil durch laufend hinzukommende Neubeobachtungen abwandelt.

Beispiel 17: Änderung der Mortalität durch eine neue Behandlungsmethode. Bei einer bestimmten Krankheit sei bekannt, daß von 100 Fällen 55 tödlich verlaufen seien. Seit Erprobung eines neuen Heilmittels sind vier weitere Fälle beobachtet worden, von denen keiner tödlich endete. Ist dieses Ergebnis bereits ein Hinweis auf therapeutische Wirksamkeit des neuen Mittels?

Der Transponierungsschluß von $m = 100$ auf $n = 4$, wobei $m_0 = 55$, $n_0 = 0$ und $k = 2$ ist, ergibt mit

$$\zeta_{III} = \sqrt{\frac{106}{4 \cdot 103}} = 0{,}508, \quad p^* = \frac{56}{102} = 0{,}549 \quad \text{und} \quad q = 0$$

$$E_{III}(q) = 0{,}549 \quad \text{und} \quad Str_{III}(q) = 0{,}508 \cdot \sqrt{0{,}549 \cdot 0{,}451} = 0{,}252.$$

Daraus $$\textit{Urteil: } Q = \frac{0{,}549 - 0}{0{,}252} = \mathbf{2{,}18}\,.$$

Die Antwort lautet also: Es ist der Befund zwar auffallend, aber es könnte auch nur ein glücklicher Zufall vorliegen.

Wir setzen nun den Fall, in der Folgezeit würden weitere Krankheitsfälle ohne tödlichen Ausgang beobachtet. Wie sich dadurch das Urteil über die Wirksamkeit des neuen Heilmittels ändert, zeigt Tabelle 46

Tabelle 46. *Abhängigkeit des Urteils von der Zahl der beobachteten Fälle bei Beispiel 17.*

Zahl der Fälle n .	4	5	7	9	11
Urteil Q	2,18	2,42	2,84	3,19	3,50

Man erkennt, wie das Urteil mit zunehmender Beobachtungszahl n immer sicherer wird. Von etwa $n = 7$ bis 9 ab wird man wagen können, im engeren Kreise von der Wirksamkeit des Heilmittels Mitteilung zu machen, und bei $n = 11$ würden auch einer Veröffentlichung keine Bedenken mehr entgegenstehen, indem dann die sehr vorsichtige $3{,}5\sigma$-Grenze erreicht ist. Von ihr im vorliegenden Fall Gebrauch zu machen, ist deshalb ratsam, weil die Zahl n ziemlich klein ist.

Zum Abschluß dieses Beispiels sei noch bemerkt, daß man auf Grund der Beobachtung von 11 geheilten Krankheitsfällen nun nicht etwa behaupten darf, die Mortalität unter der neuen Behandlung betrage 0%. Aber auch dann, wenn einer von den 11 Patienten gestorben wäre, wäre es verkehrt, die Mortalität mit $\frac{1}{11} = 9{,}1\%$ angeben zu wollen. Vielmehr ist zur Angabe des Erwartungswertes der Mortalität ein Repräsentations-

oder ein Transponierungsschluß auf sehr großes n erforderlich. Das Ergebnis ist nach Gleichung (62) mit $\zeta = \frac{1}{\sqrt{m+3}}$ gemäß Gleichung (62a) im Falle eines Todesfalles unter 11 Patienten:

$$E(q) = p^* = \frac{m_0 + 1}{m + 2} = \frac{2}{13} = 15{,}4\%, \quad Str(q) = \zeta \sqrt{p^* (1 - p^*)}$$
$$= \frac{1}{\sqrt{14}} \sqrt{\frac{2}{13} \cdot \frac{11}{13}} = 9{,}6\%.$$

Das heißt, man darf in etwa zwei Drittel der Fälle erwarten, daß die Mortalität in den Grenzen $15{,}4 \pm 9{,}6\%$ liegt.

b) Urteilsbildung über die statistischen Maßzahlen α, σ und ρ mittels des Transponierungsschlusses.

Bereits in Abschnitt XIII wurden Formeln für Erwartungswert und Streuung der statistischen Maßzahlen α und σ mitgeteilt [siehe Gleichung (49a) S. 128, (52a/c) S. 131], allerdings unter der Voraussetzung, daß die Stichprobe mit n Elementen aus einer *unübersehbar großen* statistischen Masse mit dem Mittelwert a und der Streuung s entnommen worden sei. Es bleibt noch übrig, die entsprechenden Ergebnisse auch für den Schluß von einer *endlichen* statistischen Masse auf eine andere mitzuteilen. Dabei beschränken wir uns jedoch auf den vielseitigsten der statistischen Schlüsse, den Transponierungsschluß.

Auch für Erwartungswert und Streuung allgemeiner statistischer Maßzahlen wie α und σ sind die Formeln entsprechend Gleichung (62) gebaut. Wiederum tritt bei der Streuung derselbe Faktor ζ auf. Auch begegnet uns der Vorgang wieder, der in Gleichung (62) S. 149 durch die angebrachten Sterne markiert worden ist, indem die mit einem Stern versehenen, etwas abgeänderten Maßzahlen nicht mittels p_i, sondern mittels $p_i^* = \frac{m_i + 1}{m_i + k}$ zu berechnen sind. Mit diesen Festsetzungen lauten die Gleichungen für den Transponierungsschluß:

1. Mittelwert α:

$$E_{III}(\alpha) = \sum_{i=1}^{k} x_i p_i^* = \alpha^*, \quad Str_{III}(\alpha) = \zeta_{III} \sqrt{\sum x_i^2 p_i^* - \alpha^{*2}} = \zeta_{III}\, \sigma^*. \quad (64)$$

Ist die Subjektmasse groß, so unterscheiden sich α und α^* bzw. σ und σ^* nicht nennenswert voneinander; für $m \to \infty$ werden sie identisch mit dem Mittelwert a bzw. der Streuung s nach Abschnitt XIII, S. 128.

Außerdem wird nach Gleichung (62a) S. 150 mit $m \to \infty$ der Faktor $\zeta_{III} = \frac{1}{\sqrt{n}}$, womit die Gleichungen (64) in die früheren Formeln (49a) übergehen. Die Häufigkeitsverteilung selbst für α ist symmetrisch und entspricht in ihrer Gestalt recht gut einer GAUSSschen Normalverteilung.

2. Streuungsquadrat σ^2:

Für den Erwartungswert des Streuungsquadrats gilt streng

$$E_{III}(\sigma^2) = (1 - \zeta_{III}^2) \cdot \sigma^{*2} = \frac{n-1}{n} \cdot \frac{m+k}{m+k+1} \sigma^{*2} \approx \frac{n-1}{n} \sigma^{*2}; \quad (65\text{a})$$

die Streuung des Streuungsquadrates aber ist näherungsweise

$$Str_{III}(\sigma^2) \approx \zeta_{III} \sigma^{*2} \sqrt{2+\varepsilon} \approx \zeta_{III} \cdot \sqrt{2} \cdot \sigma^{*2}. \quad (65\text{b})$$

Die strenge Formel für $E_{III}(\sigma^2)$ drückt die schon S. 131 besprochene Tatsache aus, daß bei der Berechnung aus einer Stichprobe mit n Elementen das Streuungsquadrat systematisch um den Faktor $\frac{n-1}{n}$ zu klein ausfällt. Die Gleichung für Str_{III} ist insofern eine Näherungsformel, als die beiden Nenner unter der Wurzel von Gleichung (52c), S. 132, die $n-1$ und n betragen, hier nicht mehr auseinandergehalten werden, sondern für beide n steht. Bis auf diesen kleinen Unterschied kommt man von Gleichung (65b) auf die alte Formel (52c) zurück, wenn für $m \to \infty$ $\zeta_{III} = \frac{1}{\sqrt{n}}$ wird. Wenn man von einem etwaigen Exzeß ε absieht, entsteht die bei Gleichung (65b) zuletzt genannte Überschlagsformel. Die Verteilungskurve selbst für σ^2 ist etwa vom Typ einer χ^2-Verteilung.

3. Schiefe ρ:

Noch mehr beschränken wir uns bei der Schiefe ϱ auf die Mitteilung von Überschlagsformeln; die damit zu gewinnenden Abschätzungen dürften praktisch ausreichen. Es ist

$$E_{III}(\varrho\sigma^3) = \sum_{i=1}^{k} (x_i - \alpha^*)^3 \cdot p_i^* = \varrho^* \sigma^{*3}$$

und daraus näherungsweise

$$E_{III}(\varrho) \approx \varrho^*, \quad \text{sowie überschlagsmäßig} \quad Str_{III}(\varrho) \approx \zeta_{III} \cdot \sqrt{15}. \quad (66)$$

[Die Überschlagsformel für die Streuung entspricht der in Gleichung (65b) zuletzt genannten.]

Ist m einigermaßen groß, so lohnt es sich bei Abschätzungen gewöhnlich nicht, die Berechnung der mit Stern versehenen Maßzahlen nochmals mit den p_i^* vorzunehmen; es dürften vielmehr die ungesternten empirischen Werte α, σ und ϱ für eine Überschlagsrechnung ausreichen.

Beispiel 3 (Fortsetzung): Froschgewichte. Für die 148 Frösche wurden S. 25 ausgerechnet

$$\alpha = 30{,}8\,\text{g}, \quad \sigma = 4{,}0\,\text{g}, \quad \varrho = 0{,}27.$$

Der Schluß auf eine sehr große Menge von Fröschen liefert, wenn wir auf die Neuberechnung der gesternten Maßzahlen verzichten, und wenn mit $k = 11$ gerechnet wird, für den *Mittelwert* α

$$E_{III}(\alpha) \approx \alpha = 30{,}8\,\text{g}, \quad Str_{III}(\alpha) \approx \frac{\sigma}{\sqrt{m+k+1}} = \frac{4{,}0}{\sqrt{160}} = 0{,}31\,\text{g}.$$

Es ist also in etwa zwei Drittel der Fälle zu erwarten, daß in einem umfangreichen Froschmaterial, für das die 148 Frösche eine Stichprobe darstellen, das Durchschnittsgewicht in den Grenzen $30{,}8 \pm 0{,}3$ liegt, d. h. zwischen 30,5 und 31,1 g.

Für die *Streuung* ergibt sich

$$E_{III}(\sigma^2) \approx \sigma^2 = 16, \quad Str_{III}(\sigma^2) \approx \frac{\sqrt{2}}{\sqrt{m+k+1}}\,\sigma^2 = \sqrt{\frac{2}{160}} \cdot 16 = 1{,}8.$$

Es wäre also in etwa zwei Drittel der Fälle das Streuungsquadrat in einer sehr großen Froschmenge innerhalb des Bereichs $16 \pm 1{,}8$ zu vermuten, d. h. die Streuung selbst zwischen 3,8 und 4,2 g.

Für die *Schiefe* endlich ist

$$E_{III}(\varrho) \approx \varrho = 0{,}27, \quad Str_{III}(\varrho) \approx \sqrt{\frac{15}{160}} = 0{,}31.$$

Aus einer Stichprobe des verhältnismäßig geringen Umfanges, wie er hier vorliegt, ist also über die Schiefe noch kaum etwas Verbindliches auszusagen; sie würde in zwei Drittel der Fälle noch mindestens im Bereich $0{,}27 \pm 0{,}31$ zu suchen sein. Jedenfalls steht die Vermutung S. 49, daß die Schiefe unter der Annahme einer Normalverteilung zweiter Art für Froschgewichte den Wert $\varrho = 0{,}39$ besitzen dürfte, mit dem empirischen Befund nicht in Widerspruch.

Auf die Neuberechnung der gesternten Größen kann man dagegen *nicht* verzichten, wenn der Schluß zwischen Massen von geringem Umfang geschehen soll. Wir betrachten dies an Beispiel 15, indem wir die Frage aufwerfen, was aus den beiden Mittelwerten der Fieberdauer mit und ohne Eubasin folgt, wenn man den Befund unter dem Blickwinkel des Transponierungsschlusses betrachtet.

Beispiel 15 (Fortsetzung): Entfieberung von Pneumoniekranken (siehe Tabelle 45, S. 143). Wir schließen von der Subjektmasse der 54 Kranken ohne Eubasinbehandlung auf eine Objektmasse von 14 Kranken. Es ist hierzu α^* und σ^* neu zu berechnen. Diese Rechnung bringt Tabelle 47

Tabelle 47. *Berechnung von α^* und σ^* für die 54 Pneumoniekranken nach Beispiel 15.*

x_i	m_i	$m_i + 1$	$x_i(m_i + 1)$	$x_i^2(m_i + 1)$
2	—	1	2	4
3	1	2	6	8
4	2	3	12	48
5	6	7	35	175
6	9	10	60	360
7	13	14	98	686
8	12	13	104	832
9	6	7	63	567
10	2	3	30	300
11	3	4	44	484
12	—	1	12	144
Summe	54	65	466	3618

Mit den Daten aus dieser Tabelle ist

$$\alpha^* = \frac{466}{65} = 7{,}17; \quad \sigma^{*2} = \frac{3618}{65} - 7{,}17^2 = 4{,}22; \quad \sigma^* = 2{,}06.$$

Nun ist für den Transponierungsschluß auf $n = 14$ Pneumoniekranke mit $k = 11$ Klassen nach Gleichung (64)

$$E_{III}(\alpha) = \alpha^* = 7{,}17; \quad Str_{III}(\alpha) = \zeta_{III}\,\sigma^* = \sqrt{\frac{79}{14 \cdot 66}} \cdot 2{,}06 = \mathbf{0{,}60}.$$

Dem steht unter den 14 mit Eubasin behandelten Kranken der empirische Wert $\alpha_{\text{emp}} = 3{,}50$ gegenüber. Daraus

$$\textit{Urteil}: Q = \frac{E(\alpha) - \alpha_{\text{emp}}}{Str(\alpha)} = \frac{7{,}17 - 3{,}50}{0{,}60} = \mathbf{6{,}1}.$$

Das kann kein Zufall sein! Die kürzere Fieberdauer bei der zweiten Gruppe von Patienten ist statistisch gesichert. Ob dies aber wirklich an der Eubasinbehandlung liegt, oder ob etwa das Patientenmaterial besonders ausgewählt war, oder ob die Krankheit allgemein inzwischen leichteren Verlauf zeigte, kann natürlich nicht durch diese Rechnung geklärt werden. Es sei noch einmal betont, daß die Rechnung nur angeben kann, ob und wie sehr man sich über einen Befund wundern muß, nicht aber warum: Letztere Frage zu beantworten ist Aufgabe des speziellen Faches, nicht der mathematischen Statistik.

Während bei dem Vergleich der Mittelwerte sich demnach ein markantes Ergebnis herausstellt, ist dies bei den Streuungen hier nicht der Fall, was allerdings keineswegs überrascht. Die Rechnung liefert

$$E_{III}(\sigma^2) = 3{,}92; \quad Str_{III}(\sigma^2) = 1{,}75 \quad \text{und} \quad \text{mit } \sigma^2_{\text{emp}} = 1{,}25$$

folgt

$$Q = \frac{3{,}92 - 1{,}25}{1{,}75} = 1{,}53\,.$$

c) Urteilsbildung über empirische Korrelationskoeffizienten mit dem Transponierungsschluß.

Der Korrelationskoeffizient r ist die kennzeichnendste statistische Maßzahl für zweiparametrige Häufigkeitsverteilungen. Um zu beurteilen, ob und wie weit ein empirisches r, das aus der Korrelationstabelle einer vorliegenden Aufnahme errechnet wird, auf Zufälligkeiten der betreffenden statistischen Aufnahme beruht, muß man die Frage untersuchen, wie sehr bei einer anderen Stichprobe aus derselben umfassenden statistischen Gesamtheit die erhaltene Korrelationstabelle abweichen kann. Dies geschieht mittels eines Transponierungsschlusses, wobei jedoch hier die Zahl der Klassen k durch die Anzahl der interessierenden Felder der Korrelationstabelle gegeben wird. Das Ergebnis für Erwartungswert und Streuung des Korrelationskoeffizienten ist entsprechend den obigen Formeln (64ff.) gebildet[1]. Es lautet

$$E_{III}(r) = r^*, \quad Str_{III}(r) \approx \zeta_{III}(1 - r^{*2})\,. \tag{67}$$

Die hier mitgeteilte Näherungsformel für die Streuung entspricht den oben angegebenen Überschlagsformeln für $Str(\sigma^2)$ und $Str(\varrho)$. In Gleichung (67) bedeutet r^* den abgeänderten Korrelationskoeffizienten, den man erhält, wenn man nicht mit den beobachteten Anzahlen m_{ij} der Korrelationstabelle, sondern mit den Größen $(m_{ij} + 1)$ rechnet; dies entspricht dem oben wiederholt betrachteten Vorgang der Ersetzung von p_i durch p_i^*.

Im Zusammenhang mit α und σ wurde erwähnt, daß man auf die Neuberechnung der auf diese Weise abgeänderten statistischen Maßzahlen bei Überschlagsrechnungen in manchen Fällen verzichten könne. Für die Beurteilung von r ist dies erst bei besonders großen Beobachtungsreihen statthaft. Bei den gewöhnlich vorkommenden Beobachtungszahlen kann die Unterlassung der Neuberechnung von r^* leicht zu einer Fehlbeurteilung führen. Diese Gefahr steht in genauer Analogie zu dem im Anschluß an Beispiel 17, S. 154 erörterten Fall, wo bei der Abschätzung der Mortalität auf Grund keiner oder sehr weniger Todesfälle die Rechnung mit p^* sich als wesentlich erwies. Der Unterschied zwischen r^* und r fällt besonders dann stark ins Gewicht, wenn r_{emp}

[1] Ausführliche Theorie siehe GEBELEIN, Zahl und Wirklichkeit, S. 393ff.

nahezu ± 1 ist und die Vermutung eines sehr engen Korrelationszusammenhangs nahelegt.

Wir erläutern zunächst diesen Einfluß an folgendem gestellten

Beispiel 18: Beurteilung eines Korrelationszusammenhangs mittels r^*. Aus einer statistischen Masse mit je drei Klassen für die beiden Merkmale x und y sei eine Stichprobe mit $n = 15$ Elementen entnommen worden, und dabei habe sich vollständige Zuordnung der x_i und y_j gemäß folgender Tabelle ergeben.

Tabelle 48. $r_{\text{emp}} = 1$ *bei einer Stichprobe mit 15 Elementen.*

y_j \ x_i	-1	0	$+1$	v_j
-1	3	0	0	3
0	0	7	0	7
$+1$	0	0	5	5
u_i	3	7	5	*15*

Tabelle 48a. *Abgeänderte Tabelle 48 zur Berechnung von r^*.*

y_j \ x_i	-1	0	$+1$	v_j
-1	4	1	1	6
0	1	8	1	10
$+1$	1	1	6	8
u_i	6	10	8	*24*

Es wäre in diesem Falle sehr unvorsichtig, wollte man auf Grund dieses an 15 Elementen gewonnenen empirischen Befundes $r_{\text{emp}} = 1$ es als bewiesen betrachten, daß zwischen den x_i und y_i sehr enge oder gar vollständige Abhängigkeit besteht. Nach Gleichung (67) ist nämlich für $E(r)$ der Wert r^* maßgeblich und dieser ist aus der abgeänderten Korrelationstabelle 48a zu ermitteln. Die Rechnung [nach Gleichung (39) S. 106] liefert $r^* = 0{,}566$. Hiermit und mit $m + k = 24$ folgt

$$E(r) = \mathbf{0{,}566}; \quad Str(r) = \frac{1}{\sqrt{25}}(1 - 0{,}566^2) = \mathbf{0{,}136}.$$

In etwa zwei Drittel der Fälle ist also zu erwarten, daß r zwischen 0,428 und 0,686 liegt; es kann gar keine Rede davon sein, daß durch die genannte Beobachtung ein besonders enger Zusammenhang zwischen x und y bewiesen werde.

Wesentlich anders fällt das Urteil aus, wenn bei einer zehnmal größeren Stichprobe sich ebenfalls $r_{\text{emp}} = 1$ ergeben hat, etwa entsprechend folgender Tabelle 49.

Tabelle 49. $r_{emp} = 1$ *bei einer Stichprobe mit 150 Elementen.*

y_j \ x_i	-1	0	$+1$	v_j
-1	30	0	0	30
0	0	70	0	70
$+1$	0	0	50	50
u_i	30	70	50	*150*

Tabelle 49a. *Abgeänderte Tabelle 49 zur Berechnung von r^*.*

y_j \ x_i	-1	0	$+1$	v_j
-1	31	1	1	33
0	1	71	1	73
$+1$	1	1	51	53
u_i	33	73	53	*159*

Die entsprechende Neuberechnung von r^* auf Grund der abgeänderten Tabelle 49a liefert jetzt $r^* = 0{,}923$; daraus folgt mit $m + k = 159$

$$E(r) = \mathbf{0{,}923}\,; \quad Str(r) = \frac{1}{\sqrt{160}}\,(1 - 0{,}923^2) = \mathbf{0.012}\,.$$

Der einfache Streuungsbereich erstreckt sich also nun von 0,911 bis 0,935. Der Korrelationszusammenhang zwischen x und y ist nunmehr als sehr eng erwiesen.

Die hiermit gewonnene Einsicht wenden wir nun auf die Beurteilung des bei Beispiel 13 an 362 Beobachtungen gewonnenen empirischen Korrelationskoeffizienten $r = 0{,}722$ an.

Beispiel 13 (Fortsetzung): Gegenüberstellung von Costa- und Blutkörperchen-Senkungsreaktion. Wollte man bei der Korrelationstabelle 40 S. 120 für die Berechnung von r^* ebenso vorgehen wie soeben bei Beispiel 18, so tritt eine gewisse Schwierigkeit dadurch auf, daß hier die Korrelationstabelle nicht abgeschlossen ist, sondern sich allseitig beliebig weit erstreckt. Da es kaum Sinn hat, beliebig viele leere Felder bei Abänderung der Korrelationstabelle mit der Zahl 1 zu besetzen, empfiehlt es sich wohl am ehesten, folgendermaßen vorzugehen: Zunächst werden alle endlichen Besetzungszahlen um 1 erhöht und danach werden von den leeren Feldern nur diejenigen mit 1 besetzt, die waagerecht oder senkrecht neben einem besetzten Feld stehen. (Kursivzahlen in Tabelle 50). Die auf diese Weise abgeänderte Korrelationstabelle sieht folgendermaßen aus.

Tabelle 50. *Für die Berechnung von r^* abgeänderte Korrelationstabelle zu Beispiel 13.*

y_j \ x_i	—4	—3	—2	—1	0	+1	+2	+3	+4	v_j
—4	—	—	—	—	—	*1*	*1*	*1*	—	3
—3	—	—	—	—	*1*	2	3	2	*1*	9
—2	—	—	*1*	—	*1*	4	15	13	*1*	35
—1	—	*1*	2	*1*	2	5	36	10	*1*	58
0	*1*	2	1	3	2	22	56	2	*1*	90
+1	—	*1*	3	15	14	44	77	3	*1*	88
+2	*1*	3	11	32	16	9	6	2	*1*	81
+3	—	*1*	6	12	7	12	2	*1*	—	41
+4	*1*	3	4	6	2	*1*	2	*1*	—	20
+5	—	*1*	*1*	*1*	*1*	—	*1*	—	—	5
u_i	3	12	29	70	46	100	129	35	6	*430*

Die Auswertung dieser Tabelle nach dem Vorgang von S. 97 liefert $r^* = \mathbf{0.568}$. Damit folgt $m + k = 430$ und beim Schluß auf $n \to \infty$

$$E(r) = \mathbf{0{,}568}\,; \quad Str(r) = \frac{1}{\sqrt{431}}\,(1 - 0{,}568^2) = \mathbf{0{,}0326}\,.$$

Erwiesen ist also auf Grund der vorliegenden Aufnahme erst ein Korrelationszusammenhang von dieser Enge. Sollte bei weiteren Beobachtungen der große Wert r_{emp} wie bei Beispiel 13 sich wieder einstellen, so würde dadurch bei der Neuberechnung auch r^* größer, wie es das vorangehende Beispiel 18 zeigte. Es ergibt sich also, daß bei der Beurteilung von Korrelationszusammenhängen hohe Werte r_{emp}, die nahe an die Grenze ± 1 kommen, mit großer Vorsicht zu betrachten sind, da man leicht dazu neigt, sie zu überschätzen.

d) Grundsätzliche Bemerkungen zu den statistischen Schlüssen.

Wir beschließen den Abschnitt mit einigen kritischen Bemerkungen zu den dargelegten Schlußweisen. Der Inklusions- und Repräsentationsschluß stehen sich diametral gegenüber. Der Transponierungsschluß ist ebenfalls eine Art Repräsentationsschluß, nämlich von m auf $(m + n)$ und braucht daher nicht besonders betrachtet zu werden. Die erstgenannte Schlußrichtung vom Ganzen auf einen Teil hängt eng mit dem sogenannten BERNOULLIschen Problemkreis der Wahrscheinlichkeitsrechnung zusammen; die zweite vom Teil auf das Ganze ist mit dem Namen BAYES verknüpft.

Es sei dem Leser nicht verschwiegen, daß aus einer Reihe von Gründen, auf die wir nicht weiter eingehen, die BERNOULLIsche Schlußweise stets als die besser gesicherte betrachtet worden ist, während die BAYESsche Schlußweise zu allerlei Bedenken Anlaß gab. Dies ist zwar mehr eine Frage der Theorie, denn es ist uns kein praktischer Fall bekannt, bei dem die Formeln des Repräsentationsschlusses Unheil stiften; während es gerade umgekehrt bekannte Fälle gibt, in denen leichtfertige Anwendung der Regeln des Inklusionsschlusses zu trügerischen Folgerungen führt, die Anwendung der BAYESschen Schlußweise aber geeignet ist, hiervor zu schützen (vgl. VAN DER WAERDEN)[1]. Aber nichtsdestoweniger wurde es von den meisten Statistikern als ein Fortschritt begrüßt, als in den letzten Jahrzehnten andere Schlußweisen entwickelt und eingebürgert worden sind, die zwar in ihrer Zielsetzung etwas bescheidener sind als der Repräsentationsschluß, bei denen aber die angedeuteten Klippen vermieden werden (vgl. S. 151ff.).

Erwähnt sei noch, daß neue Untersuchungen zur Begründung des Inklusions- und Repräsentationsschlusses der mathematischen Statistik von HANS RICHTER[2] die formale Gleichheit der beiden genannten Schlußweisen klarstellen und auch den Repräsentationsschluß mit den in diesem Abschnitt mitgeteilten Ergebnissen rechtfertigen, allerdings nur im Bereiche

---

[1] Klin. Wschr. 1936, II, S. 1718.

[2] HANS RICHTER, Mitteilungsblatt für Mathematische Statistik, Jahrg. 2 (1950) Heft 2.

sog. „subjektiver Wahrscheinlichkeiten“. Dabei werden nach *Richter* unter subjektiven Wahrscheinlichkeiten die für die statistischen Schlüsse typischen Urteilsbewertungen verstanden, welche aussagen, ob die einzelnen denkbaren Zusammensetzungen der Objektmenge dem Betrachter auf Grund seiner empirischen Kenntnis der Subjektmenge als mehr oder weniger stark ins Gewicht fallend erscheinen. Die größere Überzeugungskraft des Inklusionsschlusses erklärt sich dadurch, daß bei ihm diese subjektiven Wahrscheinlichkeiten automatisch auch „objektive Wahrscheinlichkeiten“ der üblichen Art sind, die in diesem speziellen Falle als Quotient der Anzahl der günstigen und der Anzahl der möglichen Fälle angegeben werden können, was beim Repräsentationsschluß nicht zutrifft. Auf diese Weise tritt sowohl das Gleichartige dieser beiden Schlußweisen als auch ihr fundamentaler erkenntniskritischer Unterschied deutlich zutage.

Daß der Schluß vom Teil auf das Ganze problematischer ist als der umgekehrte Schluß, ist leicht auch folgendermaßen einzusehen. Beide verhalten sich zueinander etwa wie Interpolation und Extrapolation. Während Interpolation rückschauende Prüfung ist, schließt jede vorausschauende Planung Extrapolationen in sich ein. Was und wieweit man z. B. im täglichen Leben planen kann, läuft mathematisch darauf hinaus, ob und wieweit man extrapolieren darf. Wenn man auch selbstverständlich das Ergebnis einer Extrapolation mit mehr kritischen Vorbehalten betrachten muß als das einer Interpolation, so kann man doch darauf nicht verzichten, oder sie gar grundsätzlich ablehnen. Das gleiche gilt mutatis mutandis auch für den Repräsentations- bzw. Transponierungsschluß.

Aber wenn immer man von einer Stichprobe aus auf die ganze Masse oder einen größeren Teil derselben schließt, muß Grund zu der Annahme bestehen, daß die Stichprobe repräsentativ ist. Vor allem muß sie hierzu groß genug sein, denn ein mannigfaltiger Befund, der sich durch Aufgliederung in viele Klassen kundtut, kann bei einer sehr kleinen Stichprobe, deren Gesamtumfang etwa gar kleiner ist als die Klassenzahl, noch gar nicht ausgeprägt in Erscheinung treten. Die Frage, wann eine Stichprobe repräsentativ ist, hängt mit der sehr schwer zu entscheidenden Frage zusammen, wie hoch man die Klassenzahl einzuschätzen hat. Es ist ein besonderer Vorzug des Inklusionsschlusses, daß seine Folgerungen von der Klassenzahl explizit unabhängig sind. Je größer die Anzahl der Klassen, um so mehr richtet sich der Blick auf Einzelheiten des Befundes und je detaillierter wird die Aussage. Es hat daher seinen guten Grund, wenn die Streuungen beim Repräsentations- und Transponierungsschluß mit wachsendem k größer werden.

Bei der Erforschung eines bestimmten Befundes, bei dem die Klassenzahl nicht von vornherein feststeht, ist das Arbeiten sowohl mit zu vielen wie mit allzu wenigen Klassen unzweckmäßig, wie dies schon bei Abb. 10a—d S. 28 vor Augen geführt worden ist. Im einen Extremfalle tritt Verzettelung ein, im anderen Extremfall wird das Bild zu summarisch. In beiden Fällen verliert, wie wir gesehen haben, der Befund sein charakteristisches Gesicht und das Ergebnis wird unbefriedigend.

XV. Die Betrachtungsweise der Vertrauens- und Mutungsgrenzen.

Auf der Suche nach einer Möglichkeit, den BAYESschen Problemkreis zu umgehen, sind in neuerer Zeit Methoden entwickelt und weitgehend eingebürgert worden, bei denen auch zur Beurteilung einer Gesamtheit auf Grund einer Stichprobe die BERNOULLIsche Schlußweise herangezogen wird. Es handelt sich um Betrachtungsweisen, die mit den Begriffen „Vertrauensgrenzen" (engl. „confidence" limits), „Mutungsgrenzen" usw. verbunden sind. Diese Überlegungen werden referiert, ihre Ergebnisse mit denen des Repräsentationsschlusses verglichen und die Anwendung der Mutungsgrenzen an Beispielen erläutert.

In den letzten Jahren hat sich eine Betrachtungsweise stark eingebürgert, bei der man versucht, die Problematik des BAYESschen Fragenkreises dadurch zu umgehen, daß man mittels eines Kunstgriffes den Inklusionsschluß auch zur Beurteilung einer Stichprobe im Hinblick auf die statistische Gesamtheit verwendet. Man fragt dabei nicht wie beim Repräsentationsschluß, mit welcher Häufigkeit die möglichen Zusammensetzungen der Gesamtheit auf Grund einer vorliegenden Stichprobe zu erwarten sind, sondern umgekehrt, von welchen verschieden zusammengesetzten Gesamtmassen aus man auf die erhaltene Stichprobe kommen könnte.

Dieses Problem wurde auf zwei etwas unterschiedliche Weisen behandelt: einerseits in England von C. J. CLOPPER und E. S. PEARSON[1] sowie von J. NEYMAN[2] auf eine exaktere, aber rechnerisch umständlichere Art mittels des BERNOULLIschen Verteilungsgesetzes; andererseits nach einem Vorschlag von ST. MILLOT (1927) in Deutschland namentlich von R. PRIGGE[3] und H. v. SCHELLING[4] in überschlagsmäßiger aber rechnerisch bequemerer Art nur durch Verrechnung von Mittelwert und Streuung der gleichen Verteilung. Wir berichten zunächst über diese beiden Gedankengänge einzeln, kommen dann auf ihren Zusammenhang zu sprechen, wie er von VAN DER WAERDEN aufgezeigt wurde[5], und vergleichen danach die Ergebnisse mit den direkten Folgerungen aus dem Repräsentationsschluß.

---

[1] C. J. CLOPPER und E. S. PEARSON, Biometrica **26** 404 (1934).

[2] J. NEYMAN, Philos. Trans. Roy. Soc. London A **236** 333 (1937).

[3] R. PRIGGE, Naturwissenschaften **25** 169 (1937).

[4] H. v. SCHELLING, Arb. Staatsinst. exper. Ther. Frankf. **37** 28 (1939).

[5] VAN DER WAERDEN, Ber. Sächs. Akad. Wiss. Math.-physik. Kl. 1939, S. 213.

Der Ausgangspunkt für die hier in Rede stehende Behandlung des Problems der sogenannten „Rückschlußwahrscheinlichkeit“ ist die klassische „binomische“ Verteilung, die das Hauptergebnis der BERNOULLIschen Theorie darstellt. Man kann diese Verteilung erhalten, wenn man beim Inklusionsschluß den Umfang m der Subjektmasse über alle Grenzen wachsen und zugleich auch m_0 beliebig groß werden läßt, derart daß m_0/m einen endlichen Wert behält. Der Grenzwert dieser relativen Häufigkeit m_0/m wird im folgenden als p bezeichnet.

Würde man den uns hier nicht interessierenden Fall betrachten, daß m_0 gegenüber m mehr und mehr zurückbleibt, so daß der Quotient beider Größen gegen Null streben würde, so käme man auf den besonderen Fall der sogenannten „seltenen Ereignisse“, für den die berühmte POISSONsche Verteilung gilt, die z. B. bei treffertheoretischen Betrachtungen von hervorragender Bedeutung ist.

Die binomische Verteilung lautet

$$W(n_0) = \frac{n!}{n_0!\,(n - n_0)!}\, p^{n_0} (1 - p)^{n - n_0}. \tag{68}$$

Dabei bedeuten p die relative Häufigkeit in der unübersehbar großen Gesamtmasse, n den Umfang der Stichprobe und n_0 die Anzahl der besonderen Elemente in ihr. $W(n_0)$ ist die „Wahrscheinlichkeit“, mit der gerade diese Zusammensetzung (n, n_0) der Stichprobe angetroffen wird.

Das mathematische Symbol $n!$ (lies: „n Fakultät“) bedeutet das Produkt aller aufeinanderfolgender natürlicher Zahlen von 1 bis n, also

$$n! = 1 \cdot 2 \cdot 3 \cdot \ldots (n - 1) \cdot n.$$

Der in Formel (68) vorkommende Quotient $\frac{n!}{n_0!\,(n - n_0)!}$ ist bekannt als Koeffizient des Gliedes mit dem Exponenten n_0 in der Entwicklung des Ausdruckes $(1 + z)^n$ nach dem Binomialsatz der Algebra. Für diese „Binominalkoeffizienten“ ist die Schreibweise $\binom{n}{n_0}$ (lies: „n über n_0“) üblich; es ist

$$\binom{n}{n_0} = \frac{n!}{n_0!\,(n - n_0)!} = \frac{n \cdot (n - 1) \cdot (n - 2) \ldots (n - n_0 + 1)}{1 \cdot 2 \cdot 3 \ldots n_0}.$$

Bei dem letztgenannten Bruch stehen oben und unten n_0 Faktoren.

Die binomische Verteilung (68) ist eine diskontinuierliche Verteilung, denn die unabhängige Veränderliche n_0 kann nur ganzzahlige Werte von 0 bis n annehmen. Trägt man die einzelnen Punkte dieser Verteilung entsprechend Abb. 1 S. 7 auf, so zeigt der entstehende Polygonzug eine etwa glockenförmige Gestalt, indem ein Mittelteil stark ausgebildet ist und die Seitenteile rasch der Abszissenachse zustreben. Mit wachsendem n (und auch n_0) ist dieser Polygonzug immer weniger von einer GAUSSschen Normalverteilung zu unterscheiden. Mittelwert und Streuung der binomischen Verteilung betragen

$$E(n_0) = a = np; \; Str^2(n_0) = s^2 = np(1-p). \tag{69}$$

Ebenso wie bei einer Normalverteilung nicht der ganze Wertebereich von $-\infty$ bis $+\infty$ interessiert, sondern nur etwa das Intervall $\alpha \pm 3\sigma$, so erfüllt auch bei der binomischen Verteilung der überwiegende Teil der statistischen Masse im allgemeinen einen viel schmäleren Bereich, als er durch die Grenzen 0 und n abgesteckt wird. Man kann die Verteilung dadurch kennzeichnen, daß man jenen Bereich angibt, in welchem bis auf einen kleinen Rest ε die gesamte statistische Masse enthalten ist, so daß man die Stichproben mit der Wahrscheinlichkeit $1-\varepsilon$ (da ε sehr klein ist, also fast mit Sicherheit) in diesem Bereich antrifft. Man kann die Größe ε z. B. gleich 1% oder 5% setzen, wie dies CLOPPER und PEARSON tun, oder gleich 0,27%, wie dies den oben S. 43 erklärten 3σ-Äquivalenten entspricht. Wir werden im folgenden mit $\varepsilon = 0{,}27\%$ rechnen in Übereinstimmung mit den übrigen Abschnitten. Es bleibt noch festzusetzen, wie man den kleinen Rest ε der statistischen Masse von den beiden Enden der Verteilung abschneiden soll. Naheliegend ist es, auf jeder Seite gleich viel fortzulassen. Eine kleine Schwierigkeit tritt allerdings hierbei dadurch auf, daß es sich um eine diskontinuierliche Verteilung handelt, bei der man jeden der ganzzahligen Merkmalswerte n nur ganz mitnehmen oder ganz ausschließen kann. Wie vorzugehen ist, zeigt eine Betrachtung der treppenförmigen Summenlinie. Wenn für n_0 diese Summe nicht unter $\varepsilon/2$ und nicht über $1-\varepsilon/2$ liegt, wird n_0 mitgenommen. Auf diese Weise wird ein Bereich der Verteilung herausgeschnitten, innerhalb dessen und auf dessen Grenzen mindestens der Anteil $1-\varepsilon$ und außerhalb dessen höchstens der Anteil ε liegt.

Für den Fall $n = 20$ sind die auf diese Weise zu erhaltenden oberen und unteren Grenzen für n_0 über den verschiedenen p-Werten in Abb. 49 aufgetragen. Die zu den einzelnen n_0 gehörenden kleinsten und größten Werte p bestimmen die äußeren Ecken der beiden eingezeichneten Treppenlinien. Außerdem sind diese zusammengehörigen Werte in den ersten drei Spalten der Tabelle 51 aufgeführt. Sie wurden der hierfür maßgeblichen Tafel 4 bei KOLLER[1] entnommen. Die Treppenform der Kurve kommt zustande, weil die Verteilung Gleichung (68) diskontinuierlich ist. Die Kurve besagt, daß für irgendein p im Bereiche oberhalb bzw. unterhalb der Treppenlinie nicht mehr als höchstens der Anteil $\varepsilon/2 = 0{,}135\%$ der Verteilung zu finden ist.

[1] S. KOLLER, Graphische Tafeln, Dresden-Leipzig 1943, S. 25.

Der Flächenbereich zwischen beiden Treppenkurven wird als „Vertrauensgürtel“ (engl. „confidence belt“) bezeichnet; er ist die Grundlage für die folgende Diskussion des Zusammenhangs zwischen der Stichprobe (n, n_0) und der statistischen Gesamtmasse mit der relativen Häufigkeit p. Auf jeder Senkrechten zur Abszissenachse schneidet der Vertrauensgürtel ein Intervall heraus, innerhalb dessen und zum Teil auf dessen Grenzen der Anteil $1 - \varepsilon$ der zum betreffenden p gehörigen Verteilung zu finden ist. Da dies für alle p zutrifft, gilt es auch für die gesamte Fläche des Vertrauensgürtels, und zwar unabhängig davon, ob etwa einzelne der senkrechten Streifen mit geringerem oder stärkerem Gewicht in den Befund eingehen. Es liegt innerhalb dieses Gürtels der Anteil $1 - \varepsilon$ aller möglichen Verteilungen, die für beliebige p und veränderliche n_0 denkbar sind. Der Gürtel rückt um so näher an die Diagonale heran, je größer n wird; gleichzeitig werden die Stufen der treppenförmigen Begrenzungen immer zahlreicher und feiner, so daß in der Grenze zügige Kurven angenähert werden.

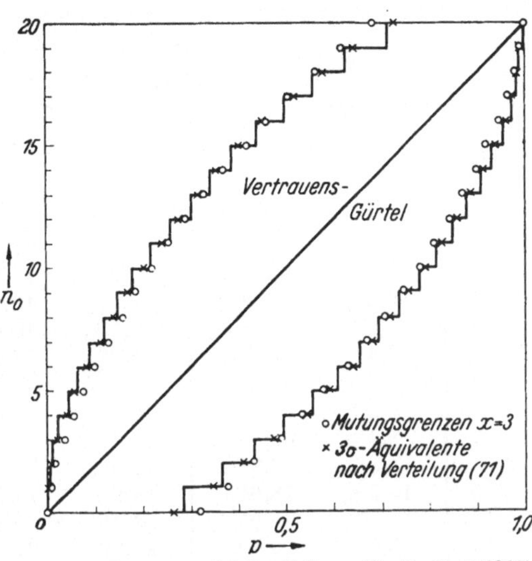

Abb. 49. Vertrauensgürtel im Falle $n = 20$ mit $\varepsilon/2 = 0{,}135\%$ verglichen mit den Mutungsgrenzen nach Gl. (70) und den 3σ-Äquivalenten nach Gl. (71).

Soweit die Folgerungen aus dem Inklusionsschluß mittels der binomischen Verteilung Gleichung (68). Man möchte aber nicht aus der Gesamtheit mit der relativen Häufigkeit p Folgerungen ziehen, sondern umgekehrt aus der Stichprobe mit dem Befund (n, n_0); d. h. nicht p ist bekannt, sondern n_0. Der von den genannten Autoren benutzte Kunstgriff besteht nun darin, daß man die Abb. 49 nicht in senkrechter, sondern in waagerechter Richtung durchmustert. Man sieht daher zu, welches Stück auf einer bestimmten Waagerechten, z. B. in der Höhe n_0 dem Vertrauensgürtel angehört. Dieses Stück wird als „Vertrauensintervall“ (confidence interval) bezeichnet und seine Endpunkte p_u und p_0 als „Vertrauensgrenzen“ (confidence limits).

Nach Abb. 49 betragen z. B. die Vertrauensgrenzen, die zu $n = 20$ und $n_0 = 8$ gehören, $p_u = 11{,}8\%$ und $p_0 = 73{,}9\%$. Man kann diese Feststellung folgendermaßen an einem Beispiel erläutern: Sind von 20 Versuchstieren nach Applikation einer bestimmten Giftdosis 8 gestorben, so darf man recht sicher darauf vertrauen, daß die Mortalität zwischen 11,8% und 73,9% liegt.

Tabelle 51. *Vergleich der Vertrauensgrenzen und Mutungsgrenzen mit dem Ergebnis des Repräsentationsschlusses* ($\varepsilon = 0{,}27\%$) *bei einer Stichprobe von 20 Elementen.*

n_0	Vertrauensgrenzen		Mutungsgrenzen		nach Repräsentationsschluß	
	p_u	p_o	p_u	p_o	p_u	p_o
0	0 %	28,3%	0 %	31,2%	0 %	26,2%
1	0 %	36,8%	0,5%	37,5%	0,3%	35,0%
2	0,3%	43,5%	1,6%	43,2%	1,1%	41,3%
3	1,0%	49,9%	3,1%	48,6%	2,4%	48,1%
4	2,4%	55,6%	5,2%	53,5%	4,1%	53,8%
5	4,1%	60,8%	7,7%	57,8%	6,2%	58,6%
6	6,2%	65,3%	9,9%	62,5%	8,6%	63,3%
7	8,1%	69,7%	12,7%	66,6%	11,3%	67,5%
8	11,8%	73,9%	15,6%	70,6%	14,0%	71,6%
9	14,9%	78,0%	18,8%	74,3%	17,3%	75,7%
10	18,1%	81,9%	22,1%	77,9%	20,7%	79,3%
11	22,0%	85,1%	25,7%	81,2%	24,3%	82,7%
usw.						

Der Leser könnte vielleicht versucht sein, nun eine Aussage der Art zu erwarten, daß p mit der „Wahrscheinlichkeit" $1\text{-}\varepsilon$ im Vertrauensintervall liege. Das wäre jedoch ein Mißverständnis hinsichtlich des Confidenzschlusses, denn zum Unterschied zum Repräsentationsschluß vermeidet man es hier überhaupt, der Größe p eine Wahrscheinlichkeit zuzusprechen. Nach der Auffassung des Confidenzschlusses ist vielmehr p nichts weiter als eine für die statistische Gesamtheit charakteristische, unbekannte Zahl, für die es keine Verteilungsfunktion gibt. Wenn immer der Confidenzschluß auf eine statistische Gesamtheit mit der charakteristischen Wahrscheinlichkeit p angewandt wird, so ist unabhängig davon, um welches spezielle p es sich handelt, die Wahrscheinlichkeit dafür, daß man auf diese Weise falsch schließt, stets höchstens gleich ε.

Dieser Gedankengang sei auch nochmals an Hand von Abb. 49 in allen Einzelheiten erläutert. Unabhängig davon, ob etwa, wie oben ausgeführt, die senkrechten Streifen, die zu den verschiedenen Werten von p gehören, verschiedenes Gewicht besitzen, kann man folgendes behaupten: Wenn man immer wieder Messungen von Wahrscheinlichkeiten p anstellt, und zu jedem beobachteten n_0 die Clopper-Pearson'schen Vertrauensgrenzen bildet, ist die Irrtumswahrscheinlichkeit $< \varepsilon$, d. h. wenn wie oben $\varepsilon = 0{,}27\%$ ist, wird nur in etwa 27 von 10000 Fällen das wahre p außerhalb der gefundenen Grenzen fallen. Betrachten wir zum Beweis Abb. 49 und nehmen z. B. an, der wahre Wert sei $p_1 = 0{,}16$. Wir befinden uns also auf einer senkrechten Geraden an der Stelle $p = 0{,}16$. Dort gehören zum Vertrauensgürtel die Punkte $n_0 = 0$, 1,.. bis $n_0 = 9$, die übrigen $n_0 = 10$ bis $n_0 = 20$ aber nicht .Die Wahrscheinlichkeit, daß $n_0 > 9$ ausfällt, ist also $< \varepsilon$ gemäß der Konstruktion des Vertrauensgürtels. Umgekehrt gehören zu den Werten $n_0 = 0$ bis $n_0 = 9$ Vertrauensintervalle, die den Wert p_1 enthalten, zu $n_0 = 10$ bis $n_0 = 20$ aber solche, die den Wert p_1 nicht enthalten. Die Wahrscheinlichkeit, daß das Vertrauensintervall den Wert p_1 nicht enthält, ist also $< \varepsilon$; oder anders gesagt: Die Wahrscheinlichkeit eines Irrtums bei der Anwendung der Vertrauensgrenzen ist $<\varepsilon$. Dieselbe Überlegung gilt natürlich auch für jeden anderen Wert von p.

Während die Ermittlung der beschriebenen Vertrauensgrenzen nach CLOPPER und PEARSON ziemlich umständliche Berechnungen erfordert, kommt man nahezu zu den gleichen Ergebnissen, wenn man nach ST. MILLOT statt mit der gesamten BERNOULLIschen Verteilung nur mit deren Mittelwert a und Streuung s nach Gleichung (69) arbeitet. Dieses Verfahren wurde im deutschen medizinisch-statistischen Schrifttum insbesondere von R. PRIGGE und H. v. SCHELLING empfohlen. Die hierbei den Vertrauensgrenzen entsprechenden charakteristischen Werte wurden von diesen Autoren als „*Mutungsgrenzen*" bezeichnet und in ausführlichen Tabellen für den Gebrauch bereitgestellt[1].

Die einfache Rechnung geht folgendermaßen vor sich: Wird aus einer unbegrenzt großen statistischen Masse mit der unbekannten relativen Häufigkeit p eine Stichprobe von n Elementen entnommen, so können die vorgefundenen n_0 Elemente der besonderen Art ebensogut eine Plus- wie eine Minusvariante des gemäß der Häufigkeit p zu erwartenden Befundes sein. Bedeutet a den Mittelwert von n_0 und s die Streuung dieser Größe, und ist außerdem $\varkappa$ das Vielfache der Streuung, mit dem gerechnet werden soll, so haben wir Werte n_0 zu betrachten, die im Bereich mit den Grenzen $a \pm \varkappa s$ liegen. Ausführlich mittels Gleichung (69) geschrieben, heißt dies für die äußersten n_0-Werte

$$n_0 = np \pm \varkappa \sqrt{np(1-p)} \quad \text{oder} \quad (n_0 - np)^2 = \varkappa^2 np\,(1-p)\,.$$

Dies ist eine quadratische Gleichung für p, die nach p aufgelöst lautet

$$p = \frac{1}{n+\varkappa^2}\left(n_0 + \frac{\varkappa^2}{2} \pm \varkappa \sqrt{\frac{n_0(n-n_0)}{n} + \frac{\varkappa^2}{4}}\right). \tag{70}$$

Es gibt also zu jedem n_0 zwei Werte p, die sogenannten „Mutungsgrenzen". Bemerkenswert ist der Spezialfall der Gleichung (70) für $n_0 = 0$:

$$p = \frac{1}{n+\varkappa^2}\left(\frac{\varkappa^2}{2} \pm \frac{\varkappa^2}{2}\right) = 0 \quad \text{bzw.} = \frac{\varkappa^2}{n+\varkappa^2} \quad (\text{für } n_0 = 0)\,. \tag{70a}$$

Daß die untere Grenze richtig bei 0 herauskommt für beliebige $\varkappa$ ist ein recht befriedigender Befund.

---

[1] H. v. SCHELLING, Arb. Staatsinst. exper. Ther. Frankfurt *37*, 28 (1939).

Die Werte der Mutungsgrenzen für das oben betrachtete Beispiel $n = 20$ sind in Tabelle 51 angegeben und in Abb. 49 als Ringe eingezeichnet. Sie sind mit $\varkappa = 3$ berechnet worden, entsprechend dem obigen $\varepsilon = 0{,}27\%$. Die Gegenüberstellung zu den Vertrauensgrenzen zeigt, daß die Mutungsgrenzen dicht am Rande des Vertrauensintervalls liegen. Diese Tatsache hat VAN DER WAERDEN erläutert, indem er zeigte, daß sich eine recht gute Übereinstimmung ergibt, wenn man die Zickzackkurve der Vertrauensgrenzen auf bestimmte Weise mittelt[1]. Es geht ja auch in die Rechnung für die Mutungsgrenzen eine Mittelbildung ein, denn es wird mit Mittelwert und Streuung der Verteilung gearbeitet. Übrigens werden die Unterschiede zwischen Vertrauens- und Mutungsgrenzen mit wachsendem n immer geringer.

Als nächstes interessiert die Frage, wie sich diese Befunde zu den Ergebnissen verhalten, die sich mittels des Repräsentationsschlusses gewinnen lassen. Zum Vergleich muß hier der Grenzfall des Repräsentationsschlusses herangezogen werden, bei welchem auf Grund einer Stichprobe (n, n_0) auf eine unübersehbar große Menge geschlossen wird. Die unbekannte relative Häufigkeit in der unbegrenzten Objektmenge heiße wieder p. Die in Rede stehende Verteilung lautet

$$w(p) = (n+1)\,\frac{n!}{n_0!\,(n-n_0)!}\,p^{n_0}\,(1-p)^{n-n_0}. \tag{71}$$

Diese Verteilung stimmt formal mit der obigen binomischen Verteilung Gleichung (68) nahezu überein. Sie unterscheidet sich abgesehen von dem Faktor $(n + 1)$ nur dadurch, daß hier nicht n_0, sondern p die unabhängige Veränderliche ist und es sich daher um eine kontinuierliche Verteilung handelt. Gleichung (71) ist identisch mit dem klassischen BAYESschen Ergebnis, dessen skeptische Beurteilung unter anderen den Anlaß zu den dargelegten Untersuchungen gab. Wir erwähnen noch Mittelwert und Streuung dieser Verteilung:

$$E(p) = \frac{n_0+1}{n+2} = p^*; \quad Str^2(p) = \frac{1}{n+3}\,p^*(1-p^*) \tag{72}$$

[vgl. Gleichung (62) S. 149; hier ist gegenüber dort m und n vertauscht und es handelt sich um den Grenzfall $n \to \infty$].

Rechnet man für diese Verteilung jenen oberen und unteren Wert von p aus, außerhalb derer auf jeder Seite der Anteil $\varepsilon/2$ der Verteilung liegt, so gewinnt man im Beispiel $n = 20$ mit $\varepsilon = 0{,}27\%$, die in den letzten Spalten der Tabelle 51 aufgeführten und in Abb. 49 als Kreuze eingetragenen Werte. Man erkennt, daß diese Zahlen mit den entsprechenden Vertrauens- und Mutungsgrenzen gut in Einklang stehen.

Es sei noch erwähnt, daß man weniger befriedigende Ergebnisse erhält, wenn man versucht, statt mit der Verteilung (71) nur mit deren

[1] VAN DER WAERDEN, a. a. O.

Mittelwert und Streuung nach Gleichung (72) zu rechnen, falls p wesentlich von 0,5 verschieden ist. Der Grund liegt in der dann eintretenden Unsymmetrie der Verteilung (71), die zur Folge hat, daß die Kennzeichnung der Verteilung durch Mittelwert und Streuung allein unzureichend wird. Auch besteht die Gefahr, daß das Vorliegen einer Unsymmetrie bei der Rechnung mit Mittelwert und Streuung übersehen wird.

Demgegenüber haben die Mutungsgrenzen den Vorzug, daß eine etwaige Unsymmetrie am Rechenergebnis nach Gleichung (70) deutlich in Erscheinung tritt. Zunächst besagen die Mutungsgrenzen, daß es etwa gleich wahrscheinlich ist, die betrachtete Stichprobe (n, n_0) beim Inklusionsschluß von p_u oder von p_0 aus zu erhalten, womit aber nicht gesagt ist, daß p_u und p_0 gleich wahrscheinliche Grenzen für den Schluß von der Stichprobe auf die Gesamtheit sind.

Das Befriedigende an den Betrachtungen dieses Abschnittes ist die Tatsache, daß auch hier die verschiedenen Behandlungsweisen praktisch zu übereinstimmenden Ergebnissen führen, womit sich ein neues Beispiel für die schon wiederholt betonte Freizügigkeit bei der statistischen Urteilsbildung ergeben hat. Hat man aber zwischen mehreren Verfahren die Auswahl, so wird man dem rechnerisch bequemsten den Vorzug geben, also hier der *Methode der Mutungsgrenzen*. Daher sei dieses Verfahren an folgendem Beispiel erläutert:

Beispiel 15 (Fortsetzung): Entfieberung von Pneumoniekranken. Nach Tabelle 45 S. 143 wurden unter den 14 mit Eubasin behandelten Kranken 11 beobachtet, die spätestens am vierten Tag entfieberten. Wo liegen die Mutungsgrenzen für die Wahrscheinlichkeit des Entfieberns innerhalb von vier Tagen?

Die Rechnung nach Gleichung (70) ergibt mit $\varkappa = 3$ für $n = 14$ und $n_0 = 11$:

$$p = \frac{1}{14+9}\left(11 + 4{,}5 \pm 3 \cdot \sqrt{\frac{11\cdot 3}{14} + 2{,}25}\right) = \begin{cases} 89{,}6\% \\ 45{,}3\% \end{cases}.$$

Man kann also mit der Sicherheit, die den 3σ-Grenzen entspricht, aussagen, daß die gesuchte Wahrscheinlichkeit zwischen 45 und 90% liegt. Wenn in diesem Beispiel bei den 54 nicht mit Eubasin behandelten Kranken nur in 3 Fällen Entfieberung bis zum vierten Tag eintrat, d. h. bei nur 5,6%, so folgt mit Sicherheit, daß das unterschiedliche Verhalten der Patienten mit und ohne Eubasinbehandlung auf keinen Fall durch einen Zufall erklärt werden kann. In Übereinstimmung mit S. 144 ist auch durch diese Rechnung die Abkürzung der Fieberdauer statistisch gesichert.

Unbefriedigend ist bei dieser Anwendung der Mutungsgrenzen, daß die Berechnung nach Gleichung (70) sich auf eine unendliche Menge bezieht, während die zum Vergleich herangezogenen 5,6% an einer endlichen und keineswegs großen Menge festgestellt worden sind, nämlich an nur 54 Fällen. Man kann aber statt aus Mittelwert und Streuung der binomischen Verteilung die Mutungsgrenzen auch aus Mittelwert und Streuung des Inklusionsschlusses oder des Transponierungsschlusses Gleichung (62) S. 149 herleiten. Auf diese Weise läßt sich die störende Einschränkung bei der Anwendung der Mutungsgrenzen vermeiden. Allerdings hat man bei der Anwendung der Mutungsgrenzen auf den Transponierungsschluß nicht die ursprüngliche Absicht im Auge, die Problematik der BAYESschen Schlußweise zu umgehen, sondern hier handelt es sich ausschließlich darum, die methodischen Vorzüge der Mutungsgrenzen nutzbar zu machen.

Das Ergebnis für den Transponierungsschluß wurde von H. v. SCHELLING angegeben[1]; es lautet in unserer Schreibweise

$$\frac{n_0}{n} = \frac{m+n}{m(m+n-1)+n\varkappa^2}\left(\frac{m_0}{n}(m+n-1) + \frac{\varkappa^2}{2} \pm \varkappa\sqrt{\frac{m_0(m-m_0)}{m\cdot n}(m+n-1)+\frac{\varkappa^2}{4}}\right) - \frac{m_0}{n}. \tag{73}$$

Dabei bedeutet wie in Abschnitt XIV bei den statistischen Schlüssen (m, m_0) den Befund in der Subjektmenge und (n, n_0) den Befund in der Objektmenge. Geht n (und auch n_0) gegen Unendlich, so kommt man auf die Gleichung (70) zurück, wenn $\frac{n_0}{n} = p$ und n, n_0 statt m, m_0 geschrieben wird.

Beispiel 15 (Fortsetzung): Entfieberung von Pneumoniekranken. Gleichung (73) ermöglicht es, die zuvor durchgeführte Rechnung so zu verbessern, daß der empirische Befund an den 54 nicht mit Eubasin behandelten Kranken unmittelbar beurteilt werden kann. Mit $m = 14$, $m_0 = 11$, $n = 54$ und $\varkappa = 3$ ergibt die Auswertung der Gleichung (73)

$$\frac{n_0}{n} = \frac{68}{14\cdot 67 + 54\cdot 9}\left(\frac{11}{54}\,67 + \frac{9}{2} \pm 3\cdot\sqrt{\frac{11\cdot 3}{14\cdot 54}\cdot 67 + \frac{9}{4}}\right) - \frac{11}{54} = \begin{cases} 98{,}7\% \\ 41{,}6\% \end{cases}.$$

Man erkennt durch Vergleich mit dem früheren Ergebnis, daß der Mutungsbereich beim Transponierungsschluß etwas größer ausfällt. Die Abschätzung ist hier also etwas vorsichtiger, wie dies beim Transponierungsschluß stets der Fall ist. Die empirische Häufigkeit von 5,6% liegt aber auch hier so weit außerhalb dieses Bereiches, daß sich am Urteil durch die verbesserte Rechnung nichts ändert.

Zum Schluß bringen wir noch ein Beispiel, bei dem erstens die Methode der Mutungsgrenzen an extrem unsymmetrischen Verteilungen

[1] H. v. SCHELLING, Naturwissenschaften **30**, 64 (1942).

erprobt wird und zweitens der Gedankengang in anderer als der gewohnten Richtung verläuft.

Beispiel 17 (Fortsetzung): Änderung der Mortalität durch eine neue Behandlungsmethode. Auf S. 154 wurde mittels des Transponierungsschlusses gezeigt, wie das Urteil über eine neue Behandlungsmethode sich allmählich erhärtet, wenn nach und nach immer mehr Fälle ohne tödlichen Ausgang beobachtet werden, nachdem zuvor von 100 Fällen 55 tödlich verlaufen waren.

Das Ergebnis der früheren Rechnung waren die Urteilszahlen Q, die in Tabelle 46 zusammengestellt sind. Es soll nun gezeigt werden, wie man diese Streuungsvielfachen auch mittels der Mutungsgrenzen gewinnen kann. Der Gedanke ist der, zu fragen, bei welchem Werte $\varkappa$ die obere Mutungsgrenze auf Grund der Beobachtungen bei der neuen Behandlungsmethode mit der Mortalität von 55% übereinstimmt. Da in den kurzen Beobachtungsreihen von n Fällen mit der neuen Behandlungsmethode keine Todesfälle enthalten sind, kann man mit der vereinfachten Formel (70a) rechnen, wonach die untere Mutungsgrenze bei 0 und die obere bei

$$\frac{\varkappa^2}{n + \varkappa^2}$$

liegt. Da dieser Wert gleich $p = 0{,}55$ sein soll, ergibt sich für das kritische $\varkappa$ eine quadratische Gleichung, die aufgelöst

$$\varkappa_{\text{krit}} = \sqrt{\frac{pn}{1-p}} = \sqrt{\frac{0{,}55}{0{,}45}\,n} = 1{,}105 \cdot \sqrt{n}$$

lautet. Die Ergebnisse für $n = 4, 5, \ldots$ sind in Tabelle 52 zusammengestellt.

Tabelle 52. *Vergleich des Urteils für Beispiel 17.*

Anzahl der Fälle	4	5	7	9	11
$\varkappa_{\text{krit}}$ nach Gl. (70a) . . .	2,21	2,48	2,92	3,32	3,66
$\varkappa_{\text{krit}}$ nach Gl. (74)	2,15	2,39	2,80	3,14	3,44
Q nach Tabelle 46	2,18	2,42	2,84	3,19	3,50

Noch besser ist es, diese Rechnung mittels der Mutungsgrenzen für den Transponierungsschluß Gleichung (73) durchzuführen. Auch diese Gleichung vereinfacht sich für $m_0 = 0$ wesentlich, indem die untere Mutungsgrenze bei 0 und obere bei

$$\frac{n_0}{n} = \frac{(m + n)\,\varkappa^2}{m\,(m + n - 1) + n\varkappa^2} = p$$

liegt. Nach $\varkappa$ aufgelöst erhält man für $\varkappa_{\text{krit}}$

$$\varkappa_{\text{krit}} = \sqrt{\frac{pm\,(m+n-1)}{m+n\,(1-p)}}\,. \tag{74}$$

Auch die hieraus folgenden Streuungsvielfachen sind in Tabelle 52 angegeben, wie sie sich für $p = 0{,}55$; $n = 100$ und $m = 4, 5, \ldots$ errechnen lassen.

Es zeigt sich zunächst wieder, daß von den beiden Ergebnisreihen nach der Methode der Mutungsgrenzen diejenige die vorsichtigere ist, der der Transponierungsschluß zugrunde liegt. Beide Reihen aber stimmen recht gut überein mit den Werten Q, die auf S. 154 durch unmittelbare Anwendung des Transponierungsschlusses gewonnen worden sind.

XVI. Verfahren zur Beurteilung einer sehr geringen Korrelation.

Während sich der Korrelationskoeffizient r zur Beschreibung *enger* stochastischer Zusammenhänge eignet, versagt er, wenn es sich darum handelt, den stochastischen Zusammenhang zwischen zwei eben noch nicht ganz voneinander unabhängigen Merkmalsreihen zu beurteilen. Um in solchen Fällen sehr geringer Korrelation Klarheit zu gewinnen, muß man auf die Korrelationstabelle zurückgreifen und ihre empirische Besetzung mit dem Befund vergleichen, den ein Inklusionsschluß von ihren Rändern aus erwarten läßt. Verschiedene auf diesem Gedanken beruhende Prüfverfahren werden mitgeteilt und an Beispielen erläutert.

Während in Abschnitt XIV gezeigt wurde, daß empirische Ergebnisse über enge Korrelationszusammenhänge verhältnismäßig schwer und erst an großem Material zu erhärten sind, stellt sich umgekehrt heraus, daß schwache Korrelationen häufig schon bei ziemlich kleinen Beobachtungsreihen als nicht zufallsbedingt nachgewiesen werden können. Es handelt sich hierbei um Fälle, in denen der klein ausfallende Korrelationskoeffizient keinen zutreffenden Begriff von der Bedeutung des bestehenden Korrelationszusammenhanges gibt.

Das mathematische Problem ist dabei folgendes: Gegeben sind von einer Korrelationstabelle (Tabelle 53) lediglich die Größen u_i und v_j am unteren und rechten Rande, d. h. die Spalten- und Zeilensummen. Gefragt wird, welche Besetzungszahlen n_{ij} der $k \cdot l$ Felder der Tabelle möglich sind, und wie sehr die verschiedenen möglichen Aufteilungen zu erwarten sind. Der Vergleich einer tatsächlichen empirischen Aufnahme mit diesen theoretischen Aufteilungsmöglichkeiten gestattet mancherlei Urteilsbildung über den betreffenden Befund. Die diesbezügliche Untersuchung ist insofern einfacher und unproblematischer als die in den

Tabelle 53. *Allgemeine Korrelationstabelle.*

$y_j \backslash x_i$	x_1	x_2	x_3	...	x_k	v_j	$v_j/m = q$
y_1	n_{11}	n_{21}	n_{31}	...	n_{k1}	v_1	q_1
y_2	n_{12}	n_{22}	n_{32}	...	n_{k2}	v_2	q_2
...	.....					...	...
y_l	n_{1l}	n_{2l}	n_{3l}	...	n_{kl}	v_l	q_l
u_i	u_1	u_2	u_3	...	u_k	m	
$u_i/m = p_i$	p_1	p_2	p_3	...	p_k		

letzten Abschnitten dargelegten Prüfverfahren, da man hier nur vom Inklusionsschluß Gebrauch zu machen hat.

Wie im vorhergehenden Abschnitt verzichten wir auch hier darauf, die kombinatorische Häufigkeitsverteilung der möglichen Aufgliederungen zu besprechen, sondern beschränken uns auf die Mitteilung der Erwartungswerte und Streuungen für die Besetzungszahlen n_{ij} sowie für einige aus diesen gebildete Prüfgrößen[1]. Hierfür ist es zweckmäßig, für die beiden einparametrigen Häufigkeitsverteilungen der Merkmale x_i bzw. y_j allein die relativen Häufigkeiten zu benutzen. Wir bezeichnen sie mit

$$p_i = \frac{u_i}{m} \text{ (für Merkmal } x_i\text{)}, \quad q_j = \frac{v_j}{m} \text{ (für Merkmal } y_j\text{)}. \tag{75}$$

Wir besprechen nun der Reihe nach verschiedene Prüfverfahren, die sich auf ein einziges, einige wenige oder alle Felder der Korrelationstabelle beziehen.

a) Prüfung eines Einzelfeldes:

Erwartungswert und Streuung für die Besetzungszahl n_{ij} eines einzelnen Feldes betragen

$$E(n_{ij}) = m p_i q_j, \quad Str^2(n_{ij}) = \frac{m^2}{m-1} p_i (1 - p_i) q_j (1 - q_j). \tag{76}$$

Mit diesen Beziehungen kann man nachprüfen, ob eine auffallend erscheinende Besetzungszahl in einer Korrelationstabelle wirklich verwunderlich ist.

Beispiel 19: Kombiniertes Auftreten von DUPUYTRENscher Fingerkontraktur und Induratio Penis plastica (Zahlenangaben nach HEITE und SIEBRECHT)[2]. Bei einer Reihenuntersuchung an 6038 männlichen Personen wurden 465 Erkrankungsfälle an DUPUYTRENscher Fingerkontraktur und 24 Fälle von Induratio Penis plastica festgestellt, darunter in 10 Fällen beide Krankheiten zusammen. Ist das

[1] Ausführliche Darstellung siehe GEBELEIN, Z. angew. Math. Mech. 22, 286ff. (1942).

[2] Derm. Wochschr. 121, Heft 1 (1950).

kombinierte Auftreten zufällig, oder ist der Schluß erlaubt, daß beide Krankheiten bevorzugt zusammengehören?

Zunächst wird für diesen Befund eine Korrelationstabelle mit zwei Zeilen und zwei Spalten angelegt, indem das Zahlenmaterial hinsichtlich beider Erkrankungen nach den Merkmalen „nicht erkrankt" und „erkrankt" geordnet wird. Fest stehen hierfür (Tabelle 54) die Zahlen $m = 6038$, $v_2 = 465$, $u_2 = 24$, $n_{22} = 10$; die übrigen Besetzungszahlen folgen durch Ergänzung.

Tabelle 54. *Korrelationstabelle zu Beispiel 19* (*x_i Induratio penis plastica, y_j* DUPUYTREN*sche Kontraktur*).

x_i / y_j	nicht erkrankt	erkrankt	v_j	q_j
nicht erkrankt	5559	14	5573	0,9230
erkrankt	455	10	465	0,0770
u_i	6014	24	6038	
p_i	0,9960	0,0040		

Wenn vermutet wird, daß zwischen den beiden Erkrankungen ein Beziehung besteht, so liegt es nahe, zur Feststellung des stochastischen Zusammenhangs den Korrelationskoeffizienten r auszurechnen [siehe Gleichung (38) S. 104]. Dieser beträgt

$$r = \frac{5559 \cdot 10 - 455 \cdot 14}{\sqrt{6014 \cdot 24 \cdot 5573 \cdot 465}} = 0{,}0803\,,$$

ein wenig eindrucksvolles Ergebnis. Es ist ja auch nicht etwa so, daß die eine Krankheit die andere mehr oder weniger zwangsläufig nach sich zieht; diese hier gar nicht zur Erörterung stehende Frage aber ist es, die der Korrelationskoeffizient beantwortet. Die Tabelle spricht nur dafür, daß beide Krankheiten überraschend oft kombiniert auftreten. Es ist also zu prüfen, ob die Anzahl 10 der kombinierten Fälle als zufällig gelten kann oder nicht.

Das Kriterium dafür ist Gleichung (76). Die Rechnung liefert

$$E(n_{22}) = m p_2 q_2 = u_2 q_2 = 24 \cdot 0{,}0770 = 1{,}848 \qquad \text{und}$$

$$Str^2(n_{22}) = \frac{m^2}{m-1} p_1 p_2 q_1 q_2 = \frac{1}{m-1} u_2 v_2 \cdot p_1 q_1$$

$$= \frac{24 \cdot 463}{6037} \cdot 0{,}9960 \cdot 0{,}9230 = 1{,}69\,,$$

$$Str\,(n_{22}) = 1{,}30\,.$$

$$\textit{Urteil:}\ Q = \frac{n_{22} - E(n_{22})}{Str(n_{22})} = \frac{10 - 1{,}85}{1{,}30} = \mathbf{6{,}27}\,.$$

Antwort: Das ist kein Zufall; beide Krankheiten haben eindeutig die Neigung, kombiniert aufzutreten. Das heißt, die Anfälligkeit der DUPUYTREN-Kranken für Induratio bzw. der Induratio-Kranken für DUPUYTREN geht weit über die Anfälligkeit der Gesunden für diese beiden Erkrankungen hinaus.

b) Prüfung zweier Felder (Differenzenprobe nach E. WEBER)[1].

Gelegentlich kommt es vor, daß in einer Korrelationstabelle zwei Besetzungszahlen, die der gleichen Zeile oder Spalte angehören, auffallend stark voneinander abweichen, d. h. daß die eine auffallend groß, die andere auffallend klein ist. Um zu prüfen, ob dies ein Zufall ist, bedient man sich zweckmäßig der WEBERschen Differenzenprobe. Sie erfordert nur eine kurze Rechnung, da wenige Ziffern der Korrelationstabelle verwendet werden (siehe Tabelle 55).

Tabelle 55. *Zur WEBERschen Differenzenprobe.*

....	.....
..... n_{ij}	v_j
....	.....
..... $n_{ij'}$	$v_{j'}$
....	.....
..... u_i	m

Für die hier als Prüfgröße dienende Differenz

$$d = \frac{n_{ij}}{v_j} - \frac{n_{ij'}}{v_{j'}} \tag{77}$$

gelten die Beziehungen

$$E(d) = 0, \quad Str^2(d) = \frac{u_i(m-u_i)}{m(m-1)}\left(\frac{1}{v_j} + \frac{1}{v_{j'}}\right). \tag{77a}$$

Beispiel 15 (Fortsetzung): Entfieberung von Pneumoniekranken. Die Befunde an 68 Pneumoniekranken mit und ohne Eubasinbehandlung (Tabelle 45, S. 143) lassen sich zu folgender Korrelationstabelle zusammenfassen.

Tabelle 56. *Korrelationstabelle zu Beispiel 15.*

Tage x_i / y_j	1	2	3	4	5	6	7	8	9	10	11	v_j
1 (ohne E.)	—	—	1	2	6	9	13	12	6	2	3	54
2 (mit E.)	—	2	7	2	2	1	—	—	—	—	—	14
u_i	—	2	8	4	8	10	13	12	6	2	3	68

[1] ERNA WEBER, Einführung in die Variations- und Erblichkeitsstatistik, München 1935, S. 180ff.

Besonders auffallend sind die Entfieberungen am dritten Tag, wo beim umfangreicheren Patientenmaterial ohne Eubasin nur ein Fall, bei dem geringeren Material mit Eubasin dagegen 7 Fälle von Entfieberung beobachtet worden sind. Es ist für die Differenzenprobe mit folgenden Zahlen zu rechnen:

$$n_{31} = 1, \quad n_{32} = 7, \quad v_1 = 54, \quad v_2 = 14, \quad u_3 = 8, \quad m = 68\,.$$

Damit wird

$$d_{\text{emp}} = \frac{7}{14} - \frac{1}{54} = \mathit{0{,}4815}, \quad Str^2(d) = \frac{8 \cdot (68 - 8)}{68 \cdot 67}\left(\frac{1}{14} + \frac{1}{54}\right)$$
$$= 0{,}00947, \quad Str(d) = 0{,}097\,.$$

$$\mathit{Urteil}\colon\; Q = \frac{0{,}4815}{0{,}097} = \mathbf{4{,}96}\,.$$

Bereits durch Betrachtung nur dieser zwei allerdings besonders auffallenden Felder wird ersichtlich, daß die Eubasinkranken tatsächlich früher entfiebern. Wie wir gesehen haben, verdichtet sich dieser Beweis noch etwas mehr, wenn man sämtliche Beobachtungen an Hand der Mittelwerte beider Zeilen berücksichtigt, wie dies auf S. 144 mittels der signifikanten Differenz und S. 158 mittels des Transponierungsschlusses geschehen ist. Befriedigend bei diesen verschiedenen Prüfverfahren ist, daß man immer wieder zum gleichen Endurteil kommt.

Wir betrachten nun einen weniger markanten Fall, bei dem die statistische Urteilsbildung insofern schwieriger ist, weil ein Zufall sich nicht mit Bestimmtheit ausschließen läßt.

Beispiel 20: Vasolabilität und Tuberkulin-Reizschwelle bei Lupuskranken (Zahlenangaben nach EHRING)[1]. Bei 253 Lupuskranken wurde die Tuberkulin-Reizschwelle (Schwellenkonzentration bei intrakutaner Injektion) und die Größe der kapillarmikroskopisch abschätzbaren Vasolabilität untersucht. Tabelle 57 zeigt die gegenseitige Zuordnung dieser beiden Merkmale bei den einzelnen Patienten.

Tabelle 57. *Korrelationstabelle zu Beispiel 20.*

Reizschwelle x_i / Vasolabilität y_j	1 ($> 10^{-5}$)	2 (10^{-6})	3 ($< 10^{-7}$)	v_j
± 1	37	47	1	85
++ 2	28	70	5	103
+++ 3	15	44	6	65
u_i	80	161	12	253

[1] Aus der Lupusheilstätte Haus Hornheide bei Münster.

Bei Betrachtung dieser Tabelle fällt zunächst auf, daß bei normaler Vasolabilität niedrige Tuberkulin-Reizschwellen recht selten vorkommen, höhere dagegen häufiger. Dies zeigt sich z. B. an den Feldern $n_{11} = 37$ und $n_{31} = 1$, deren Unterschied auffallend groß ist. Die Differenzenprobe liefert hierzu mit $v_1 = 85$, $u_1 = 80$, $u_3 = 12$ und $m = 253$

$$d_{\text{emp}} = \frac{37}{80} - \frac{1}{12} = \mathbf{0{,}379}, \quad Str^2(d) = \frac{85 \cdot 168}{253 \cdot 252}\left(\frac{1}{80} + \frac{1}{12}\right)$$

$$= 0{,}0224, \quad Str(d) = \mathbf{0{,}150};$$

$$\textit{Urteil}: Q = \frac{d}{Str(d)} = \frac{0{,}379}{0{,}150} = \mathbf{2{,}52}.$$

Die Abweichung der beiden Besetzungszahlen ist also zwar auffallend; jedoch muß immer noch mit der Möglichkeit gerechnet werden, daß der Befund auf einem Zufall beruht. Es liegt daher der Wunsch nahe, das statistische Material gründlicher zu untersuchen, indem auch andere Felder in die Rechnung einbezogen werden.

c) Prüfung der Felder auf einer Diagonale (nach v. SCHELLING)[1].

Besteht zwischen den beiden Merkmalen x_i und y_j eine Korrelation mit ungefähr linearen Beziehungslinien, so sind die Felder in der Nähe der einen Diagonalen verglichen mit den Rändern überdurchschnittlich besetzt. Wir nehmen an, dies sei die Diagonale mit der Richtung von links oben nach rechts unten. Bei einer (quadratischen) Korrelationstabelle mit gleich viel Zeilen und Spalten, also $k = l$, kann man die Summe der Besetzungszahlen auf dieser Diagonalen

$$S = n_{11} + n_{22} + \ldots + n_{kk} = \sum_{i=1}^{k} n_{ii} \tag{78}$$

als Prüfgröße benutzen. Für letztere betragen Erwartungswert und Streuung

$$E(S) = m \sum_{i=1}^{k} p_i q_i, \quad Str^2(S) = \frac{m^2}{m-1}\left(\sum_{i=1}^{k} p_i q_i\right)^2 + \sum_{i=1}^{k} p_i q_i (1 - p_i - q_i). \tag{78a}$$

Der für S gebildete Urteilsquotient Q ist die von v. SCHELLING unter der Bezeichnung T (Treffer) eingeführte Größe.

Beispiel 20 (Fortsetzung): Vasolabilität und Tuberkulin-Reizschwelle. Das Diagonalen-Prüfverfahren, angewandt auf Beispiel 20 erfordert die Berechnung folgender in Tabelle 58 zusammengestellten Größen.

---

[1] Dtsch. Statist. Zentralblatt 27 141 (1935).

Tabelle 58. *Rechengrößen für das Diagonalen-Prüfverfahren bei Beispiel 20.*

i	p_i	q_i	$p_i q_i$	$1 - p_i - q_i$	$p_i q_i (1 - p_i - q_i)$
1	0,316	0,336	0,106	0,348	0,0369
2	0,636	0,407	0,259	— 0,043	— 0,0113
3	0,047	0,257	0,012	0,696	0,0085
		Summe:	0,377		0,0341

Es ist $S_{\text{emp}} = 37 + 70 + 6 = \mathbf{113}$ und nach Tabelle 58 mit $m = 253$

$$E(S) = 253 \cdot 0{,}377 = \mathit{95{,}5}, \quad Str^2(S) = \frac{253^2}{252}\,(0{,}377^2 + 0{,}0341)$$

$$= 44{,}7, \quad Str\,(S) = \mathbf{6{,}70}\,.$$

$$\mathit{Urteil}\colon\; Q = \frac{113 - 95{,}5}{6{,}70} = \mathbf{2{,}61}\,.$$

Das Urteil auf Grund der Diagonalprobe ist also praktisch das gleiche wie bei der zuvor durchgeführten Differenzenprobe, obwohl hier zum Teil andere Felder der Korrelationstabelle benutzt werden.

d) Gleichzeitige Prüfung sämtlicher Felder der Korrelationstabelle.

Das durchgreifendste statistische Urteil ist zu erwarten, wenn man von einer Prüfgröße Gebrauch macht, welche die Besetzungszahlen sämtlicher Felder der Korrelationstabelle in einer Weise berücksichtigt, bei der kein Feld vor dem andern ausgezeichnet ist. Zu einer Prüffunktion, die dieses leistet, führen mehrere Theorien von verschiedenen Gesichtspunkten her. Es sind dies:

1. Die LEXISsche Dispersionstheorie[1], welche das Ziel verfolgt, die innere Struktur einer vielgegliederten statistischen Masse zu untersuchen, und sich zu diesem Zwecke der sogenannten LEXISschen Zahl L bedient.

2. Die PEARSONsche Theorie des sogenannten Kontingenzmaßes, welche seinerzeit einen ersten Schritt in der Richtung bedeutete, ein Korrelationsmaß zu entwickeln, welches von den Merkmalsskalen unabhängig ist und zum Unterschied zum Korrelationskoeffizienten r einen deterministischen Zusammenhang mit Sicherheit anzeigt (vgl. S. 101).

3. Die PEARSONsche Theorie der χ^2-Verteilung in ihrer Erweiterung auf Korrelationstabellen[2].

---

[1] W. LEXIS, Zur Theorie der Massenerscheinungen in der menschlichen Gesellschaft (Freiburg i. Br. 1877).

[2] Siehe R. A. FISHER, Statistical Methods for Research Workers.

Die im Mittelpunkt dieser drei Theorien stehenden statistischen Maßzahlen stimmen bis auf unterschiedliche, dem besonderen Zweck angepaßte Normierungsfaktoren miteinander und mit der folgenden Prüfgröße Z überein:

$$Z = \sum_{i=1}^{k} \sum_{j=1}^{l} \frac{(n_{ij} - m p_i q_j)^2}{m p_i q_j} = m \cdot \left(\sum_{i=1}^{k} \sum_{j=1}^{l} \frac{n_{ij}^2}{u_i v_j} - 1\right). \tag{79}$$

Von diesen beiden Formeln, die durch eine einfache Umrechnung auseinander hervorgehen, ist die erste für Berechnung mit gewöhnlichen Hilfsmitteln (Rechenschieber) besser geeignet, während man bei Vorhandensein einer Rechenmaschine auch von der zweiten übersichtlicheren Formel Gebrauch machen kann.

Mittelwert und Streuung der Prüfgröße Z betragen

$$\begin{aligned} E(Z) &= \frac{m}{m-1} (k-1)(l-1) \approx (k-1)(l-1), \\ Str^2(Z) &\approx 2(k-1)(l-1). \end{aligned} \tag{79a}$$

Diese Prüfgröße Z wird für große m identisch mit der Größe χ^2 der bekannten „χ^2-Methode". Daher ist für hinreichend große m die Verteilung von Z eine χ^2-Funktion mit dem Parameter

$$N = (k-1)(l-1) \quad \text{(sogenannte „Zahl der Freiheitsgrade")}. \tag{79b}$$

Zur angegebenen Formel für die Streuung ist zu sagen, daß sie die Näherungsformel für den Fall $m \to \infty$ darstellt; fortgelassen sind hier insbesondere Glieder, bei welchen die relativen Häufigkeiten p_i und q_j im Nenner vorkommen. Daher darf nicht mit diesem Verfahren gearbeitet werden, wenn unter den p_i oder q_j sehr kleine Werte ($\leqslant 0{,}1$) vorkommen. Ist dies bei einer statistischen Aufnahme doch der Fall, so hilft man sich in der Weise, daß man einige der schwach besetzten Klassen zusammenlegt. Bei Anwendung dieses Verfahrens beachte man auch insbesondere, daß die Formel (79b) voraussetzt, daß die Ränder der Korrelationstabelle festliegen. Da die Anwendung der χ^2-Methode nicht auf das hier besprochene Problem allein beschränkt ist, sei darauf hingewiesen, daß bei nicht festliegenden Rändern der Parameter N der Verteilung anders berechnet werden muß.

Beispiel 20 (Fortsetzung): Vasolabilität und Tuberkulin-Reizschwelle. Zur Berechnung der Größe Z nach Gleichung (79) sind zunächst für jedes Feld der Korrelationstabelle die Erwartungswerte $E(n_{ij}) = m p_i q_j$ zu bilden. In Tabelle 59 sind diese Werte in der Weise eingetragen, daß jeder empirische Wert n_{ij} nach Tabelle 57 als Summe aus seinem Erwartungswert (kursiv) und der Abweichung hiervon dargestellt ist. So wie die Erwartungswerte es angeben, sollte die Tabelle im Durchschnitt aussehen, wenn man unter der Annahme vollständiger Unabhängigkeit von den Rändern auf das Innere schließt. Man übersieht mit einem Blick, welche Felder unerwartet stark bzw. schwach

Tabelle 59. *Korrelationstabelle zu Beispiel 20, aufgegliedert nach Erwartungswerten und Abweichungen.*

y_j \ x_i	$(> 10^{-5})$	(10^{-6})	$(< 10^{-7})$	v_j
±	*26,9* + 10,1	*54,2* — 7,2	*4,0* — 3,0	85
++	*32,6* — 4,6	*65,5* + 4,5	*4,9* + 0,1	103
+++	*20,5* — 5,5	*41,4* + 2,6	*3,1* + 2,9	65
u_i	80	161	12	253

besetzt sind. In der einen Diagonalen und in ihrer Nähe kommen die positiven Varianten vor, abseits von ihr die negativen. Es zeigt sich also in den Abweichungen ein deutliches System. Offen ist nur noch die Frage, ob die Abweichungen groß genug sind, um ein Zufallsergebnis auszuschließen.

Für die weitere Berechnung von Z wird nun die in Tabelle 59 für jedes Feld angegebene Differenz quadriert und das Quadrat durch den kursiv gedruckten Erwartungswert dividiert. Zum Beispiel liefert das Feld mit $n_{11} = 26{,}9 + 10{,}1$ zu Z den Beitrag $10{,}1^2/26{,}1 = 3{,}80$. Alle diese Größen summiert ergeben

$$Z = 12{,}32 \quad \text{und hierzu nach (79a)} \quad E(Z) = 4, \quad Str(Z) = \sqrt{8} = 2{,}83\,.$$

Daher

$$Urteil\colon Q = \frac{12{,}32 - 4}{2{,}38} = \mathbf{2{,}95}\,.$$

Wir wissen, daß Z einer χ^2-Verteilung genügt, und zwar hier derjenigen mit dem Parameter $N = (k - 1)(l - 1) = 4$. Bei diesem niedrigen N wäre nach S. 134 die Abschätzung der Zufallsgrenzen entsprechend einer GAUSSschen Verteilung mit 3σ etwas unvorsichtig; der Wert Q stellt den Sachverhalt zu günstig dar. Das 3σ-Äquivalent für χ^2 liegt für $N = 4$ nach Tabelle 42 S. 134 erst bei $\chi^2_{3\sigma} = 16{,}3$, also bei einem Wert, den $\chi^2_{\text{emp}} = Z$ nur zu etwa drei Viertel erreicht.

Dieses Ergebnis steht durchaus in Einklang mit den oben an Teilen der Korrelationstabelle gewonnenen Beurteilungen. Die Abweichungen erweisen sich zwar als bemerkenswert genug, daß man ihnen einige Aufmerksamkeit schenken wird, der Effekt ist aber zu gering bzw. das bisher vorliegende Material noch nicht umfangreich genug, als daß ein zufälliges Zustandekommen als ausgeschlossen betrachtet werden könnte.

e) Zusammenhang mit der LEXISschen Dispersionstheorie.

Wie oben erwähnt, hängt auch die LEXISsche Zahl mit der hier besprochenen Prüfgröße Z zusammen. Man erhält nämlich L, wenn man Z so normiert, daß der Erwartungswert $E(L) = 1$ wird. Es ist also

$$L = \frac{m-1}{m} \frac{Z}{(k-1)(l-1)} = \frac{m-1}{(k-1)(l-1)} \left(\sum_{i=1}^{k} \sum_{j=1}^{l} \frac{n_{ij}^2}{u_i v_j} - 1\right) \quad (80)$$

mit $E(L) = 1$ und $Str^2(L) \approx \frac{2}{(k-1)(l-1)}$.

Der Vorzug der LEXISschen Theorie besteht darin, daß das Schwergewicht nicht auf die Frage nach den Zufallsgrenzen gelegt wird, sondern darauf, wie ein von $L = 1$ als Kennzeichen des Normalfalles stark abweichender Wert L zustande kommt, und welche Rückschlüsse man daraus auf die innere Struktur der statistischen Masse ziehen kann. Man spricht nach LEXIS von *unternormaler Dispersion*, wenn $L < 1$, und von *übernormaler Dispersion*, wenn $L > 1$ ist. Unternormale Dispersion ist verhältnismäßig selten, jedoch kommen Werte bis herunter zu etwa 0,5 gelegentlich vor. Häufiger ist übernormale Dispersion und dabei werden bisweilen Werte der Größenordnung 100 erreicht. Unter- wie übernormale Dispersion sind Anzeichen dafür, daß die Auswahl der Teilmengen nicht zufällig und wahllos, sondern nach einem bestimmten System (mit Bias) erfolgte.

Es tritt unternormale Dispersion dann ein, wenn bei der Auslese der einzelnen Teilmassen Tendenzen wirksam werden, die dafür sorgen, daß die Zusammensetzung der Teilmassen die Verteilung in der Gesamtmasse systematisch nachahmt, mehr als dies durch Zufall geschehen würde (siehe Abb. 50a). Hiernach wird man z. B. streben, wenn man für experimentelle Zwecke ein wenig homogenes Tiermaterial in möglichst gut zu vergleichende Gruppen einteilt, indem man dafür sorgt, daß jede Gruppe möglichst das gleiche Kontingent an großen und kleinen, älteren und jüngeren usw. Tieren enthält.

Umgekehrt tritt übernormale Dispersion ein, wenn die Auswahl in der Weise systematisch vor sich geht, daß in jeder Teilmenge andere Merkmale bevorzugt auftreten. Diese beiden gegensätzlichen systematischen Aufteilungsprinzipien sind in Abb. 50a/b veranschaulicht.

Der Vorgang, der zu übernormaler Dispersion führt, liegt bei dem oben besprochenen Beispiel 19 (S. 176) (kombiniertes Auftreten von

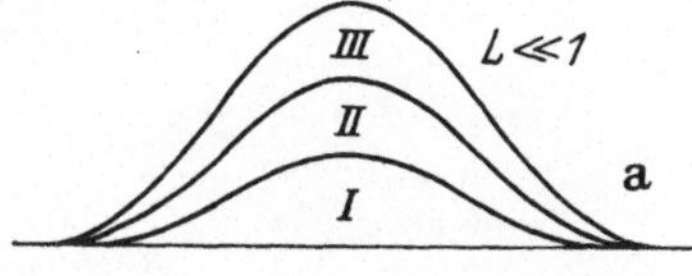

Abb. 50a. Zur Erläuterung unternormaler Dispersion.

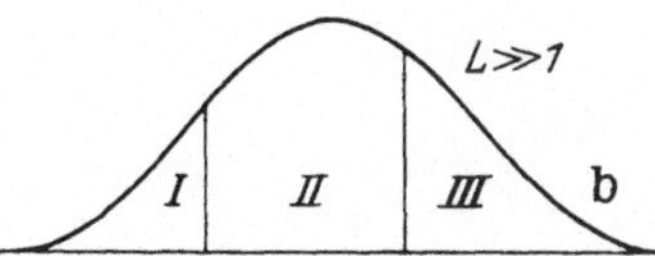

Abb. 50b. Zur Erläuterung übernormaler Dispersion.

DUPUYTRENscher Kontraktur und Induratio Penis plastica) vor. Die Rechnung ergibt $L = 39$. Allerdings hat bei diesem Beispiel nach Tabelle 54 die relative Häufigkeit p_2 einen so kleinen Wert, daß man die Streuung von χ^2 bzw. L nicht mit genügender Sicherheit abschätzen kann (siehe S. 181). Wohl aber gibt unter dem Gesichtspunkt der Dispersionstheorie die Zahl $L = 39$ einen Begriff von der vorliegenden recht starken übernormalen Dispersion, die so zu erklären ist, daß beim Herausgreifen von DUPUYTREN-Kranken systematisch Erkrankungen an Induratio bevorzugt miterfaßt worden sind. Es wäre ganz undenkbar, daß bei unsystematischer, zufallsartiger Auswahl von 465 Individuen ein so starkes Kontigent von Induratiofällen erhalten werden könnte.

Erwähnt sei noch ein anderer Tatbestand, der ebenfalls zum Auftreten übernormaler Dispersion führt. Sind jeweils eine bestimmte Anzahl statistische Elemente miteinander gekoppelt, so muß man sie eigentlich als eine Einheit betrachten, d. h. sie haben die Bedeutung einer einzigen Beobachtung. Daher wird in diesem Fall durch die Anzahl der statistischen Elemente die Menge der effektiven Einheiten erheblich überschätzt. Da aber die Gesamtzahl m der Elemente bei der Berechnung von L als Faktor eingeht, wird L viel größer erhalten, als es dem wirklichen Tatbestand entspricht. Übernormale Dispersion dieser Art kommt zum Beispiel bei der Statistik übertragbarer Krankheiten vor, weil jeder Krankheitsfall durch Infektion der Umgebung eine gewisse Zahl weiterer Erkrankungen nach sich zieht.

Bei Beispiel 19 ist die große LEXISsche Zahl im wesentlichen die Folge der $n_{22} = 10$ kombinierten Fälle. Es liegt auf der Hand, daß man die oben ausgeführte Schlußfolgerung hinsichtlich der Zusammengehörigkeit beider Krankheitsbilder nicht ziehen dürfte, wenn eine der beiden Krankheiten wie eine Infektionskrankheit übertragbar wäre. Auch dieses Beispiel führt wieder deutlich vor Augen, daß die statistische Rechnung nur darauf hinweisen kann, wenn ein Befund nicht zufällig ist, sondern Systematik besteht. Zu beurteilen, welcher Art diese Systematik ist — bei Beispiel 19: ätiopathogenetische Verknüpfung oder infektiöse Übertragung —, gehört nicht zur Aufgabe der mathematischen Statistik, sondern muß medizinischer Sachkenntnis vorbehalten bleiben.

Anhang

Tafel für e^x

—	0	1	2	3	4	5	6	7	8	9
0,0	1,000	1,010	1,020	1,030	1,041	1,051	1,062	1,073	1,083	1,094
0,1	1,105	1,116	1,127	1,139	1,150	1,162	1,174	1,185	1,197	1,209
0,2	1,221	1,234	1,246	1,259	1,271	1,284	1,297	1,310	1,323	1,336
0,3	1,350	1,363	1,377	1,391	1,405	1,419	1,433	1,448	1,462	1,477
0,4	1,492	1,507	1,522	1,537	1,553	1,568	1,584	1,600	1,616	1,632
0,5	1,649	1,665	1,682	1,699	1,716	1,733	1,751	1,768	1,786	1,804
0,6	1,822	1,840	1,859	1,878	1,896	1,916	1,935	1,954	1,974	1,994
0,7	2,014	2,034	2,054	2,075	2,096	2,117	2,138	2,160	2,181	2,203
0,8	2,226	2,248	2,271	2,293	2,316	2,340	2,363	2,387	2,411	2,435
0,9	2,460	2,484	2,509	2,535	2,560	2,586	2,612	2,638	2,664	2,691
1	2,718	3,004	3,320	3,669	4,055	4,482	4,953	5,474	6,050	6,686
2	7,389	8,166	9,025	9,974	11,023	12,182	13,464	14,880	16,445	18,174
3	20,086	22,20	24,53	27,11	29,96	33,12	36,60	40,45	44,70	49,40
4	54,60	60,34	66,69	73,70	81,45	90,02	99,48	109,95	121,51	134,29
5	148,41	164,0	181,3	200,3	221,4	244,7	270,4	298,9	330,3	365,0

Wurzeltafel.

Zahl	,00	,01	,02	,03	,04	,05	,06	,07	,08	0,09
0,0	—	0,10000	0,14142	0,17321	0,20000	0,22361	0,24495	0,26458	0,28284	0,30000
0,1	0,31623	0,33166	0,34641	0,36056	0,37417	0,38730	0,40000	0,41231	0,42426	0,43589
0,2	0,44727	0,45826	0,46904	0,47958	0,48990	0,50000	0,50990	0,51962	0,52915	0,53852
0,3	0,54772	0,55678	0,56569	0,57446	0,58310	0,59161	0,60000	0,60828	0,61644	0,62450
0,4	0,63246	0,64031	0,64807	0,65574	0,66332	0,67082	0,67823	0,68557	0,69282	0,70000
0,5	0,70711	0,71414	0,72111	0,72801	0,73485	0,74162	0,74833	0,75498	0,76158	0,76811
0,6	0,77460	0,78102	0,78740	0,79373	0,80000	0,80623	0,81240	0,81854	0,82462	0,83066
0,7	0,83666	0,84261	0,84853	0,85440	0,86023	0,86603	0,87178	0,87750	0,88318	0,88882
0,8	0,89443	0,90000	0,90554	0,91104	0,91652	0,92195	0,92736	0,93274	0,93808	0,94340
0,9	0,94868	0,95394	0,95917	0,96437	0,96954	0,97468	0,97980	0,98489	0,98995	0,99499
1,0	1,00000	1,00499	1,00995	1,01489	1,01980	1,02470	1,02956	1,03441	1,03923	1,04403
1,1	1,04881	1,05357	1,05830	1,06301	1,06771	1,07238	1,07703	1,08167	1,08628	1,09087
1,2	1,09545	1,10000	1,10454	1,10905	1,11355	1,11803	1,12250	1,12694	1,13137	1,13578
1,3	1,14018	1,14455	1,14891	1,15326	1,15758	1,16190	1,16619	1,17047	1,17473	1,17898
1,4	1,18322	1,18743	1,19164	1,19583	1,20000	1,20416	1,20830	1,21244	1,21655	1,22066
1,5	1,22474	1,22882	1,23288	1,23693	1,24097	1,24499	1,24900	1,25300	1,25698	1,26095
1,6	1,26491	1,26886	1,27279	1,27671	1,28062	1,28452	1,28841	1,29228	1,29615	1,30000
1,7	1,30384	1,30767	1,31149	1,31529	1,31909	1,32288	1,32665	1,33041	1,33417	1,33791
1,8	1,34164	1,34536	1,34907	1,35277	1,35647	1,36015	1,36382	1,36748	1,37113	1,37477
1,9	1,37840	1,38203	1,38564	1,38924	1,39284	1,39642	1,40000	1,40357	1,40712	1,41067
2,0	1,41421	1,41774	1,42127	1,42478	1,42829	1,43178	1,43527	1,43875	1,44222	1,44568
2,1	1,44914	1,45258	1,45602	1,45945	1,46287	1,46629	1,46969	1,47309	1,47648	1,47986
2,2	1,48324	1,48661	1,48997	1,49332	1,49666	1,50000	1,50333	1,50665	1,50997	1,51327
2,3	1,51658	1,51987	1,52315	1,52643	1,52971	1,53297	1,53623	1,53948	1,54272	1,54596
2,4	1,54919	1,55242	1,55563	1,55885	1,56205	1,56525	1,56844	1,57162	1,57480	1,57797
2,5	1,58114	1,58430	1,58745	1,59060	1,59374	1,59687	1,60000	1,60312	1,60624	1,60935
2,6	1,61245	1,61555	1,61864	1,62173	1,62481	1,62788	1,63095	1,63401	1,63707	1,64012
2,7	1,64317	1,64621	1,64924	1,65227	1,65529	1,65831	1,66132	1,66433	1,66733	1,67033
2,8	1,67332	1,67631	1,67929	1,68226	1,68523	1,68819	1,69115	1,69411	1,69706	1,70000
2,9	1,70294	1,70587	1,70880	1,71172	1,71464	1,71756	1,72047	1,72337	1,72627	1,72916
3,0	1,73205	1,73494	1,73781	1,74069	1,74356	1,74642	1,74929	1,75214	1,75499	1,75784
3,1	1,76068	1,76352	1,76635	1,76918	1,77200	1,77482	1,77764	1,78045	1,78326	1,78606
3,2	1,78885	1,79165	1,79444	1,79722	1,80000	1,80278	1,80555	1,80831	1,81108	1,81384
3,3	1,81659	1,81934	1,82209	1,82483	1,82757	1,83030	1,83303	1,83576	1,83848	1,84120
3,4	1,84391	1,84662	1,84932	1,85203	1,85472	1,85742	1,86011	1,86279	1,86548	1,86815
3,5	1,87083	1,87350	1,87617	1,87883	1,88149	1,88414	1,88680	1,88944	1,89209	1,89473
3,6	1,89737	1,90000	1,90263	1,90526	1,90788	1,91050	1,91311	1,91572	1,91833	1,92094
3,7	1,92354	1,92614	1,92873	1,93132	1,93391	1,93649	1,93907	1,94165	1,94422	1,94679
3,8	1,94936	1,95192	1,95448	1,95704	1,95959	1,96214	1,96469	1,96723	1,96977	1,97231
3,9	1,97484	1,97737	1,97990	1,98242	1,98494	1,98746	1,98997	1,99249	1,99499	1,99750
4,0	2,00000	2,00250	2,00499	2,00749	2,00998	2,01246	2,01494	2,01742	2,01990	2,02237
4,1	2,02485	2,02731	2,02978	2,03224	2,03470	2,03715	2,03961	2,04206	2,04450	2,04695
4,2	2,04939	2,05183	2,05426	2,05670	2,05913	2,06155	2,06398	2,06640	2,06882	2,07123
4,3	2,07364	2,07605	2,07846	2,08087	2,08327	2,08567	2,08806	2,09045	2,09284	2,09523
4,4	2,09762	2,10000	2,10238	2,10476	2,10713	2,10950	2,11187	2,11424	2,11660	2,11896
4,5	2,12132	2,12368	2,12603	2,12838	2,13073	2,13307	2,13542	2,13776	2,14009	2,14243
4,6	2,14476	2,14709	2,14942	2,15174	2,15407	2,15639	2,15870	2,16102	2,16333	2,16564
4,7	2,16795	2,17025	2,17256	2,17486	2,17715	2,17945	2,18174	2,18403	2,18632	2,18861
4,8	2,19089	2,19317	2,19545	2,19773	2,20000	2,20227	2,20454	2,20681	2,20907	2,21133
4,9	2,21359	2,21585	2,21811	2,22036	2,22261	2,22486	2,22711	2,22935	2,23159	2,23383

Wurzeltafel.

Zahl	,00	,01	,02	,03	,04	,05	,06	,07	,08	,09
5,0	2,23607	2,23830	2,24054	2,24277	2,24499	2,24722	2,24944	2,25167	2,25389	2,25610
5,1	2,25832	2,26053	2,26274	2,26495	2,26716	2,26936	2,27156	2,27376	2,27596	2,27816
5,2	2,28035	2,28254	2,28473	2,28692	2,28910	2,29129	2,29347	2,29565	2,29783	2,30000
5,3	2,30217	2,30434	2,30651	2,30868	2,31084	2,31301	2,31517	2,31733	2,31948	2,32164
5,4	2,32379	2,32594	2,32809	2,33024	2,33238	2,33452	2,33666	2,33880	2,34094	2,34307
5,5	2,34521	2,34734	2,34947	2,35160	2,35372	2,35584	2,35797	2,36008	2,36220	2,36432
5,6	2,36643	2,36854	2,37065	2,37276	2,37387	2,37697	2,37908	2,38118	2,38328	2,38537
5,7	2,38747	2,38956	2,39165	2,39374	2,39583	2,39792	2,40000	2,40208	2,40416	2,40624
5,8	2,40832	2,41039	2,41247	2,41454	2,41661	2,41868	2,42074	2,42281	2,42487	2,42693
5,9	2,42899	2,43105	2,43311	2,43516	2,43721	2,43926	2,44131	2,44336	2,44540	2,44745
6,0	2,44949	2,45153	2,45357	2,45561	2,45764	2,45967	2,46171	2,46374	2,46577	2,46779
6,1	2,46982	2,47184	2,47386	2,47588	2,47790	2,47992	2,48193	2,48395	2,48596	2,48797
6,2	2,48998	2,49199	2,49399	2,49600	2,49800	2,50000	2,50200	2,50400	2,50599	2,50799
6,3	2,50998	2,51197	2,51396	2,51595	2,51794	2,51992	2,52190	2,52389	2,52587	2,52784
6,4	2,52982	2,53180	2,53377	2,53574	2,53772	2,53969	2,54165	2,54362	2,54558	2,54755
6,5	2,54951	2,55147	2,55343	2,55539	2,55734	2,55930	2,56125	2,56320	2,56515	2,56710
6,6	2,56905	2,57099	2,57294	2,57488	2,57682	2,57876	2,58070	2,58263	2,58457	2,58650
6,7	2,58844	2,59037	2,59230	2,59422	2,59615	2,59808	2,60000	2,60192	2,60384	2,60576
6,8	2,60768	2,60960	2,61151	2,61343	2,61534	2,61725	2,61916	2,62107	2,62298	2,62488
6,9	2,62679	2,62869	2,63059	2,63249	2,63439	2,63629	2,63818	2,64008	2,64197	2,64386
7,0	2,64575	2,64764	2,64953	2,65141	2,65330	2,65518	2,65707	2,65895	2,66083	2,66271
7,1	2,66458	2,66646	2,66833	2,67021	2,67208	2,67395	2,67582	2,67769	2,67955	2,68142
7,2	2,68328	2,68514	2,68701	2,68887	2,69072	2,69258	2,69444	2,69629	2,69815	2,70000
7,3	2,70185	2,70370	2,70555	2,70740	2,70924	2,71109	2,71293	2,71477	2,71662	2,71846
7,4	2,72029	2,72213	2,72397	2,72580	2,72764	2,72947	2,73130	2,73313	2,73496	2,73679
7,5	2,73861	2,74044	2,74226	2,74408	2,74591	2,74773	2,74955	2,75136	2,75318	2,75500
7,6	2,75681	2,75862	2,76043	2,76225	2,76405	2,76586	2,76767	2,76948	2,77128	2,77308
7,7	2,77489	2,77669	2,77849	2,78029	2,78209	2,78388	2,78568	2,78747	2,78927	2,79106
7,8	2,79285	2,79464	2,79643	2,79821	2,80000	2,80179	2,80357	2,80535	2,80713	2,80891
7,9	2,81069	2,81247	2,81425	2,81603	2,81780	2,81957	2,82135	2,82312	2,82489	2,82666
8,0	2,82843	2,83019	2,83196	2,83373	2,83549	2,83725	2,83901	2,84077	2,84253	2,84429
8,1	2,84605	2,84781	2,84956	2,85132	2,85307	2,85482	2,85657	2,85832	2,86007	2,86182
8,2	2,86356	2,86531	2,86705	2,86880	2,87054	2,87228	2,87402	2,87576	2,87750	2,87924
8,3	2,88097	2,88271	2,88444	2,88617	2,88791	2,88964	2,89137	2,89310	2,89482	2,89655
8,4	2,89828	2,90000	2,90172	2,90345	2,90517	2,90689	2,90861	2,91033	2,91204	2,91376
8,5	2,91548	2,91719	2,91890	2,92062	2,92233	2,92404	2,92575	2,92746	2,92916	2,93087
8,6	2,93258	2,93428	2,93598	2,93769	2,93939	2,94109	2,94279	2,94449	2,94618	2,94788
8,7	2,94958	2,95127	2,95296	2,95466	2,95635	2,95804	2,95973	2,96142	2,96311	2,96479
8,8	2,96648	2,96816	2,96985	2,97153	2,97321	2,97489	2,97658	2,97825	2,97993	2,98161
8,9	2,98329	2,98496	2,98664	2,98831	2,98998	2,99166	2,99333	2,99500	2,99666	2,99833
9,0	3,00000	3,00167	3,00333	3,00500	3,00666	3,00832	3,00998	3,01164	3,01330	3,01496
9,1	3,01662	3,01828	3,01993	3,02159	3,02324	3,02490	3,02655	3,02820	3,02985	3,03150
9,2	3,03315	3,03480	3,03645	3,03809	3,03974	3,04138	3,04302	3,04467	3,04631	3,04795
9,3	3,04959	3,05123	3,05287	3,05450	3,05614	3,05778	3,05941	3,06105	3,06268	3,06431
9,4	3,06594	3,06757	3,06920	3,07083	3,07246	3,07409	3,07571	3,07734	3,07896	3,08058
9,5	3,08221	3,08383	3,08545	3,08707	3,08869	3,09031	3,09192	3,09354	3,09516	3,09677
9,6	3,09839	3,10000	3,10161	3,10322	3,10483	3,10644	3,10805	3,10966	3,11127	3,11288
9,7	3,11448	3,11609	3,11769	3,11929	3,12090	3,12250	3,12410	3,12570	3,12730	3,12890
9,8	3,13050	3,13209	3,13369	3,13528	3,13688	3,13847	3,14006	3,14166	3,14325	3,14484
9,9	3,14643	3,14802	3,14960	3,15119	3,15278	3,15436	3,15595	3,15753	3,15911	3,16070

Sachverzeichnis.